普通高等教育"十四五"系列教材

大学计算机基础实验指导与测试

马晓敏◎主　编
王玲玲　刘迎军　姜远明◎副主编
曲霖洁　刘霄　胡光　胡凤燕　齐永波◎参　编

中国铁道出版社有限公司
CHINA RAILWAY PUBLISHING HOUSE CO., LTD.

内 容 简 介

本书是根据教育部高等学校大学计算机课程教学指导委员会提出的《大学计算机基础课程教学基本要求》编写的《大学计算机基础（第五版）》（马晓敏主编，中国铁道出版社有限公司出版）一书的配套教材。全书共分为两大部分：软件介绍与实验操作、测试题及参考答案。

软件介绍与实验操作部分包括：Word 2016 文字处理、Excel 2016 电子表格处理、PowerPoint 2016 演示文稿制作、Access 2016 数据库基础、网络基础和 Internet 应用、Adobe Photoshop 图像基础。测试题及参考答案部分对应主教材《大学计算机基础（第五版）》中各章的内容，通过填空题、单选题、多选题和判断题四类题型进行测试并附有对应的参考答案，帮助学生巩固所学的知识。

本书不但有基本和高级操作，还有综合应用实验，可以适应不同层次的需求。本书在第四版基础上，删除了目前普及程度极高的 Windows 操作实验，重点补充完善了各章的综合应用实验，充分满足了未来实际工作中的需求和应用。

本书适合作为普通高等院校计算机基础课程的实验指导教材，也可作为不同层次的办公人员、各类社会人员，以及广大计算机爱好者的参考用书。

图书在版编目（CIP）数据

大学计算机基础实验指导与测试/马晓敏主编. —5 版. —北京：
中国铁道出版社有限公司，2023.1 （2023.12重印）
 普通高等教育"十四五"系列教材
 ISBN 978-7-113-29526-4

Ⅰ.①大… Ⅱ.①马… Ⅲ.①电子计算机-高等学校-
教学参考资料 Ⅳ.①TP3

中国版本图书馆 CIP 数据核字（2022）第 143534 号

书　　名：	大学计算机基础实验指导与测试
作　　者：	马晓敏

策　　划：	潘晨曦	编辑部电话：	（010）63560043
责任编辑：	何红艳　彭立辉		
封面设计：	郑春鹏		
责任校对：	苗　丹		
责任印制：	樊启鹏		

出版发行：中国铁道出版社有限公司（100054，北京市西城区右安门西街 8 号）
网　　址：http://www.tdpress.com/51eds/

印　　刷：三河市国英印务有限公司
版　　次：2007 年 2 月第 1 版　2023 年 1 月第 5 版　2023 年 12 月第 3 次印刷
开　　本：787 mm×1 092 mm　1/16　印张：16　字数：431 千
书　　号：ISBN 978-7-113-29526-4
定　　价：42.00 元

版权所有　侵权必究

凡购买铁道版图书，如有印制质量问题，请与本社教材图书营销部联系调换。电话：（010）63550836
打击盗版举报电话：（010）63549461

前　言

　　本书是主教材《大学计算机基础（第五版）》（马晓敏主编，中国铁道出版社有限公司出版）的配套上机实验指导书，强调软件应用和实验操作、综合练习和自我测试与评估，培养学生实际操作以及综合应用的能力。通过详细的实验操作步骤，可使学生快速地学会使用软件的基本功能和高级操作，在完成综合应用的练习后，能够独立、系统地掌握软件的使用，有效地解决实际问题。

　　本书结构上分为软件介绍与实验操作、测试题及参考答案两部分。其中，实验操作部分有基础性实验和综合性实验，包括 Word 2016 文字处理、Excel 2016 电子表格处理、PowerPoint 2016 演示文稿制作、Access 2016 数据库基础、网络基础和 Internet 应用、Adobe Photoshop 图像基础的操作实验。测试题及参考答案部分对应主教材《大学计算机基础（第五版）》中各章的内容，通过填空题、单选题、多选题和判断题四类题型进行自我测试与评估，帮助学生巩固所学的知识。

　　本书与第四版相比，除了软件介绍、基本操作和高级操作外，为了适应现代技术的发展层次，去掉了 Windows 操作系统的操作实验，针对各章综合应用实验进行了补充和完善；进一步突出了实验的层次性、综合性、作品性和完整性；力求适应社会发展对创新人才培养的需求。

　　本书特点如下：

　　（1）为提升计算机应用能力和社会发展的需要，加强了综合配套实验，可使学生大幅提高独立完成作品的能力，更加适应社会对人才培养的需求。

　　（2）每章内容设计有相关实验和具体的操作步骤，不同层次的学生可选择从适合自己的内容开始，逐步完成实验。对于有一定基础的学生，实验的重点应放在综合实验练习上。

　　（3）书中实验素材和数据提供了网上数字资源，方便读者学习使用。可以扫描书中二维码获取相关资源。

　　本书由马晓敏任主编，王玲玲、刘迎军、姜远明任副主编，曲霖洁、刘霄、胡光、胡凤燕、齐永波参与编写。具体编写分工：第 1、8 章由王玲玲编写，第 2、16 章由姜远明编写，第 3、4 章由刘迎军编写，第 5 章 5.1 和 5.2 节及第 13、14、15 章由曲霖洁编写，第 5 章 5.3～5.7 节由刘霄编写，第 7 章由胡光编写，第 6、10、17 章由马晓敏编写，第

9、11章、附录A和附录B由齐永波编写，第12章由胡凤燕编写。全书由马晓敏统稿。

在本书编写过程中，许多老师和领导提出了宝贵建议和意见，国内高校一些专家也给出了具体指导，在此表示衷心的感谢。此外，本书参考了许多著作和网站的内容，在此向相关作者一并表示感谢。

由于计算机技术发展很快，加之编者水平有限，书中难免存在疏漏与不妥之处，恳请读者批评指正，以便再版时及时修正。

编　者

2022年5月

目 录

第一部分 软件介绍与实验操作

第 1 章 Word 2016 文字处理 ... 1
1.1 Word 文档简介与基本操作 ... 1
1.1.1 Word 2016 简介 ... 1
1.1.2 Word 文档基本操作 ... 3
1.2 Word 文档短文排版实验 ... 8
1.2.1 实验目的 ... 8
1.2.2 实验内容 ... 8
1.3 表格制作实验 ... 16
1.3.1 实验目的 ... 16
1.3.2 实验内容 ... 16
1.4 综合应用实验一 ... 21
1.4.1 实验目的 ... 21
1.4.2 实验内容 ... 22
1.5 综合应用实验二 ... 34
1.5.1 实验目的 ... 34
1.5.2 实验内容 ... 34

第 2 章 Excel 2016 电子表格处理 ... 36
2.1 Excel 电子表格与基本操作简介 ... 36
2.1.1 Excel 电子表格简介 ... 36
2.1.2 Excel 电子表格基本操作 ... 39
2.2 Excel 文档建立及基本操作实验 ... 47
2.2.1 实验目的 ... 47
2.2.2 实验内容 ... 48
2.3 工作表中公式函数以及图表实验 ... 53
2.3.1 实验目的 ... 53
2.3.2 实验内容 ... 54
2.4 数据管理与分析实验 ... 63
2.4.1 实验目的 ... 63
2.4.2 实验内容 ... 63
2.5 综合应用实验一 ... 69
2.5.1 实验目的 ... 69
2.5.2 实验内容 ... 70
2.6 综合应用实验二 ... 75
2.6.1 实验目的 ... 75

2.6.2 实验内容 75
第 3 章 PowerPoint 2016 演示文稿制作 78
3.1 PowerPoint 2016 功能介绍 78
3.2 演示文稿软件基本操作实验 80
    3.2.1 实验目的 80
    3.2.2 实验内容 80
3.3 演示文稿软件高级操作实验 93
    3.3.1 实验目的 93
    3.3.2 实验内容 93
3.4 综合应用实验 98
    3.4.1 实验目的 98
    3.4.2 实验内容 98
第 4 章 Access 2016 数据库基础 110
4.1 Access 简介与基本操作 110
    4.1.1 Access 2016 简介 110
    4.1.2 Access 2016 基本操作 112
4.2 表的创建及基本操作实验 112
    4.2.1 实验目的 112
    4.2.2 实验内容 112
4.3 查询设计实验 122
    4.3.1 实验目的 122
    4.3.2 实验内容 122
4.4 窗体设计实验 127
    4.4.1 实验目的 127
    4.4.2 实验内容 128
4.5 报表设计实验 132
    4.5.1 实验目的 132
    4.5.2 实验内容 132
第 5 章 网络基础和 Internet 应用 136
5.1 常用网络测试命令及资源共享实验 136
    5.1.1 实验目的 136
    5.1.2 实验内容 136
5.2 无线局域网的配置实验 142
    5.2.1 实验目的 142
    5.2.2 实验内容 142
5.3 浏览器的使用实验 144
    5.3.1 实验目的 144
    5.3.2 实验内容 144
5.4 搜索引擎的应用实验 147
    5.4.1 实验目的 147

	5.4.2	实验内容	147

5.5 文件传输实验 147
5.5.1 实验目的 147
5.5.2 实验内容 148
5.6 Windows 10 防火墙设置实验 148
5.6.1 实验目的 148
5.6.2 实验内容 149
5.7 电子邮件基本操作 149
5.7.1 实验目的 149
5.7.2 实验内容 150

第 6 章 Adobe Photoshop 图像基础 153
6.1 Adobe Photoshop 简介与基本操作 153
6.1.1 Adobe Photoshop 简介 153
6.1.2 Adobe Photoshop 中的基本概念 154
6.1.3 新建图像 155
6.1.4 打开与保存图像 156
6.1.5 图像属性的设置与修改 156
6.1.6 实例：酷炫飞鸟的制作 157
6.2 Adobe Photoshop 图像编辑实验 158
6.2.1 实验目的 158
6.2.2 实验内容 159
6.3 Photoshop 综合实验 163
6.3.1 实验目的 163
6.3.2 实验内容 163

第二部分 测试题及参考答案

第 7 章 计算思维导论测试题 167
第 8 章 计算信息表示测试题 173
第 9 章 计算机硬件系统测试题 180
第 10 章 计算机操作系统测试题 184
第 11 章 办公软件基础知识与应用设计测试题 190
第 12 章 数据库技术基础测试题 204
第 13 章 计算机网络基础测试题 212
第 14 章 网络的网络：因特网 217
第 15 章 信息社会与安全测试题 223
第 16 章 算法与程序设计基础测试题 228
第 17 章 计算机发展前沿技术测试题 232
附录 A 测试题参考答案 234

附录 B　计算机系统日常维护 240
附录 C　计算机系统常见故障与处理 244
参考文献 248

第一部分　软件介绍与实验操作

第 1 章　Word 2016 文字处理

使用文字处理软件对文档进行排版能够减少工作量和缩短出版周期，提高工作效率。怎样用计算机来编辑和排版文字、图形，需要办公自动化文字处理软件的支持，如 Word 字处理软件、WPS 字处理软件、记事本等。微软提供的办公自动化套装组件 Word 2016 由于具有非常强大的排版功能，被广大用户普遍使用。

1.1　Word 文档简介与基本操作

1.1.1　Word 2016 简介

Microsoft Office Word 2016 是一种字处理程序，旨在帮助用户创建具有专业水准的文档。Word 2016 提供了基本排版技术、高级排版技术和特殊排版方式，采用面向对象、面向应用的服务策略，使用 Word 2016 提供的众多文档格式设置工具，可帮助用户更有效地组织和编写文档。Word 2016 还包括功能强大的编辑和修订工具，以便用户与他人轻松地开展协作。

1. Word 2016 选项卡介绍

Word 2016 提供的基本排版技术包括字符格式、段落格式、项目符号和编号、边框和底纹、各种对象、文档的显示方式等。高级排版技术包括页面布局、页眉页脚、页码、页面背景、模板、目录、索引、批注等。特殊排版方式包括首字下沉、插入特殊字符、分栏、邮件合并等。这些功能以面向"服务"划分类别，以"主选项卡"类别和"面板"为功能区的方式显示在 8 个默认主选项卡上。下面就 8 个默认主选项卡和自主设置的"开发工具"进行简要介绍。

①"开始"选项卡中有 5 个功能区：剪贴板、字体、段落、样式、编辑，这些功能区在新文档创建后第一个任务阶段使用，是文字输入和编辑所需要的工具，如图 1-1 所示。

图 1-1　"开始"选项卡

②"插入"选项卡中有的 10 个功能区：页面（插入封面、空白页和分页）、表格、插图、加载项、媒体链接、页眉和页脚、文本、符号等，完成常规对象（图对象、与"文本"有关的对象）、特殊对象（页眉、批注、页脚、页码和符号）、超链接和表格的创建和编辑。这是进入文档编辑的第二个任务阶段，即表格和对象的创建和编辑操作，如图 1-2 所示。

图1-2 "插入"选项卡

③"设计"选项卡有2个功能区：文档格式和页面背景。文档格式中提供了各种主题，主题是文档的整体外观快速样式集，可使文档具有专业的外观。其中有一组格式选项，包括一组主题颜色、一组主题字体（包括标题和正文字体）以及一组主题效果（包括线条和填充效果）；页面背景主要用于对文档页面背景、页面边框以及水印进行设置，如图1-3所示。

图1-3 "设计"选项卡

④"布局"选项卡有4个功能区：页面设置、稿纸、段落、排列。其主要功能是文档的页面设置以及常用对象的环绕版式等设置。页面设置功能区中分隔符的插入可分隔或改变页面或将页面标识为"节"，如图1-4所示。

图1-4 "布局"选项卡

⑤"引用"选项卡有7个功能区：目录、脚注、论文、引文与书目、题注（图表自动编号、交叉引用）、索引、引文目录。从中可以看到其主要功能是文档中特殊对象和动态对象（域）的创建（引用）、编辑和布局，如目录、脚注尾注、题注和索引等，如图1-5所示。

图1-5 "引用"选项卡

⑥"邮件"选项卡有5个功能区：创建、开始邮件合并、编写和插入域、预览结果、完成。其主要功能是在文档中完成信函、电子邮件、信封、标签或目录的邮件合并工作，可向多人发送相同的信函或邮件。邮件合并三要素：准备地址等信息、获得专业的标签页，以及正确设置数据文件（数据库或电子表格等）。其原理是文档中通过域代码关联数据文件（如电子表格）或数据库，实现"邮件合并"，如图1-6所示。

图1-6 "邮件"选项卡

⑦ "审阅"选项卡有 11 个功能区：校对、见解、语言、翻译、中文简繁转换、批注、修订、更改、比较、保护以及 OneNote。其主要功能是对初稿进行审阅，如拼写和语法校对、批注、修订等，并能跟踪每个插入、删除、移动、格式更改或批注操作，以便在以后审阅所有的更改内容，如图 1-7 所示。

图 1-7 "审阅"选项卡

⑧ "视图"选项卡有 7 个功能区：视图、显示、页面移动、缩放、窗口、宏、SharePoint 等。其主要功能是人机交互界面展示方式的切换、界面显示比例和界面拆分显示，导航窗格的文档结构显示；不同的视图有自己的主要显示内容和所对应的特定操作功能和任务，如图 1-8 所示。

图 1-8 "视图"选项卡

2．Word 2016 新增功能介绍

① 搜索框功能。在 Word 2016 的界面右上方，可以看到一个操作说明搜索框，在搜索框中输入想要搜索的内容，就会给出相关的 Office 命令，直接单击即可执行。这对于使用 Office 不熟练的用户，非常方便。

② 增加了多窗口显示功能。避免了来回切换 Word 的麻烦，直接在同一界面中就可以选取。

③ 垂直和翻页。在视图中增加了"垂直"和"翻页"选项，可以自由切换页面视图为横向或者纵向显示。

④ 学习工具。在"视图"中还增加了"学习工具"，可以修改文字间距、启用朗读功能。

⑤ 云模块。Office 2016 中云模块很好地与 Office 融为一体。用户可以指定云作为默认存储路径，也可以继续使用本地硬盘存储。通过云平台，实际上为用户提供了一个开放的文档处理平台，通过手机、iPad 等，用户即可随时存取刚刚存放到云端的文件。

⑥ 协同工作。Office 2016 新增了协同工作的功能，只要通过共享功能发出邀请，就可以使其他用户一同编辑文件，而且每个用户编辑过的地方，也会出现提示，让所有人都可以看到哪些段落被编辑过。对于需要合作编辑的文档，这项功能非常方便。

1.1.2 Word 文档基本操作

1．创建文档

单击"开始"按钮，选择"所有程序"→Microsoft Office→Microsoft Office Word 2016 命令，或双击桌面上已建立的快捷方式图标，启动 Word 2016，打开如图 1-9 所示的 Word 主窗口。此时，Word 程序自动创建并打开一个名为"文档 1"的空文档。

选择一种汉字输入法，输入下面"匠人与大师"的文字内容。要求：英文和数字用半角，标点符号用全角。

说明：为今后排版方便，不要用空格键缩进每段的首行，录入到各行结尾处也不要按【Enter】

键换行，要由 Word 自动换行。只有当开始一个新的段落时才可按【Enter】键。

图 1-9 Word 主窗口

> **匠人与大师**
>
> 　　在社会上常听到叫某人为"大师"，有时是尊敬，有时是吹捧。而当不满于某件作品时，常说有"匠气"。匠人与大师到底有何区别？大致有三点。
> 　　一、匠人在重复，大师在创造
> 　　一个匠人比如木匠，他总在重复做着一种式样的家具，高下之分只在他的熟练程度和技术精度。比如一般木匠每天做一把椅子，好木匠一天做三把、五把，再加上刨面更光，对缝更严等。但是就算一天做到一百把也还是一个木匠。大师则绝不重复，他设计了一种家具，下一个肯定又是一个新样子。判断他的高下是有没有突破和创新。匠人总在想怎么把手里的玩意儿做得更多、更快、更绝；大师则早就不稀罕这玩意儿，又在构思一件新东西。
> 　　……

如果还要创建新文档，可按如下步骤操作：
① 单击"文件"选项卡，打开"文件"菜单，如图 1-10 所示。
② 选择"新建"命令，单击"空白文档"，即可打开一个新的由 Word 自动命名的空文档。

2. 保存文档

将已录入的文字以"匠人与大师"为文件名保存，保存位置为"D:\学生姓名"（以下以"李明"为例）文件夹。

单击标题栏上的"保存"按钮🖫，或者选择"文件"→"保存"命令，也可选择"文件"→"另存为"命令，单击"浏览"按钮，打开如图 1-11 所示的"另存为"对话框。在该对话框的左侧导航窗格中定位到保存位置"D:\李明"（若无此文件夹，可先行建立），设置文件名"匠人与大师"，保存类型设置为"Word 文档"，单击"保存"按钮，则新建文档被另存为一个新的文档。

若要保存的是旧文档，即已有文件名的文档，则有以下两种操作方法：

① 原文件名保存。选择"文件"→"保存"命令，或单击快速访问工具栏中的"保存"按钮 。

② 更换文件名保存。选择"文件"→"另存为"命令，单击"浏览"按钮，打开"另存为"对话框，输入新文件名即可，如图1-11所示。

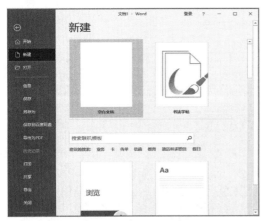 

图1-10 "文件"菜单　　　　　　　　　　图1-11 "另存为"对话框

3．设置文档打开权限密码

若在保存文档时要设置文档打开权限密码，可在打开的"另存为"对话框的"工具"下拉列表中选择"常规选项"，打开"常规选项"对话框，在"打开文件时的密码"文本框中输入密码（密码可以是字母、数字、空格和符号的任意组合，最长可达15位，字母区分大小写），然后单击"确定"按钮，弹出"确认密码"对话框，在"请再次键入打开文件时的密码"文本框中再次输入该密码，单击"确定"按钮即可。

若在保存文档时要设置文档修改权限密码，可在"常规选项"对话框的"修改文件时的密码"文本框中输入密码（密码可以是字母、数字、空格和符号的任意组合，最长可达15位，字母区分大小写），然后单击"确定"按钮，打开"确认密码"对话框，在"请再次键入修改文件时的密码"文本框中再次输入该密码，单击"确定"按钮即可。

注意：使用权限密码加密的文档，在保存文档后，如果忘记或丢失了密码，则日后无法打开该文档。

4．关闭文档

关闭文档但不退出Word 2016应用程序，可选择"文件"→"关闭"命令。

关闭文档并退出Word 2016可单击窗口右上侧的"关闭"按钮 实现。

注意：关闭Word文档与退出Word应用程序是两个不同的概念，"关闭"Word文档是指关闭已打开的文档，但不退出Word；而"退出"Word应用程序则不仅关闭文档，还结束Word应用程序的运行。

5．打开保存过的"匠人与大师.docx"文档

选择"文件"→"打开"命令，打开如图1-12所示的"打开"对话框。在"打开"对话框的左侧窗格定位"匠人与大师.docx"所在的保存位置，即"D:\李明"文件夹。在该文件夹下的文件名列表中选中"匠人与大师.docx"文件，单击"打开"按钮。

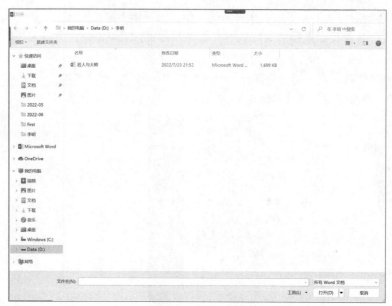

图 1-12 "打开"对话框

6．文档的基本编辑

（1）选定文本

对文档进行编辑时，首先要选定操作的对象，然后再对选定的对象进行各种编辑设置。选定文本可以使用鼠标，也可以使用键盘上的功能键。选定文本的操作方法如表 1-1 所示。

表 1-1　选定文本的操作方法

方　　式	选 定 内 容	操 作 方 法
使用鼠标	选定部分文字	按住鼠标左键拖动
	选定一个句子	按住【Ctrl】键的同时单击句中任意位置
	选定一行或多行	在页面左侧文本选定区单击或者按下鼠标左键拖动
	选定一个段落	在文本选定区双击
	选定整个文档	在文本选定区连续快速三击，或者鼠标指针指向文本选定区后按住【Ctrl】键单击
	选定一个矩形块	按住【Alt】键后在选定区域同时拖动鼠标
	选定大块文本	先将光标定位在块首，然后按住【Shift】键在块尾处单击
使用键盘功能键	从文档开头到插入点位置	按【Ctrl+Shift+Home】组合键
	从插入点到文档末尾	按【Ctrl+Shift+End】组合键
	选定一块文本	首先将光标定位在起始位置，然后按住【Shift】键的同时连续按下【→】（【←】、【↑】、【↓】）键
	选定整个文档	按【Ctrl+A】组合键

（2）文本的移动、复制、删除

要对文本进行移动、复制或者删除操作，首先需要选定要操作的文本，然后使用表 1-2 所示的方法对文本进行相应的操作。

表 1-2　移动、复制、删除操作方法

操作	使用键盘功能键	使用快捷菜单命令	使用命令按钮
移动	按【Ctrl+X】、【Ctrl+V】组合键	剪切、粘贴	剪切、粘贴
复制	按【Ctrl+C】、【Ctrl+V】组合键	复制、粘贴	复制、粘贴
删除	按【Ctrl+X】，或者按【Delete】键	剪切	剪切

（3）撤销和恢复操作

如果发生误删除（移动、复制）等操作，可单击"标题栏"上的"撤销"按钮，（或单击"撤销"按钮旁边的下拉按钮，打开可撤销操作列表，选择最近一次执行的操作即可）。撤销操作也可以按【Ctrl+Z】组合键。

如果刚刚撤销了某项操作，又想把它恢复回来，可单击"标题栏"上的"恢复"按钮，（或单击"恢复"按钮旁边的下拉按钮，打开可恢复操作列表，选择最近一次执行的操作即可）。

（4）插入状态和改写状态

当状态栏的"插入"按钮显示为"插入"时，Word 2016 系统处于插入状态，此时输入的文字会使插入点之后的文字自动右移。当再次单击"插入"按钮时，Word 2016 系统便转换为改写状态，按钮名称显示为"改写"，这时输入的文本内容替换了原有的内容。当再次单击"改写"按钮，又回到插入状态。也可以按键盘上的【Insert】键来切换。

（5）查找和替换

单击"开始"选项卡→"编辑"→"查找"按钮，在 Word 编辑区左侧打开如图 1-13 所示的"导航"窗格，在导航窗格的文本框中输入要查找的文本，比如输入"匠人"，然后按【Enter】键，则在导航窗格中显示"匠人"在文档中出现的段落，单击导航窗格中的段落，"匠人"二字以黄色底纹、文字高亮显示。

单击"开始"选项卡→"编辑"→"替换"按钮，打开如图 1-14 所示的"查找和替换"对话框。在"查找内容"文本框中输入"匠人"，在"替换为"文本框中输入"工匠"，单击"替换"按钮，Word 会逐一提示是否需要替换，若不替换，则继续单击"查找下一处"按钮；单击"全部替换"按钮，Word 会在全部替换完成后，提示完成了多少处替换。

图 1-13　"导航"窗格

图 1-14　"查找和替换"对话框

如果对查找替换有更高的要求，可单击"查找和替换"对话框中的"更多"按钮，将对话框展开成高级查找与替换状态，对查找与替换的内容进行字体、段落、样式等格式的设置。

（6）选定表格

对表格的选择操作如表1-3所示。

表1-3 表格的操作方法

选 择 范 围	操 作 方 法
选择整个表格	单击表格左上角的表格全选按钮
选择一行	把鼠标指针指向行首，当鼠标指针变成右向空箭头时，单击
选择连续的多行	把鼠标指针指向行首，当鼠标指针变成右向空箭头时，按下鼠标左键并拖动
选择一列	把鼠标指针指向列上方，当鼠标指针变成黑色向下箭头时，单击
选择连续的多列	把鼠标指针指向列上方，当鼠标指针变成黑色向下箭头时，按下鼠标左键并拖动
选择一个单元格	把鼠标指针指向单元格的左侧，当鼠标变成黑色实心箭头时，单击
选择多个连续的单元格	把鼠标指针指向单元格的左侧，当鼠标变成黑色实心箭头时，按下鼠标左键并拖动

7. 拼写和语法检查

Word 2016 的拼写检查功能是针对录入和编辑文档时出现的拼写和语法错误进行的，检查既可针对英文，也可针对简体中文，但实际上对中文的校对作用不大，漏判、误判时常出现。因此，真正有用的还是对英文文档的校对。当在文档中输入错误的或者不可识别的单词时，Word 会在该单词下用红色波浪线标记；对有语法错误的句子用绿色波浪线标记。拼写检查的工作原理是读取文档中的每一个单词，并与已有词库中的单词进行比较，如果相同则认为该单词正确；如果不相同，则在屏幕上显示词库中相似的词，供用户选择。若遇到新单词可将其添加到词库中；如果是人名、地名、缩写等可忽略。

设置"键入时检查拼写"和"随拼写检查语法"两项功能：选择"文件"→"选项"命令，打开"Word 选项"对话框，在"校对"→"在 Word 中更正拼写和语法时"栏中选中这两项后，系统自动具有此功能。

1.2 Word 文档短文排版实验

1.2.1 实验目的

① 掌握字符格式和段落格式的设置。
② 掌握页面格式的设置。
③ 掌握在文档中插入各种对象的方法。
④ 掌握图文混排的设置方法。
⑤ 网络下载素材：E1-2.zip（E1-2 素材.docx），另存入 D 盘。注：如果下载的是压缩文件（.zip 或.rar），解压缩后使用。将"E1-2 素材.docx"重命名为"匠人与大师.docx"。

1.2.2 实验内容

1. 打开"匠人与大师.docx"（E1-2 素材.docx）

方法一：选择桌面左下角"开始"→"所有程序"→Microsoft Office→Microsoft Word 2016，或直接双击桌面上已建立的 Word 快捷方式图标 ，此时 Word 程序启动，并创建一个默认的名为"文档1"的空文档。选择"文件"→"打开"命令，打开"打开"对话框，在左侧导航窗格中，单击文件所在的磁盘（D 盘），在右侧窗口中找到文件所在的文件夹，在文件名列表中选中"匠人与大师.docx"文件，单击"打开"按钮。

方法二：打开桌面上的"此电脑"，找到"匠人与大师.docx"文档，然后双击文档名图标，即可启动 Word 2016 并打开该文档。

2．字符和段落格式的设置

（1）设置文档标题的字符格式

将文档标题"匠人与大师"设置为黑体、三号、加粗、加着重号，文本效果为第 3 行第 4 列的效果，字符间距加宽 3 磅；将"与"字的位置提升 3 磅。操作步骤如下：

① 选中文档标题文字"匠人与大师"，单击"开始"选项卡→"字体"功能区设置：黑体、三号、加粗以及文本效果[见图 1-15（a）、（c），选择第 3 行第 4 列的效果]。此类基本字符格式的设置也可以在"字体"对话框中进行（见图 1-15）。

② 单击"开始"选项卡→"字体"功能区右下角的"字体"对话框启动器按钮 [见图 1-15（a）]，打开图 1-15（c）所示的"字体"对话框，在"字体"选项卡的"着重号"下拉列表中选择着重号"．"。

（a）

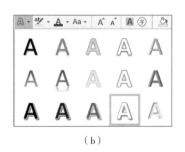

（b）

（c）

图 1-15 加"着重号"及文本效果

③ 在"字体"对话框的"高级"选项卡中设置：间距加宽 3 磅，如图 1-16 所示。

④ 选中文档标题文字"与"，在"字体"对话框的"高级"选项卡中设置位置提升 3 磅。

（2）设置文档标题的段落格式

将文档标题"匠人与大师"设置为居中对齐、首字下沉两行。操作步骤如下：

① 选中标题文字"匠人与大师"，或者将光标定位在标题段落中，单击"开始"选项卡→"段落"功能区→"居中"对齐。

② 单击"插入"选项卡→"文本"功能区→"首字下沉"按钮,选择"首字下沉选项"命令,打开如图 1-17 所示的"首字下沉"对话框,设置下沉行数为 2。文档标题的最终效果如图 1-18 所示。

图 1-16 设置字符间距和位置

图 1-17 "首字下沉"对话框

图 1-18 标题设置效果图

(3) 设置正文

将文档正文设置为楷体、小四号,段间距为段前、段后各 5 磅,行距为单倍行距,首行缩进 2 字符,两端对齐。操作步骤如下:

① 单击正文起始处,按住【Shift】键单击文档结尾处,选定全部正文。或在页面左边距处,从正文开始行用鼠标左键拖动至结束行。

② 单击"开始"选项卡→"字体"功能区,设置楷体、小四号。单击"段落"对话框启动器按钮,在打开的"段落"对话框中设置两端对齐、正文文本;首行缩进 2 字符;段前段后均为 5 磅;单倍行距,如图 1-19 所示。

(4) 设置标题

将文档中的 3 个小标题设置为黑体、加粗,段落左对齐、段前段后间距均为 7.75 磅,其他默认。操作步骤如下:

方法一:

① 选中第一个小标题"一、匠人在重复,大师在创造",按住【Ctrl】键,依次选中后面的两个小标题。

② 按照前面讲述的操作方法,分别设置字体和段落。

方法二:

① 选中第一个小标题"一、匠人在重复,大师在创造",按照前面讲述的操作方法,设置黑

图 1-19 "段落"对话框

体、加粗、段前段后间距。

② 双击"开始"选项卡→"剪贴板"功能区→"格式刷"按钮，光标指针变成小刷子形状，按住鼠标左键依次刷过其他两个小标题即可。最后单击"格式刷"按钮或按【Esc】键将其释放。

若单击"格式刷"按钮，则只能使用一次，双击则可用多次。

（5）设置正文第一段文字

将正文第一段文字"在社会上常听到……大致有三点"设置为深红色下画波浪线。操作步骤如下：

① 选中正文第一段，单击"开始"选项卡→"字体"功能区→"下画线"下拉按钮，在弹出的下拉列表中选择下画线类型"波浪线"。

② 再次单击"下画线"下拉按钮，选择"下画线颜色"为标准色中的"深红"。

（6）设置第二段、第四段、第六段文字

给标题添加项目符号"●"，字体为橙色、小四。操作步骤如下：

① 选中第二段、第三段和第六段标题文字，单击"开始"选项卡→"段落"功能区→"项目符号"下拉按钮，在弹出的列表中选择"●"符号。

② 再次单击"项目符号"下拉按钮，选择"定义新项目符号"命令，在打开的对话框中单击"字体"按钮，在"字体"对话框中设置字体颜色为标准色中的"橙色"，字号为小四。

（7）设置最后一段文字

给文档最后一段中的三行文字添加黄色字符底纹、黑色字符边框，并给最后一个段落添加颜色为"橙色，强调文字颜色 6，深色 15%"、宽度为"0.5 磅"的阴影边框，以及"橙色，强调文字颜色 6，淡色 80%"的填充色和"样式 5%、自动颜色"的底纹。操作步骤如下：

① 选中最后一段文字，单击"字体"功能区→"字符边框"按钮，给文字设置黑色边框线。

② 单击"开始"选项卡→"段落"功能区→"底纹"下拉按钮，选择标准色中的"黄色"作为文字底纹。

③ 单击"开始"选项卡→"段落"功能区→"边框和底纹"按钮，弹出图 1-20（a）所示的"边框和底纹"对话框，在"边框"选项卡中设置："阴影"边框；颜色为主题颜色：橙色，个性色 2，淡色 40%；宽度：0.5 磅，应用于段落。

④ 单击"底纹"选项卡[见图 1-20（b）]，设置填充：主题颜色，橙色，个性色 2，淡色 80%；图案：样式 5%、颜色"自动"，应用于"段落"，单击"确定"按钮。

 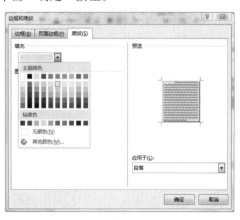

（a） （b）

图 1-20 "边框和底纹"对话框

3. 页面格式的设置

（1）设置文字水印

为文档设置红色、半透明、斜式的文字水印，内容为"匠人与大师"。操作步骤如下：

① 单击"设计"选项卡→"页面背景"功能区→"水印"按钮，在弹出的下拉列表中选择"自定义水印"命令，打开如图1-21所示的"水印"对话框。

② 选中"文字水印"单选按钮，输入文字"匠人与大师"，设置字体：隶书；颜色：标准色，蓝色，个性色1；选中"半透明"复选框；设置版式：斜式；单击"确定"按钮。

图1-21 "水印"对话框

在"水印"对话框中如果选中"图片水印"单选按钮，可以设置具有水印效果的背景图片。

（2）加艺术型边框

给所有页面加上艺术型边框，样式自定，设置完成后以原文件名保存。操作步骤如下：

① 同图1-20操作先打开段落中的"边框和底纹"对话框，单击"页面边框"选项卡，在"艺术型"下拉列表中选择一种样式，单击"确定"按钮。

② 设置完成后单击快速访问工具栏中的"保存"按钮或选择"文件"→"保存"命令，以原文件名保存文件。

（3）设置分栏效果

将文档第2段落（包括小标题）的"匠人在重复"开始，到第9段落的"要是人人都法乎其下呢？"结束的正文部分分成左、右两栏，中间加分隔线，栏间距为3字符。操作步骤如下：

选中文档以上相关段落，单击"布局"选项卡→"页面设置"→"栏"按钮，选择"更多栏"命令，打开"栏"对话框，如图1-22所示，设置预设：两栏；选中"分隔线"复选框；间距：3字符；选中"栏宽相等"复选框；应用于"所选文字"，单击"确定"按钮。

（4）设置页面和纸张

提示：如果单位显示为"磅"，可设置为"厘米"。步骤如下：选择"文件"→"选项"命令，打开"Word选项"对话框，选择"高级"→"显示"→"度量单位(M):厘米"。

设置页面上下页边距为2.5厘米，左右页边距为3厘米，纸张为A4横向。操作步骤如下：

单击"布局"选项卡→"页边距"功能区→"页边距"按钮，选择"自定义页边距"命令，打开"页面设置"对话框，如图1-23所示。单击"页边距"选项卡，设置页边距：上下为3厘米、左右为2.5厘米；纸张方向：横向；应用于：整篇文档。单击"纸张"选项卡，设置纸张大小：A4（21厘米×29.7厘米）；应用于：整篇文档，单击"确定"按钮。

也可以直接单击"页面设置"对话框启动器按钮（"页面设置"功能区右下角），打开对话框进行设置。

（5）设置页眉和页脚

设置文档页眉内容为"匠人与大师-梁衡"，字体和段落格式为"紫色、华文彩云、三号、加粗、居中对齐"，并将页眉距边界的距离设置为1.5厘米；在页脚区插入页码，居中对齐，将页脚距边界的距离设置为2厘米。操作步骤如下：

① 单击"插入"选项卡→"页眉和页脚"功能区中的"页眉"按钮，在弹出的下拉列表中

选择"编辑页眉"命令，进入页眉和页脚编辑状态。这时，功能区出现"页眉和页脚工具-设计"选项卡，如图 1-24 所示。与页眉和页脚设置有关的工具都在此选项卡下，可以选择使用。

图 1-22 "栏"对话框　　　　　　　　　图 1-23 "页面设置"对话框

图 1-24 "页眉和页脚工具-设计"选项卡

② 在页眉编辑区中输入"匠人与大师"，并选中文字按照前面讲述的操作方法，分别设置其字体和段落格式为：紫色、华文彩云、三号、加粗、居中对齐，其他默认。

③ 选择"页眉和页脚工具-设计"选项卡，单击"转至页脚"按钮或者选择"页脚"下拉列表中的"编辑页脚"命令，切换到页脚编辑区。在页脚的位置插入页码，可以单击"页码"按钮，在下拉列表中选择"页面底端"→"普通数字 2"，或者"当前位置"→"普通数字"，如果未居中，将其设置为居中对齐。

④ 在"位置"功能区设置"页眉顶端距离"为 1.5 厘米，"页脚底端距离"为 2 厘米。单击"关闭页眉和页脚"按钮，退出页眉和页脚设置。

4．插入艺术字、SmartArt 图形、图片、文本框等对象

（1）设置艺术字

将"匠人与大师.docx"文档中标题文字"匠人与大师"设置为艺术字。样式自定，高度为 5 厘米，宽度为 12 厘米，文本效果为"正方形"，文本填充色为黄色，轮廓颜色为红色，粗细为 1.5 磅。操作步骤如下：

① 打开文档，选中标题文字"匠人与大师"，单击"插入"选项卡→"文本"功能区→"艺

术字"按钮,选择一个艺术字样式。

② 在"绘图工具-格式"选项卡中:
- "大小"功能区:设置高度:5厘米,宽度:12厘米。
- "艺术字样式"功能区:单击"文本效果"→"转换"→"弯曲:正方形(第1个)",文本填充选择黄色,"文本轮廓"选择"标准色:红色",文本轮廓选择"粗细:1.5磅",如图1-25所示第1页标题效果。

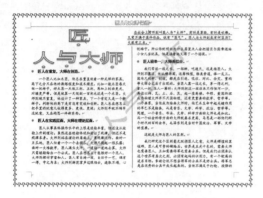 

图 1-25　文档前两页版面设置效果

(2)插入 SmartArt 图形

在文档最后一段之后插入一个空白页,并在其中插入"不定向循环"样式的 SmartArt 图形。将 SmartArt 图形样式设置为"卡通",设置整个图形的高度和宽度均为10厘米,并设置其环绕方式为"衬于文字下方"。

① 定位到文档最后一段之后,单击"布局"选项卡→"页面设置"功能区→"分隔符"下拉按钮,选择"分页符"命令,系统自动插入"分页符",生成一个新的空白页,并将光标定位在该页的开始位置。段落行距设为单倍行距。

② 根据文中所述,创新的方法有引进、吸收、对比、杂交、重构、综合等。

单击"插入"选项卡→"插图"功能区→SmartArt 按钮,在图1-26所示的"选择 SmartArt 图形"对话框中,选择"循环"→"不定向循环",单击"确定"按钮。

③ 默认情况下,该图形中可容纳五项内容,将引进、吸收、对比、杂交、重构按照任意顺序输入其中。

在"SmartArt 工具-设计"选项卡中,单击"创建图形"功能区→"文本窗格",打开图1-27所示的"在此处键入文字"文本窗格,在最后一项的后面按【Enter】键,输入"综合",即可将第六项内容加入图形中。

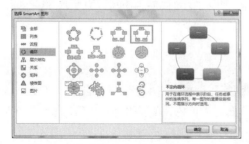 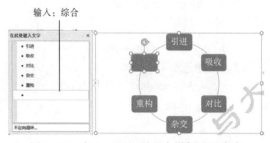

图 1-26　"选择 SmartArt 图形"对话框　　　图 1-27　在 SmartArt 图形中增加项目内容

④ 选中该图形，单击"SmartArt 样式"功能区→"卡通"样式，应用卡通样式。

⑤ 在"SmartArt 工具–格式"选项卡中，设置"大小"：高度和宽度分别为 10 厘米。设置"排列"：环绕文字→选择"衬于文字下方"。或者设置"排列"：位置→其他布局选项，在打开的"布局"对话框中选择"文字环绕"选项卡，环绕方式设置为"衬于文字下方"，效果如图 1-28 所示。

⑥ 选中整个 SmartArt 图形，进行字体设置，将字体设置为隶书，字体 20 号，颜色为黑色。

（3）插入图片文件

在 SmartArt 图形的周围插入一幅图片，设置环绕方式为"四周型"，艺术效果为"铅笔灰度"，高度为 10 厘米、宽度为 8 厘米，并将其裁剪为"圆柱形"。操作步骤如下：

① 将光标定位到 SmartArt 图形周围，单击"插入"选项卡→"插图"功能区→"图片"按钮，选择"此设备"，打开"插入图片"对话框，找到图片"匠人精神"，单击"插入"按钮。

② 右击图片，在弹出的快捷菜单中选择"环绕文字"命令，在下一级子菜单中选择"四周型环绕"。

③ 右击图片，在弹出的快捷菜单中选择"大小和位置"命令，打开"布局"对话框，设置图片的高度为 10 厘米、宽度为 8 厘米。注意：不能锁定纵横比。

④ 选中图片，单击"图片工具–格式"选项卡→"调整"功能区→"艺术效果"按钮，在下拉列表中选择"铅笔灰度"。在"大小"功能区单击"裁剪"下拉按钮，在下拉列表中选择"剪裁为形状"，进一步选择"基本形状"→"圆柱形"。操作完成后，调整至合适的位置即可。

（4）插入文本框

在"匠人与大师.docx"文档的第三页中，插入一个文本框，内容为"新时代工匠精神要传承更要创新"，字体格式为"隶书、二号、黄色突出显示"，文本框为无框线。操作步骤如下：

① 将光标定位在文档第三页 SmartArt 图上方某一段落符前面。单击"插入"选项卡→"文本"功能区→"文本框"→"绘制文本框"，鼠标指针变为十字，拖动鼠标绘制出文本框，输入文本"新时代工匠精神要传承更要创新"。在"开始"选项卡→"字体"功能区中选中文字，设置字体格式为隶书、二号、黄色突出显示。

② 选中文本框，单击"绘图工具–格式"选项卡→"形状样式"功能区→"形状填充"按钮，选择"无填充颜色"；形状轮廓选择"无轮廓"；调整文本框至合适的位置和大小。

（5）插入自选图形

在文本框前后两边各插入一个橙色五角星图案，并将两个五角星和文本框进行组合。操作步骤如下：

① 单击"插入"选项卡→"插图"功能区→"形状"按钮，在下拉列表中选择"星与旗帜"→"五角星"，在文本框前面拖动鼠标，当图形达到一定大小后释放鼠标。调整"五角星"大小，可用鼠标拖动实现。

② 选中五角星，单击"绘图工具–格式"选项卡→"形状样式"功能区→"形状填充"按钮，在下拉列表中选择标准色中的"橙色"；单击"形状轮廓"按钮，在下拉列表中选择轮廓颜色为黑色。

③ 复制一个五角星图案，放置到文本框的后面。可用【Ctrl】键+鼠标拖动实现复制。

④ 按住【Shift】键，右击五角星和文本框，在弹出的快捷菜单中选择"组合"→"组合"命令。至此完成形状的插入和组合，调整至合适的位置即可。

最后，将文本框、图片和 SmartArt 图形都选中，组合为一个整体。格式设置完成后，"匠人与大师.docx"第三页的效果如图 1-28 所示。

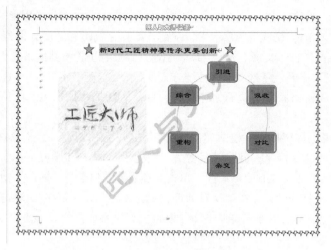

图 1-28　文档第三页对象插入编辑效果

1.3　表格制作实验

1.3.1　实验目的

① 掌握创建表格、编辑表格、设置表格属性的方法。
② 掌握利用公式对表格中的数据进行计算的方法。
③ 网络下载素材：E1-3.zip（E1-3 效果.pdf，无 docx 素材）。

1.3.2　实验内容

1. 创建第一个表格：成绩单

（1）将文本转换成表格

新建"个人简历.docx"文档，输入成绩数据，并将文本转换成表格。操作步骤如下：

① 打开 Word 软件，新建一个 Word 文档，以"个人简历.docx"为文件名保存。

② 在文档页面中按 4 次【Enter】键，出现 4 个段落符。在第 3 个段落符开始输入如图 1-29 所示的文字内容，数据间用星号"*"隔开，设置文字字体和段落格式为宋体、五号、两端对齐、段前段后 0 行、单倍行距，其他默认。

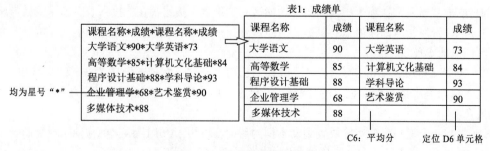

图 1-29　成绩单数据和表格

③ 选中上述文本，单击"插入"选项卡→"表格"功能区→"表格"下拉按钮，在下拉列表中选择"文本转换成表格"命令，打开如图 1-30 所示的"将文字转换成表格"对话框，将文

字分隔位置设置为"其他字符",输入星号"*";表格尺寸栏中,列数设置为 4;"自动调整"操作设置为"固定列宽",单击"确定"按钮,即可创建一个6行4列的表格。表格上部输入表格标题"表1:成绩单",设置为宋体、小四号、居中,其他默认。

(2)表格的计算

Word 表格的每一行、每一列都有自己的编号,行号用阿拉伯数字1、2、3标识,列号用大写英文字母 A、B、C 标识。每个单元格也都有自己的名称,用行号和列号标识,列号在前行号在后,如第一个单元格为 A1。在表格中计算时,要通过单元格的名称来引用其中的数据。

本处要求:在"个人简历.docx"文档中,第一个表格(表1:成绩单)罗列了九门主要课程的成绩,在最后的两个单元格中计算所有课程的平均分。操作步骤如下:

① 在倒数第二个单元格(即 C6)中输入文字内容:"平均分"(见图1-29)。

② 将插入点定位在要计算结果的单元格 D6(见图1-29),单击"表格工具-布局"选项卡→"数据"功能区→"公式"按钮,打开如图1-31所示的"公式"对话框。

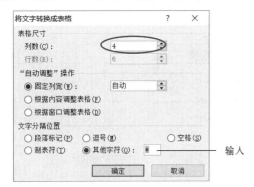
图1-30 "将文字转换成表格"对话框

图1-31 "公式"对话框

③ 在"粘贴函数"下拉列表中选择 AVERAGE 函数,在括号中输入 B2:B6,D2:D5,"公式"栏显示为"=AVERAGE(B2:B6,D2:D5)",单击"确定"按钮,此时计算出平均分为84.33。

注意:公式中所有的标点符号均为英文输入法模式下输入。

2. 创建第二个表格:个人简历

(1)创建一个7行6列的空表格

在"个人简历.docx"文档中,第1个表格(成绩单)后面插入一个"分页符",文档分成两页;在第1页创建一个7行6列的空表格为个人简历表。操作步骤如下:

① 单击"布局"选项卡|"页面设置"功能区→"分隔符"→"分页符",文档页面分为两页。

② 定位在第2页上部,输入第二个表格的标题"表2:个人简历",并在"开始"选项卡中设置其字体和段落格式为华文彩云、二号、红色、加粗、居中对齐。

③ 定位在标题"表2:个人简历"下一行,单击"插入"选项卡→"表格"功能区→"表格"下拉按钮,在下拉列表的"插入表格"下方,按下鼠标左键向右下方拖出7行6列的表格。或者在下拉列表中选择"插入表格"命令,打开"插入表格"对话框(见图1-32),设置列数为6,行数为7,选中"固定列宽"单选按钮,单击"确定"按钮,生成一个7行6列的空表。

图1-32 "插入表格"对话框

（2）向空表格中输入数据并设置格式

依次在单元格中输入相应的内容（见表1-4），并设置第一列数据为黑体，其余为宋体，所有数据为五号字、加粗、水平垂直居中。操作步骤如下：

① 将插入点定位在A1单元格（1行1列）中，依次输入表1-4中的内容。每输完一个单元格的内容，可按【Tab】键切换到下一个单元格，或者直接用鼠标定位。

② 单击表格左上角的移动手柄，选中整张表格，在"开始"选项卡中设置字体为宋体、五号、加粗。选中表格第1列的数据，设置其字体为"黑体"。

③ 单击表格左上角的移动手柄，选中整张表格，单击"表格工具–布局"选项卡→"对齐方式"功能区→"水平居中"按钮，实现数据水平垂直居中。

表1-4 "个人简历"最初效果

个人资料	求职意向			照片
	姓名		联系电话	
	出生年月		籍贯	
	最高学历		专业	
	英语水平		毕业院校	
专业技能				
所获奖励				

此外，表格文本垂直居中还可以在"表格属性"对话框的"单元格"选项卡中进行设置。

（3）在表格中插入行或列

在表格的"专业技能"行上方插入一行，输入"主要课程成绩"。在表格最后插入一行，输入"兴趣爱好"，格式均与"专业技能"相同。操作步骤如下：

① 在表1-4中，选中"专业技能"一行或将插入点定位于该行的任意位置。

② 单击"表格工具–布局"选项卡→"行和列"功能区→"在上方插入"按钮，在"专业技能"行的上方插入一个空行。在该行最左边单元格中输入"主要课程成绩"，并设置其字体格式为黑体、五号、加粗。

③ 将插入点定位在最后一行中，按照同样的方式在下方插入一个空行，并输入文字"兴趣爱好"，并设置其字体格式为黑体、五号、加粗。若将光标定位在表格最后一行的后面，按【Enter】键，也可在下方插入一个空行。插入2行后的内容效果如表1-5所示。

如果选中2行，同样的操作，可在所选行的上方（或下方）插入2个空行。

同样的操作，可在所选列的左侧（或右侧）插入空列。

表1-5 "个人简历"插入2行后的内容

个人资料	求职意向			照片
	姓名		联系电话	
	出生年月		籍贯	
	最高学历		专业	
	英语水平		毕业院校	
主要课程成绩				
专业技能				
所获奖励				
兴趣爱好				

（4）在表格中删除列或行（在此不操作）

如果有些同学在校期间没有获得较多奖励，可以删除表格中"所获奖励"行。操作步骤如下：

① 选中要删除的行或列，也可将光标定位在某一单元格。

② 单击"表格工具-布局"选项卡→"行和列"功能区→"删除"按钮，行或列被删除。在"删除"下拉列表中选择"删除行"或"删除列"命令，也可将光标所在的行或选中的一行或多行删除（或列）。

（5）行高与列宽的调整

创建表格时，如果没有指定行高和列宽，Word 使用默认的行高和列宽，用户也可根据需要使用下列方法进行调整。

- 利用光标调整。将光标指针移到表格的行线或列线上，当光标指针变成 ÷ 或 ⫿⫾，同时出现一条虚线时，按住鼠标左键拖放到需要的位置即可。
- 利用制表位调整。将插入点定位在表格内，拖动水平和垂直标尺上的制表符可粗略调整表格的行高和列宽。在按下【Alt】键的同时拖动制表符可精确调整表格的行高和列宽。
- 单击"表格工具-布局"选项卡→"单元格大小"→"自动调整"按钮，在下拉列表中选择相应的命令。

本处要求：将表格中 1~5 行的行高设置为 1 厘米，其他 6~9 行行高设置为 3 厘米，第 1 列列宽设置为 1 厘米，第 2~5 列的列宽设置为 2.5 厘米，第 6 列的列宽设置为 3.5 厘米。

操作步骤如下：

① 选中表格 1~5 行，单击"表格工具-布局"选项卡→"表"功能区→"属性"按钮，打开如图 1-33 所示的"表格属性"对话框，选择"行"选项卡，选中"指定高度"复选框，设置为 1 厘米，行高值设置为"固定值"，单击"确定"按钮。

第 6~9 行行高（3 厘米）的设置方式同理可操作。也可以单击"下一行"按钮设置行高。

② 选中第 1 列，再次打开"表格属性"对话框（见图 1-33）。单击"列"选项卡，选中"指定宽度"复选框，设置为 1 厘米，度量单位选择"厘米"，单击"后一列"按钮，设置后续列列宽：设置第 2~5 列的列宽 2.5 厘米，第 6 列的列宽 3.5 厘米，单击"确定"按钮。

注意：第 1 行行高自动变高，不用调整，后续合并单元格后会自动恢复，如果不能恢复可重新设置为 1 厘米行高。

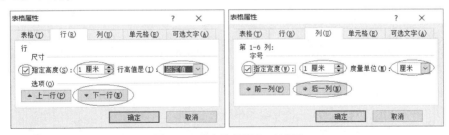

图 1-33 "表格属性"对话框

以上行高和列宽也可以通过"表格工具-布局"选项卡"单元格大小"功能区中的高度、宽度栏进行精确设置。

（6）设置表格的边框、底纹

将表格的外边框设置成双实线、深蓝、宽度 1.5 磅，内边框设置为单实线、蓝色、宽度 1.5 磅。将表格的第一列填充"橙色，强调文字颜色 6，淡色 80%"，图案样式设置为"5%"，图案颜

色设置为"红色"。操作步骤如下:

① 选中整张表格。此时"表格工具"被激活,选择"设计"选项卡,边框样式设置为双实线,笔画粗细设置为1.5磅,笔颜色设置为深蓝,边框设置为外侧框线,如图1-34所示。

图1-34 表格外边框的设置

② 选中整张表格,在"边框"功能区,将笔样式设置为单实线,笔画粗细设置为1.5磅,笔颜色设置为蓝色,边框设置为内部框线。

设置表格线型也可以使用下面的方法:

选中整张表格,右击,在弹出的快捷菜单中选择"表格属性"命令,打开"表格属性"对话框,选择"表格"选项卡,单击"边框和底纹"按钮,打开如图1-35所示的"边框和底纹"对话框。选择"边框"选项卡,设置为方框,样式设置为双实线,颜色设置为深蓝,宽度设置为1.5磅,应用于设置为"表格";设置为自定义,样式设置为单实线,颜色设置为蓝色,宽度设置为1.5磅,单击预览框中的 和 按钮,使竖线和横线显示;应用于设置为表格,单击"确定"按钮。

③ 选中表格第1列,打开"边框和底纹"对话框,单击"底纹"选项卡,如图1-36所示。填充设置为橙色,强调文字颜色6,淡色80%;样式设置为5%,颜色设置为红色,应用于设置为单元格,单击"确定"按钮。效果如图1-37所示。

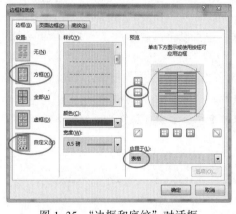

图1-35 "边框和底纹"对话框

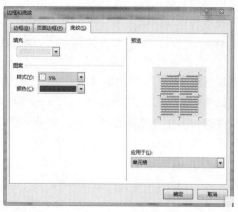

图1-36 设置底纹

(7)单元格的合并与拆分

根据图1-37所示的效果,选定相应单元格进行合并。

方法一:选中相应要合并的单元格,单击"表格工具-布局"选项卡→"合并"→"合并单元格"按钮。

方法二:选中要合并的单元格,右击,在弹出的快捷菜单中选择"合并单元格"命令。

在表1-5的"个人资料"中,合并第1列1~5行的5个行单元格,"照片"合并了第6列1~4行4个单元格。同理,"求职意向""毕业院校""主要课程成绩""专业技能""所获奖励""兴趣爱好"等项目也需要合并单元格。如果需要拆分单元格,操作步骤与合并单元格基本相同。

（8）表格的嵌套

将文档中的第一个表格（成绩单）插入到"个人简历"表格"主要课程成绩"右侧的单元格中，并设置表格边框为"无框线"。操作步骤如下：

① 按照前面讲述的操作方法，设置第一个表格（成绩单）所有数据水平垂直都居中。

② 选中整张表格（成绩单），复制、粘贴到"主要课程成绩"右侧的单元格中。

③ 按照前面讲述的操作方法，将这个被嵌套表格的边框设置为"无框线"。

（9）设置表格在页面中的对齐方式及文字环绕方式

将表格在文档中居中，无环绕。操作步骤如下：

① 将插入点移动到表格内任意位置，或选中表格。

② 打开"表格属性"对话框，选择"表格"选项卡，对齐方式设置为"居中"，文字环绕设置为"无"，则表格相对于页面居中，相对于文字无环绕。

也可选中表格，利用"开始"选项卡的"段落"功能区设置居中。

编辑后的效果如图 1-37 所示，也可以参见 E1-3 效果.pdf 文档。

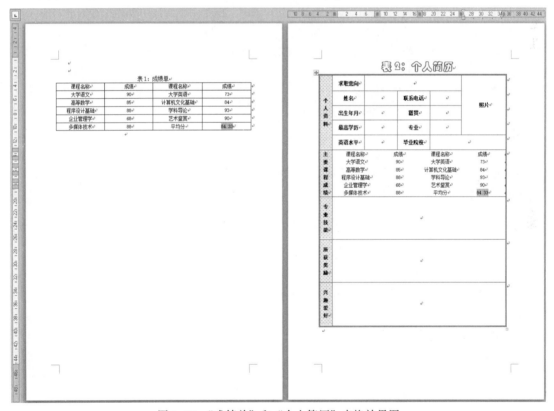

图 1-37 "成绩单"和"个人简历"表格效果图

1.4 综合应用实验一

1.4.1 实验目的

① 综合运用前面掌握的知识，学会对长文档进行编辑和排版。

② 学会正确选用不同的视图方式显示文档。
③ 掌握在长文档中插入各种对象。
④ 掌握在长文档中自动生成目录。
⑤ 网络下载素材：E1-4.zip（E1-4 素材.docx 和 E1-4 效果.pdf）。

1.4.2 实验内容

本实验以一篇长文档（毕业论文）E1-4 素材.docx 为例，对前面学习过的知识进行综合应用。

1. 论文组成要求

论文由以下部分组成：A. 封面；B. 目录；C. 正文；D. 结束语；E. 参考文献；F. 附录Ⅰ、附录Ⅱ、附录Ⅲ和附录Ⅳ。注释：采用 A4 页面，每部分之间插入分节符来区分。

2. 封面设计

（1）封面内容

① 论文分类及编号：分类号……编号。
② 论文名称：浅谈企业物流成本控制。
③ 【××大学学生毕业论文（设计）】。
④ 院系：本人所在院系（如工商管理学院）。
⑤ 专业：本人所学专业（如经济学）。
⑥ 学生姓名：本人名字（如孙韵丽）。
⑦ 学号：本人学号（如：201801301100）。
⑧ 指导教师：王靖宜。
⑨ 职称：副教授。
⑩ 完成时间：编辑文档的时间（如 2022 年 6 月 15 日）。
⑪ 完成地点：××××大学。

（2）按要求格式化封面

① 设置封面所有的文字居中显示。
② "分类号……编号"设置：宋体，小五，段前 2 行，段后 0 行，1.5 倍行距。
③ "浅谈企业物流成本控制"设置：黑体，二号，段前 3 行，段后 3 行，1.5 倍行距。
④【××××大学学生毕业论文（设计）】设置：宋体，四号，段前 5 行，段后 10 行，1.5 倍行距。
⑤ 院　　系：工商管理学院
　　专　　业：经济学
　　学生姓名：孙韵丽
　　学　　号：201801301100
　　指导老师：王靖宜（教授）

文字均为：宋体，四号，段前 0 行、段后 0 行，1.5 倍行距。左对齐，首行缩进 11 个字符。

注释：其中院系要求使用组合框，实现在组合框里选择院系名称。

⑥ "2022 年 6 月 15 日"字体：宋体，五号，段前 3 行、段后 0 行，1.5 倍行距。
⑦ "××××大学"字体：宋体，五号，段前 0 行、段后 0 行，1.5 倍行距。

3. 文档排版格式及要求

（1）页面设置

A4 纸张、上页边距 3 厘米、下页边距 2.5 厘米、左页边距 2.5 厘米、右页边距 2 厘米。

（2）正文和标题排版要求

① 正文排版要求：宋体、五号、两端对齐、首行缩进 2 字符、单倍行距、段前 0 行、段后 0 行。

② 标题排版要求：标题分三级。

标题 1：黑体、二号、居中、单倍行距、段前 16 磅、段后 16 磅，标题居中放置；如"前言""一、物流成本及其特征""二、物流成本控制与管理存在的问题"等为章的 1 级标题。

标题 2：仿宋、三号、加粗、左对齐、首行不缩进、单倍行距、段前 12 磅、段后 12 磅；如"（一）物流成本的隐蔽性与复杂性""（二）物流成本的效益背反性"等为章的 2 级标题。

标题 3：宋体、五号、加粗、左对齐、首行不缩进、单倍行距、段前 6 磅、段后 6 磅；如"1. 物流活动各要素的效益背反""2.企业各部分之间的效益背反"等为章的 3 级标题。

前言、结束语、参考文献和各级附录的标题格式均按标题 1 的要求设置。

"目录"二字当"正文"标题，设置为黑体、二号、居中、单倍行距、段前 16 磅、段后 16 磅，居中放置（不用设置"标题 1"样式）。

（3）分节

封面、目录、前言、正文的每一章（1 级标题为一章）、结束语和参考文献均分为节；每个附录也分为独立的节。均通过插入分节符来实现分节，分节符的类型均为"下一页"。共 11 个"下一页"分节符；另外，在"附录Ⅳ 索引"中做索引时，系统自动插入 2 个"连续"分节符。注释：在"草稿"视图中，才可见分节符。

（4）制作表格

依据文档 E1-4 素材.docx 中的"表 1 物流总费用与 GDP 关系表"提供的数据，在正文二（一）制作 8 行 6 列的表格，用公式将总值计算出来（总值=总额+总费用）。五号字；行高 1.31、0.68、0.68、0.68、0.68、0.68、0.68、0.68 厘米；列宽 1.8、3、3、3、3、1 厘米；单元格对齐方式，水平垂直居中；表格在页面水平居中。

（5）插入对象

插入的图形、表格单独编序，编序方式采用"图（表）X"的形式，如"图 1"。题注和表注均为宋体、小五号字。

① 在图 1 处利用绘图工具栏按图 1.bmp 绘制"物流冰山理论示意图"

② 在正文一（二）中的第一自然段后插入图片图 2.bmp，并将其居中显示。

③ 在正文二（二）的前一段"要使物流水平最低，则："处，插入下面的数学公式：

$$\frac{\mathrm{d}T_c}{\mathrm{d}Q} = 0 \Rightarrow \frac{PF}{2} - \frac{RC}{Q^2} = 0 \Rightarrow EOQ = Q + \sqrt{\frac{2RC}{PF}} = \sqrt{\frac{2RC}{H}}$$

④ 在"结束语"后插入艺术字，内容为"降低物流成本，创造利润空间"。

⑤ 在附录Ⅰ中按图 4.bmp 的形式插入"某物流企业"组织结构图；在附录Ⅱ中按图 5.bmp 的形式插入流程图；在附录Ⅲ中按图 6.bmp 的形式插入文本框与剪切画的组合图。

（6）插入索引

分别在以下位置标记索引项：

① 在"一、物流成本及其特征"(一)的标题"物流成本"处标记索引项。
② 在"一、物流成本及其特征"(一)的第一自然段"物流冰山理论"处标记索引项。
③ 在"一、物流成本及其特征"(一)的第二自然段"冰山一角"处标记索引项。
④ 在"一、物流成本及其特征"(二)的第一自然段"效益背反"处标记索引项。
⑤ 在"一、物流成本及其特征"(三)的第一自然段"利润源"处标记索引项。
⑥ 在"一、物流成本及其特征"(四)的第一自然段"产业链"处标记索引项。
⑦ 在"三、加强物流成本控制与管理的措施"的第一自然段"供应链"处标记索引项。
⑧ 在"三、加强物流成本控制与管理的措施"(二)1.(3)的第一自然段"TCM管理模式"处标记索引项。

在附录Ⅳ中生成索引。

(7)页眉和页脚设置

封面和目录不带页眉和页脚。

页眉距边界2厘米,奇数页页眉内容为"××××大学毕业论文(设计)"和作者姓名(通过文本框插入姓名),字体为隶书三号字,前者居中,后者右对齐。偶数页页眉内容为各章的名称,字体为隶书三号字,居中显示。

"结束语"之后的页眉不分奇偶页,每节的页眉内容为"××××大学毕业论文(设计)"和作者姓名(通过文本框插入姓名),字体为隶书三号字,前者居中,后者右对齐。

页脚距边界1.75厘米,页脚内容为页码、宋体、五号字,底端居中。

(8)插入脚注(一律用宋体、小五号字)

① 在"一、物流成本及其特征"中"物流成本"处插入脚注1,内容为"物流活动中产生的所有费用"。
② 在"一、物流成本及其特征"(三)的标题"乘数效应"处插入脚注2,内容为"降低物流成本所产生的利润"。
③ 在"二、物流成本控制与管理存在的问题"(一)的"表1"处插入脚注3,内容为"中国物流协会2019年12月统计"。

4. 文档视图

分别在普通视图、页面视图、大纲视图和打印预览方式下浏览文档,注意观察文档的显示方式有什么变化。

5. 生成目录

在封面后正文前的位置生成三级目录。目录独占一节(一页或多页),不带页眉和页脚,居中显示"目录"二字,字体、字号与一级标题相同。

【实验操作过程和步骤】

操作方案:打开原文、封面并进行页面设置;选中所有文字,进行正文排版设置(这部分内容最好先做,包括标题也当正文排版设置);设置各级标题,包括附录,然后插入分节符,再插入对象(包括图、公式),并制作表格;设置页眉和页脚、插入脚注、绘制结构图(附录)和插入索引(附录);生成目录。

具体操作过程和步骤如下:

1. 打开源文档

源文档为：E1-4 素材.docx。

2. 正文格式设置

① 按【Ctrl+A】组合键选中全文。或鼠标指针页面左侧页边，三击鼠标左键。

② 在"开始"选项卡"字体"功能区中设置字体为宋体（正文）、五号。

③ 单击"开始"选项卡→"段落"功能区→"行和段落间距"下拉按钮，在下拉列表中选择"行距选项"，打开"段落"对话框，对齐方式设置为"两端对齐"；大纲级别设置为"正文文本"；特殊格式设置为"首行缩进"；度量值设置为 2 字符；段前设置为 0 行，段后设置为 0 行；行距设置为"单倍行距"。

3. 制作封面

① 设置封面所有的文字居中显示。

② 设置"分类号……编号"字体：宋体，小五，段前 2 行，段后 0 行，1.5 倍行距。

③ 设置"浅谈企业物流成本控制"字体：黑体，二号，段前 3 行，段后 3 行，1.5 倍行距。

④ 设置"【××××大学学生毕业论文（设计）】"字体：宋体，四号，段前 5 行，段后 10 行，1.5 倍行距。

⑤ 院　　　系：<u>工商管理学院　　　</u>

　　专　　　业：<u>经济学　　　　　</u>

　　学生姓名：<u>孙韵丽　　　　　</u>

　　学　　　号：<u>201801301100　　</u>

　　指导老师：<u>王靖宜（教授）　</u>

文字均设置为宋体，四号，段前 0 行、段后 0 行，1.5 倍行距，左对齐，首行缩进 12 个字符。其中，院系要求使用组合框控件，在组合框中选择院系名称，院系名称可自定。添加组合框工具："开发工具"选项卡，操作步骤如下：

- 在 Word 中，加载"开发工具"选项卡步骤：选择"文件"→"选项"命令，打开"Word 选项"对话框，选择"自定义功能区"选项，在右侧"自定义功能区（B）"的"主选项卡"下部选中"开发工具"复选框，单击"确定"按钮，之后主窗口上部出现一个"开发工具"选项卡，如图 1-38 所示。注：此工具不设置，不会显示。
- 将光标定位在"院系:"的右侧，单击"开发工具"选项卡→"控件"→"组合框控件"按钮，此时，在光标处添加了组合框控件，如图 1-38 所示。
- 在"控件"功能区，单击"设计模式"按钮，进入设计模式（注：没有对话框显示）。然后单击"属性"按钮，打开"内容控件属性"对话框。在此对话框中，输入标题：院系名称，标记 YX。在此对话框中单击"添加"按钮，打开"添加选项"对话框，输入"显示名称"：计算机与控制工程学院，输入"值"：计算机与控制工程学院，单击"确定"按钮；重复此过程添加各院系名称，如"环境与材料"。最后在"内容控件属性"对话框中单击"确定"按钮，效果如图 1-38 所示。

图 1-38 "开发工具"选项卡和"组合框控件属性"对话框

- 再次在"控件"功能区,单击"设计模式"按钮,退出设计模式。
- 在院系名称"组合框"控件右侧,单击下拉按钮,在下拉列表中选择院系名称。选中的院系名称,设置字体下画线。操作:单击"开始"选项卡→"字体"功能区→"下画线"按钮。

⑥ 设置"2022年6月15日"字体:宋体,五号,段前3行、段后0行,1.5倍行距。

⑦ 设置"××××大学"字体:宋体,五号,段前0行、段后0行,1.5倍行距。

4. 页面设置

① 单击"布局"选项卡→"页面设置"功能区→"页边距"按钮,在"页边距"下拉列表框中选择"自定义边距"命令,打开"页面设置"对话框,分别将上、下、左、右页边距设置为3厘米、2.5厘米、2.5厘米和2厘米,单击"确定"按钮。

② 单击"页面设置"功能区下的"纸张方向"按钮,在"纸张方向"下拉列表框中选择"纵向"。

③ 单击"页面设置"功能区下的"纸张大小"按钮,在"纸张大小"下拉列表框中选择"A4"。

5. 分节

进入"草稿"视图。操作:选中"视图"选项卡,单击"草稿"视图按钮,进入该视图。

将插入点定位到"目录"二字之前,单击"布局"选项卡→"页面设置"功能区→"分隔符"按钮,在下拉列表中选择"分节符"的"下一页",结果如图 1-39 所示。

将插入点依次定位到前言、正文的每一章标题(正文中如"一、物流成本及其特征""二、物流成本控制与管理存在的问题""三、加强物流成本控制与管理的措施"等为章的 1 级标题)、结束语、参考文献、附录Ⅰ到附录Ⅳ之前,单击"布局"选项卡下的"分隔符",在下拉列表中选择"分节符"的"下一页",实现插入分节符的操作,如图 1-39 所示。共插入 11 个"下一页"分节符,位置不合适要调整,多出的"下一页"分节符按【Delete】键删除。因插入"下一页"分节符,1 级标题前多出的回车符(段落符)要删除,使得 1 级标题顶到页面顶端。

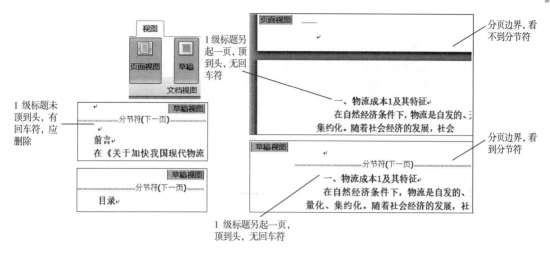

图1-39 "草稿"视图和"页面视图"下的"下一页"分节符

以上操作完成后,转入"页面视图",为后续操作做准备。操作:单击"视图"→"视图"→"页面视图"按钮。

6. 文档标题的设置

(1)设置1级标题格式

方法1:

① 将插入点定位到"前言"之前,选中"前言",单击"开始"选项卡→"样式"功能区→"标题1"按钮;在"字体"功能区设置黑体、二号字。

② 单击"段落"功能区的"行和段落间距"按钮,在下拉列表中选择"行距选项"命令,打开"段落"对话框,"对齐方式"选择"居中","段前""段后"均设为"16磅","行距"选择"单倍行距","特殊格式"选择"无",单击"确定"按钮。

③ 双击"格式刷"按钮,分别刷过目录、三章标题(一、物流成本及其特征;二、物流成本控制与管理存在的问题;三、加强物流成本控制与管理的措施)、结束语、参考文献、附录Ⅰ和附录Ⅱ等1级标题。

④ 单击"格式刷"按钮或按【Esc】键,释放格式刷。

方法2:首先按照字体及段落要求对标题前言进行设置,然后右击"样式"功能区中的"标题1",在弹出的快捷菜单中选择"更新标题1以匹配所选内容"。再依次选中其他一级标题,并分别单击"标题1"即可。

(2)设置2级标题格式

① 将插入点定位到"一的(一)"之前,选中"(一)物流成本的隐蔽性与复杂性",单击"开始"选项卡→"样式"功能区→"标题2"按钮,在"字体"功能区设置仿宋、三号字、加粗。

② 单击"段落"功能区中的"行和段落间距"按钮,在下拉列表中选择"行距选项"命令,打开"段落"对话框,"对齐方式"选择"左对齐","段前""段后"均设为"12磅","行距"选择"单倍行距","特殊格式"选择"无",单击"确定"按钮。

③ 双击"格式刷"按钮,分别刷过文档各章的所有2级标题。

④ 单击"格式刷"按钮或按【Esc】键,释放格式刷。

(3)设置3级标题格式

① 将插入点定位到"一中(二)的 1"之前,选中"1.物流活动各要素的效益背反",单击

"开始"选项卡→"样式"功能区→"标题 3"按钮,在"字体"功能区设置宋体、五号字、加粗。

② 单击"段落"功能区中的"行和段落间距"按钮,在下拉列表中选择"行距选项"命令,打开"段落"对话框,"对齐方式"选择"左对齐","段前""段后"均设为"6 磅","行距"选择"单倍行距","特殊格式"选择"无",单击"确定"按钮。

③ 双击"格式刷"按钮,分别刷过文档各章的所有 3 级标题。

④ 单击"格式刷"按钮或按【Esc】键,释放格式刷。

7. 绘制图 1

① 打开并参照"图 1.bmp"的图形,将插入点移动到 E1-4 素材.docx 文档"插入:图 1 物流冰山理论示意图"之前,连续按 10 次【Enter】键,预留出绘图区域。

② 绘制直线和箭头:单击"插入"选项卡→"插图"功能区→"形状"按钮,在下拉列表中单击绘图所需的形状"直线",在绘图区域按下鼠标左键并水平拖动鼠标,达到需要的长度后,释放鼠标左键,画出一条直线。然后单击"形状样式"功能区的"细线-深色 1"。

在下拉列表中分别单击绘图所需的形状"曲线""箭头"进行绘图(绘制曲线时,双击鼠标,表示绘制曲线结束。每绘制出一条线,都单击"形状样式"功能区的"细线-深色 1"。详细的绘图过程在此省略)。

③ 绘制文本框:单击"插入"选项卡→"文本"功能区→"文本框"按钮,在下拉列表中选择"绘制横排文本框",在文本框中输入文字"运费"。

单击文本框边线,将鼠标指向文本框边线,当鼠标变成四向箭头时右击,在弹出的快捷菜单中选择"设置形状格式"命令,打开"设置形状格式"对话框,单击"线条颜色"选项卡,设置线条颜色为"无线条",单击"关闭"按钮。

单击文本框边线,将鼠标指针指向文本框边线,当鼠标指针变成四向箭头时右击,在弹出的快捷菜单中选择"置于底层"→"置于底层"命令,使得文本框及其内的文字不遮挡其他线条。

调整文本框的大小和位置。

仿照此方法,绘制"保管费"文本框、"(只是冰山一角)"文本框和"图 1 物流冰山理论示意图"3 个文本框。

④ 组合图形:单击图 1 中的一条直线并选中,然后在按下【Shift】键的同时将鼠标指针指向其他绘图对象(直线、曲线、箭头、文本框),当鼠标指针右上方出现"+"时单击,依此方法将所有绘图对象选中。

当鼠标指针变为四向箭头时在选中的对象上右击,在弹出的快捷菜单中选择"组合"→"组合"命令,至此各个绘图对象变为一个整体。

⑤ 将原文中的"插入:图 1 物流冰山理论示意图"中的"插入:"删除成为图的标题,将图 1 前后多余的空行删除,至此,图 1 绘制完毕。

8. 插入"图 2.bmp"和"图片 3.bmp"

① 插入"图 2.bmp":将插入点移动到 E1-4 素材.docx 文档一(二)中的第一自然段后,按【Enter】键。单击"插入"选项卡→"插图"功能区→"图片"按钮,打开"插入图片"对话框,找到"图 2.bmp"并选中,单击"插入"按钮,然后调整图 2 的位置并将其居中即可。

将 E1-4 素材.docx 文档中原来的文字"插入:图 2 现代物流"中的"插入:"删除成为图的标题,并删除多余的空行。

② 插入"图 3.bmp":将插入点移动到源文档三(二)1.(1)中的第一自然段后,按【Enter】键,预留出绘图区域。单击"插入"选项卡→"插图"功能区→"图片"按钮,打开"插入图片"

对话框，找到"图3.bmp"并选中，单击"插入"按钮，然后调整图3的位置并将其居中。

在图的下方插入一个文本框，文本框内文字为"效益背反关系"，文本框为无线条色。然后将带有绿色底纹的提示文字"插入：图3 效益背反关系"中的"插入："删除后，成为图的标题。

9. 制作表格

① 将文字转换成表格：在二（一）处，从"年份"开始选中所有制表数据，单击"插入"→"表格"→"表格"按钮，在下拉列表中选择"文本转换成表格"命令，打开"将文字转换成表格"对话框。如果对话框中列数为6，文字分割位置为逗号，则单击"确定"按钮，一个8行6列的表格就初步制作成功。

② 设置表格的行高列宽：选中表格第一行，单击"表格工具-布局"选项卡，在"单元格大小"功能区中设置行高为1.31厘米（36.9磅）。

选中除第一行之外的其他行，设置其他行高为0.68厘米（19.9磅）。第一列列宽为1.8厘米（51磅），其他列列宽为3厘米（85磅），最后一列列宽为2厘米（56.7磅）。

③ 表格计算：计算总值（总值=总额+总费用），将光标定位在总值列下第一个单元格中，选择"表格工具-布局"选项卡，单击"数据"功能区中的"公式"按钮，打开"公式"对话框，在"公式"文本框中输入公式"=SUM(B2:C2)"，单击"确定"按钮，依此类推。

④ 设置表格文本对齐方式：选中整个表格（包括每行的回车符），单击"对齐方式"功能区中的"水平居中"按钮，单元格内容水平垂直居中。

⑤ 设置表格对齐方式：选中整个表格，单击"表"功能区中的"属性"按钮，打开"表格属性"对话框，在"表格"选项卡的"对齐方式"中单击"居中"按钮，使表格在页面水平居中。

⑥ 插入表格标题：将含有绿色底纹的提示文字删除。插入"表2.1 物流总费用与GDP关系表"，并使表题文字居中。

10. 插入数学公式

将插入点定位到二（二）的前一段，"要使物流水平最低，则："之后，单击"插入"选项卡下的"公式"按钮，在下拉列表中单击"插入新公式"，激活并打开"公式工具-设计"选项卡，如图1-40（a）所示，使用其中的"符号"模板和"结构"模板，按步骤输入下面要编辑的公式，然后使公式居中。

插入公式的另一种方法：单击"插入"选项卡→"文本"功能区→"对象"下拉按钮，在下拉列表框中选择"对象"命令，打开"对象"对话框，选择"新建"选项卡，选择"Microsoft 公式3.0"后，单击"确定"按钮，打开数学公式编辑器和公式工具栏，如图1-40和图1-41所示。使用公式模板和符号模板，按步骤输入要编辑的公式即可。

图1-40 "公式工具-设计"选项卡

图1-41 公式工具栏

11. 插入艺术字

将插入点定位到"结束语"最后一个段落之后，连续按【Enter】键，预留出艺术字的空间位置。单击"插入"选项卡中的"艺术字"按钮，打开"艺术字样式"列表，选择样式"填充：红色，标准色2；边框：红色，标准色2"，进入编辑艺术字状态，输入"降低物流成本，创造利润空间"，并通过"绘图工具-格式"选项卡对"文本填充""文本轮廓""文本效果"进行设置，单击"文本填充"，选择"标准色：橙色"；单击"文本效果"，阴影设置为"外部，偏移：右下"；单击"文本效果"，转换设置为"波形1"，并使其居中显示。

12. 设置页眉和页脚

（1）设置页眉页脚边距

单击"布局"选项卡→"页面设置"功能区→"页边距"按钮，在打开的下拉列表中选择"自定义页边距"命令，打开"页面设置"对话框，单击"版式"选项卡，将页眉边距设置为2厘米、页脚边距设置为1.75厘米，在"应用于"下拉列表框中选择"整篇文档"，单击"确定"按钮。

（2）设置奇数页页眉

① 将插入点定位到"前言"处，单击"插入"选项卡→"页眉和页脚"功能区→"页眉"按钮，在下拉列表中选择"编辑页眉"命令，激活并打开"页眉和页脚工具-设计"选项卡，选中"选项"功能区中的"奇偶页不同"复选框，同时文档进入页眉和页脚编辑状态。

② 在页眉编辑区左上方显示"奇数页页眉—第3节—"，右上方显示"与上一节相同"，表示本节设置的页眉将与前一节的页眉相同。本处要设置与前一节不同的页眉，单击"导航"功能区的"链接到前一条页眉"按钮（ 链接到前一条页眉 （见图1-42），取消与前一节的链接，此时页眉编辑区右上方显示"与上一节相同"字样消失，在页眉编辑区输入"××××大学毕业论文（设计）"，选择隶书、三号字、居中；在"××××大学毕业论文（设计）"右侧插入文本框，文本框内容为"孙韵丽"，文本框无边框，选择隶书、三号字、右对齐。

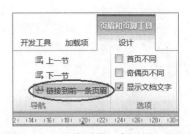

图1-42 "链接到前一条页眉"按钮

（3）设置偶数页页眉

① 单击"插入"选项卡→"页眉和页脚"功能区→"页眉"按钮，在下拉列表中选择"编辑页眉"命令，激活并打开"页眉和页脚工具-设计"选项卡，单击"导航"功能区中的"下一节"按钮，当页眉左侧出现"偶数页页眉—第4节—"，页眉右侧出现"与上一节相同"时，单击"导航"功能区中的" 链接到前一条页眉 "按钮，取消与前一节的链接，此时输入第一章的标题"一、物流成本及其特征"，选择隶书、三号字、居中。

② 单击"导航"功能区的"下一节"按钮，当页眉左侧出现"偶数页页眉—第5节—"，页眉右侧出现"与上一节相同"时，单击"导航"功能区中的" 链接到前一条页眉 "按钮，取消与前一节的链接，此时输入第二章的标题"二、物流成本控制与管理存在的问题"。

③ 单击"导航"功能区中的"下一节"按钮，当页眉左侧出现"偶数页页眉—第6节—"，页眉右侧出现"与上一节相同"时，单击"导航"功能区中的" 链接到前一条页眉 "按钮，取消与前一节的链接，此时输入第三章的标题"三、加强物流成本控制与管理的措施"。

④ 参照上面的操作，将结束语之后的页眉全部设置成"××××大学毕业论文（设计）"，选

择隶书、三号字、居中；在"××××大学毕业论文（设计）"右侧插入文本框，文本框内容为"孙韵丽"，文本框无边框，选择隶书、三号字、右对齐。

（4）设置奇数/偶数页页脚

① 将插入点定位到"前言"处，单击"插入"选项卡→"页眉和页脚"功能区→"页脚"按钮，在下拉列表中选择"编辑页脚"命令。此时，页脚区的左侧显示"奇数页页脚"，单击"导航"功能区的"链接到前一条页眉"按钮，取消与前一节的链接。

② 单击"插入"选项卡→"页眉和页脚"功能区→"页码"按钮，在下拉列表中选择"页面底端"→"普通数字2"，然后再次单击"页眉和页脚"功能区的"页码"按钮，在下拉列表中选择"设置页码格式"命令，打开如图 1-43 所示的"页码格式"对话框，在"页码编号"栏选择"起始页码"为 1。如果要与前节统一编排页码，可选择"续前节"。

图 1-43 "页码格式"对话框

在页脚区选中页码，设置宋体、五号字、居中。

③ 单击"导航"功能区的"下一节"按钮，此时页脚区的左侧显示"偶数页页脚"，单击"导航"功能区的"链接到前一条页眉"按钮，取消与前一节的链接。

单击"页眉和页脚"功能区的"页码"按钮，在下拉列表框中选择"页面底端"→"普通数字 1"。在页脚区选中页码，设置宋体、五号字、居中。

④ 在文档编辑区双击，退出页眉和页脚的编辑状态。双击任何一页的页眉或页脚区域即可进入页眉和页脚编辑状态。

13．插入脚注

① 将插入点定位在"一、物流成本及其特征"中"物流成本"处，单击"引用"选项卡→"脚注"功能区→"插入脚注"按钮，光标自动定位到页面底端，脚注编号从 1 开始，在光标处输入脚注的内容"物流活动中产生的所有费用"，并设置脚注为宋体、小五号字。

② 将插入点定位在"一、物流成本及其特征"（三）的标题"乘数效应"处，用同样的方法插入脚注 2 的内容"降低物流成本所产生的利润"，并设置脚注为宋体、小五号字。

③ 将插入点定位在"二、物流成本控制与管理存在的问题"（一）的"表 2.1"处插入脚注 3，内容为"中国物流协会 2019 年 12 月统计"，并设置脚注为"宋体""小五号"字。

14．绘制结构图（附录Ⅰ～Ⅲ）

（1）绘制组织结构图

在附录Ⅰ中，绘制组织结构图：打开文件"图 4.bmp"，将插入点移动到源文档的附录Ⅰ后，单击"插入"选项卡→"插图"功能区→SmartArt 按钮，打开"选择 SmartArt 图形"对话框，选择"层次结构"→"组织结构图"，单击"确定"按钮。在相应位置输入给定信息即可。

若要添加形状，选中一个形状后右击，在弹出的快捷菜单中选择"添加形状"的相应命令。选中需要调整形状布局的上一级某个形状，单击"创建图形"功能区的"布局"按钮，选择其中的"标准"布局格式。

（2）绘制流程图

在附录Ⅱ中，绘制流程图：打开文件"图 5.bmp"为参考，将插入点移动到源文档的附录Ⅱ后，单击"插入"选项卡→"插图"功能区→"形状"按钮，在打开的下拉列表框中选择流程图形状，设置形状填充和形状轮廓等，添加文字和注释等并进行组合。

（3）绘制组合图

在附录Ⅲ中，绘制组合图：用组合图完成两副对联。

① 将插入点移动到源文档的附录Ⅲ后，单击"插入"选项卡→"文本"功能区→"文本框"按钮，选择"绘制横排文本框"命令绘制横幅，并设置文本框的"形状填充"和"形状轮廓"。

选择"绘制竖排文本框"绘制两个竖联并设置文本框的"形状填充"和"形状轮廓"，中间插入剪贴画。对联内容为王昌龄的两首诗：《从军行二首》，即"黄沙百战穿金甲，不破楼兰终不还！""青海长云暗雪山，孤城遥望玉门关。"

② 第二个组合图对联内容是李白的一首诗：《望庐山瀑布》，即"日照香炉生紫烟，遥看瀑布挂前川。飞流直下三千尺，疑是银河落九天。"横幅用文本框，竖联用两个椭圆添加文字即可，中间为剪贴画，操作步骤省略。

15．插入索引（附录Ⅳ）

（1）标记索引项

以在"一、物流成本及其特征"（一）的标题"物流成本"处标记索引项为例，标记索引项的操作步骤如下：

① 在文档中选中要标记的索引项内容"物流成本"。

② 单击"引用"选项卡→"索引"功能区→"插入索引"按钮，打开"索引"对话框，单击"标记索引项"按钮，打开"标记索引项"对话框，该对话框"主索引项"文本框中显示"物流成本"，也可以在此指定其他选项，对话框中其他选项使用默认值，单击"标记"按钮，Word为其插入一个特殊的 XE（索引项）域。也可以用标记组合键【Alt+Shift+X】标记。

③ 重复①②的过程，可标记指定的所用索引项并为其插入索引域。

按照"3.文档排版格式及要求"中的"（6）插入索引"指定的位置标记索引项。

（2）生成索引

① 标记完所用索引项后，将插入点定位到附录Ⅳ后，按【Enter】键。

② 单击"引用"选项卡→"索引"功能区→"插入索引"按钮，打开如图1-44所示的"索引"对话框，在"索引"选项卡中选择所需的索引格式，包括"类型""栏数""语言""类别""排序依据""页码右对齐""制表符前导符""格式"等选项。

③ 单击"确定"按钮，生成最终的索引。

16．文档视图

分别在页面视图、阅读版式视图、Web版式视图、大纲视图和草稿视图下浏览文档，注意观察文档的显示方式有什么变化。

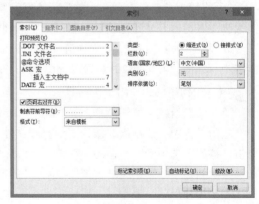

图1-44 "索引"对话框

不同视图之间的切换可通过单击"视图"选项卡→"文档视图"功能区中的有关按钮实现，也可以在Word 2016文档窗口的右下方单击视图按钮选择视图。

在"页面视图"中可以看到页面的所有内容，包括页眉和页脚、页码、脚注和尾注、图片、艺术字等。页面视图是文档内容最完整的一种显示方式，显示时以页面为单位，与打印出来的文档完全一样,是一种所见即所得的视图形式。对于有标题的长篇文档,在"页面视图"方式下一定要打开导航窗格,导航窗格显示的文档结构按标题级别呈缩进格式,从而使文档的层次结构一目了然。标题文字前有标记◢,表示该标题有下级标题且可以折叠;标题文字前没有任何标记,表示该标题没有下级标题;标题文字前有一个标记▷,表示该标题已经折叠,可以展开。单击导航窗格的标题,在右侧的文档窗口中显示该标题所属的标题及正文文字。

"阅读版式视图"以图书的分栏样式显示 Word 2016 文档,"文件"按钮、功能区等窗口元素被隐藏起来。在阅读版式视图中,用户还可以单击"工具"菜单,选择各种阅读工具。

"Web 版式视图"以网页的形式显示 Word 2016 文档,文档中的页眉和页脚被隐藏起来,分页符和分节符显示为一条水平虚线,其中人工分页符带有"分页符"字样,分节符带有"分节符"字样。Web 版式视图适用于发送电子邮件和创建网页。

大纲视图主要用于创建、查看或整理文档结构,例如,一篇文章的标题结构、一本图书的章节目录结构等。在大纲视图下,一定要选中"视图"选项卡"显示"功能区中的"导航窗格"复选框,导航窗格显示的文档结构按标题级别呈缩进格式,从而使文档的层次结构一目了然,并且可以方便地折叠和展开各种层级的文档。单击导航窗格的标题,在右侧的文档窗口中显示该标题所属的标题及正文文字。大纲视图广泛用于 Word 2016 长文档的快速浏览和设置中。

"草稿视图"取消了页面边距、分栏、页眉和页脚、图片等元素,仅显示标题和正文,是最节省计算机系统硬件资源的视图方式。当然,现在计算机系统的硬件配置都比较高,基本上不存在由于硬件配置偏低而使 Word 2016 运行遇到障碍的问题。

17. 生成目录

操作步骤如下:

① 将插入点定位到"目录"节"插入目录"之前。按【Enter】键,插入一个空行。

② 单击"引用"选项卡→"目录"功能区→"目录"按钮,在下拉列表中选择"自定义目录"命令,打开如图 1-45 所示的"目录"对话框,选择"目录"选项卡。在此选项卡中可进行如下设置:

- 显示页码:选中该复选框,在创建的目录中显示对应的页码。
- 页码右对齐:选中该复选框,页码在创建的目录中右对齐。
- 制表符前导符:从该列表中可以选择目录项目与页码之间的连接符。
- 格式:从该列表中可以选择创建目录的格式,如来自模板、古典、优雅、流行、现代等。当选择某种格式时,在该对话框的"打印预览"和"Web 预览"列表框中显示相应的样本。
- 显示级别:用于指定目录的级别数目,默认显示 3 级标题目录。

如果用户已经将自定义样式应用于标题,则创建目录时,可通过单击"选项"按钮,对有效样式与目录级别进行对应设置。通过上述操作生成所需要的目录。

如果文档中的标题或者页码有所改变,可以在目录区域内右击,在弹出的快捷菜单中选择"更新域"命令,打开如图 1-46 所示的"更新目录"对话框,在该对话框中选择设置"只更新页码"或者"更新整个目录"选项。

③ 将目录文字全部选中,设置为宋体、五号字。

排版后的论文格式,可参阅目标效果文档 E1-4 效果.pdf。

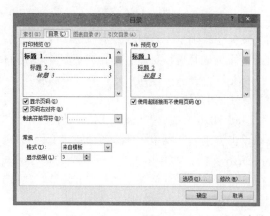

图 1-45 "目录"对话框　　　　图 1-46 "更新目录"对话框

1.5 综合应用实验二

1.5.1 实验目的

① 综合运用前面掌握的知识，学会对长文档进行编辑和排版。
② 掌握分节符的使用，掌握页面设置、标题设置、目录的生成。
③ 网络下载素材：E1-5.zip（E1-5 素材.docx 和 E1-5 效果.pdf）。

1.5.2 实验内容

打开 E1-5 素材.docx 文档，文档分为封面、目录和正文三部分。具体操作要求及操作步骤如下：

1. 页面设置

文档页面设置：纸张大小 16 开（18.4 厘米×26 厘米）；页边距：上下左右均为 2 厘米。

2. 正文设置

除封面和目录，选中所有内容，正文设置为宋体、五号字；两端对齐，段落前后间距 0 行，行距单倍行距；首行缩进 2 字符。

3. 插入分节符

封面、目录后均插入"下一页"分节符；"六、会议主题"前的段落插入"下一页"分节符，即将表格独立为一页，共 3 个"下一页"分节符，把文档分为 4 节：封面、目录、正文（一至五）和表格"六、会议主题"。插入"下一页"分节符操作：单击"页面布局"选项卡→"页面设置"功能区→"分隔符"按钮，选择"下一页"。

4. 标题设置

文档中分为两级标题。
第 1 级标题：宋体、加粗、三号字、居中，段落前后间距 0.5 行，单倍行距。
第 2 级标题：宋体、加粗、小四号字、左对齐，段落前后间距 0 行，单倍行距。

5. 生成目录

在目录页生成两级目录：单击"引用"选项卡→"目录"功能区→"目录"按钮→"自定义目录"，设置显示级别为 2。

6. 表格页面设置

注释：表的标题和表为单独一页，表格尺寸不能调整。

由于"3. 插入分节符"已在表的标题前一自然段插入了"下一页"分节符，所以在表格页可直接设置页面：页边距上下左右均为 2 厘米；纸张大小，依据表格大小自定义，设置 30 厘米宽和 26 厘米高即可。

7. 封面设置

先选中封面所有内容，设置为宋体、五号字；两端对齐、大纲级别"正文文本"、特殊格式"（无）"、段落前后间距 0 行，行距为单倍行距。

文章标题：先选中文章标题（2021 年人工智能与软件工程国际会议）；设为宋体、二号字、加粗；居中、大纲级别"正文文本"、特殊格式"（无）"、段落前后间距 1.5 行，行距为单倍行距。

图像：在第 15 个回车符前插入图像（人工智能手臂.jpg）；图像可适当裁切，调整图片大小为高 6 厘米或 113.35 磅（宽不设置）、居中对齐。

其他：日期和地点均为宋体、四号字、加粗、文本效果（填充–白色，轮廓–强调文字颜色 1）；段落两端对齐、正文文本、首行缩进 8 字符。

完成后的效果如图 1-47 所示，可见 E1-5 效果.pdf 文档。

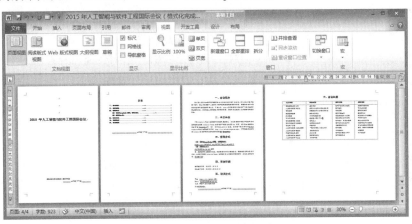

图 1-47　完成后的效果图

第 2 章　Excel 2016 电子表格处理

Excel 电子表格处理软件是美国微软公司研制的办公自动化软件 Office 中的重要成员，经过了多次改进和升级，本章以 Excel 2016 版本为基础进行讲解。Excel 2016 能够方便地制作出各种电子表格，使用公式和函数对数据进行复杂的运算；用各种图表直观明了地表示数据；利用超链接功能，用户可以快速打开局域网或 Internet 上的文件，与世界上任何位置的互联网用户共享工作簿文件。另外，它还能将各种报告和统计图表打印输出。

2.1　Excel 电子表格与基本操作简介

2.1.1　Excel 电子表格简介

Excel 提供了许多张非常大的空白工作表，每张工作表由 16 384 列和 1 048 576 行组成，行和列交叉处组成单元格，每一个单元格可容纳 32 767 个字符。这样大的工作表可以满足大多数数据处理的业务需要；将数据从纸上存入 Excel 工作表中，这对数据的处理和管理已发生了质的变化，使数据从静态变成动态，能充分利用计算机自动、快速地进行处理。

1. Excel 的基本功能

（1）数据编辑

启动 Excel 之后，显示出由横竖线组成的空白表格，直接填入数据，就可形成现实生活中的各种表格，如学生登记表、考试成绩表、工资表、物价表等。而表中不同栏目的数据有各种类型，创建表格输入数据时无须特别指定，Excel 会自动区分数字型、文本型、日期型、时间型、逻辑型等。

对表格的编辑也非常方便，可任意插入和删除表格的行、列或单元格；对数据进行字体、大小、颜色、底纹等修饰，对单元格数据设置条件格式，插入批注、插入图表等对象。

（2）数据管理

在 Excel 中不必进行编程就能对工作表中的数据进行检索、分类、排序、筛选等操作，利用系统提供的函数可完成各种数据的分析。

（3）制作图表

Excel 提供了 15 类 50 多种基本的图表，包括柱形图、饼图、条形图、面积图、折线图、气泡图以及股价图等。图表能直观地表示数据间的复杂关系，同一组数据用不同类型的图表表示也很容易改变；图表中的各种对象，如标题、坐标轴、网格线、图例、数据标志、背景等能任意地进行编辑；图表中可添加文字、图形、图像，利用图表向导可方便、灵活地完成图表的制作。

（4）数据网上共享

Excel 提供了强大的网络功能，用户可以创建超链接获取互联网上的共享数据，也可将自己的工作簿设置成共享文件，保存在互联网的共享网站中，与世界上任何一个互联网用户分享。

2. 选项卡

Excel 2016 提供的基本操作包括字符格式、数字格式、单元格格式、文档的视图等。高级操作技术包括图表、公式函数、页眉页脚、艺术字、数据分析和管理、批注、页面布局等。这些功能以面向"服务"划分类别,以"选项卡"和"面板"为功能区的方式显示在 8 个默认选项卡上。下面就 8 个默认选项卡和自主设置的"开发工具"进行简要介绍:

① "开始"选项卡中有 7 个功能区:剪贴板、字体、对齐方式、数字、样式、单元格和编辑,这些功能区在新文档创建后第一个任务阶段使用,是文本及数字输入和编辑所需要的工具,如图 2-1 所示。

图 2-1 "开始"选项卡及功能区

② "插入"选项卡中的 8 个功能区:表格、插图、图表、迷你图、筛选器、链接、文本(文本框、页眉页脚、艺术字等)和符号(公式和特殊符号)等。其主要功能是完成常规对象(图片、剪贴画、各种形状、屏幕截图、与文本有关的对象等)、特殊对象(数据透视表、15 类 50 多种基本的图表、页眉页脚等)的创建与编辑。这是进入工作表编辑的第二个任务阶段,即各种对象的创建和编辑操作,如图 2-2 所示。

图 2-2 "插入"选项卡及功能区

③ "页面布局"选项卡有 5 个功能区:主题、页面设置、调整为合适大小、工作表选项、排列。其主要功能是工作表的整体外观设置、页面设置和页面背景等的设置。主题是文档的整体外观快速样式集,是系统提供的样式集集合,有 30 种之多,每一种包括一组主题颜色、一组主题字体(包括标题和正文字体)以及一组主题效果(包括线条和填充效果),如图 2-3 所示。

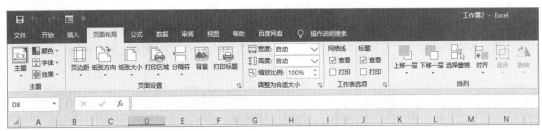

图 2-3 "页面布局"选项卡及功能区

④ "公式"选项卡有 4 个功能区:函数库、定义的名称、公式审核和计算。其主要功能是用户可以自定义单元格或单元格区域的名称,使用各种函数进行计算,对于使用公式计算的数据,追踪公式引用的单元格,追踪公式从属的单元格,将单元格数据显示为计算的数据还是计算公式,对公式出现的进行检查,如图 2-4 所示。

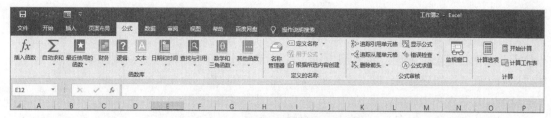

图 2-4 "公式"选项卡及功能区

⑤"数据"选项卡有 7 个功能区：获取外部数据、获取和转换、连接、排序和筛选、数据工具、预测、分级显示。获取外部数据的主要功能是将 Access 数据库或者是其他类型数据库中的工作表、来自网站的数据、满足一定格式的文本文件数据转换为 Excel 工作表数据。排序和筛选的主要功能是对选定的工作表数据进行升序（或降序）排列，筛选出满足条件的数据，对工作表数据进行分类汇总等，这些是数据管理的主要操作，如图 2-5 所示。

图 2-5 "数据"选项卡及功能区

⑥"审阅"选项卡有 8 个功能区：校对（拼写检查、同义词库、工作簿统计信息）、中文简繁转换、辅助功能、见解、语言（翻译）、批注、保护、墨迹等，如图 2-6 所示。

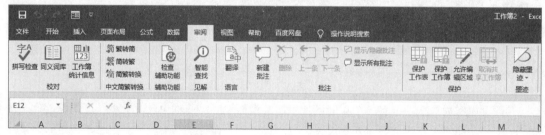

图 2-6 "审阅"选项卡及功能区

⑦"视图"选项卡有 5 个功能区：工作簿视图（普通视图、分页预览视图、页面布局视图、自定义视图等）、显示（直尺、编辑栏、网格线、标题）、缩放、窗口（新建窗口、全部重排、冻结窗格、拆分、隐藏、并排查看等）以及宏。其主要功能是人机交互界面展示方式的切换、界面显示比例和界面拆分显示；不同的视图有自己的主要显示内容和所对应的特定操作功能和任务，如图 2-7 所示。

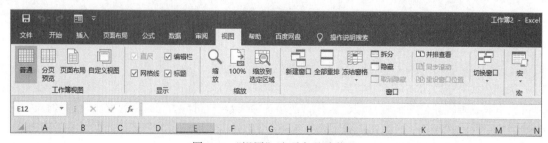

图 2-7 "视图"选项卡及功能区

⑧ "开发工具"选项卡有 4 个功能区：代码、加载项、控件、XML。每一部分的功能与 Word 相同，在此不再赘述，如图 2-8 所示。

图 2-8　"开发工具"选项卡及功能区

2.1.2　Excel 电子表格基本操作

Excel 的绝大部分操作都是在工作表中进行的，而工作表是包含在工作簿中的，因此，本节将介绍有关工作簿的创建以及工作表的基本操作。

1．新建工作簿

Excel 2016 启动之后，选择"文件"→"新建"→"空白工作簿"，可以创建一个名为"工作簿 1"的空白工作簿，如图 2-9 所示。用户也可以在"新建"窗口选择合适的模板创建工作簿，选择模板后，单击"创建"按钮，即可创建一个基于默认工作簿模板的新工作簿。

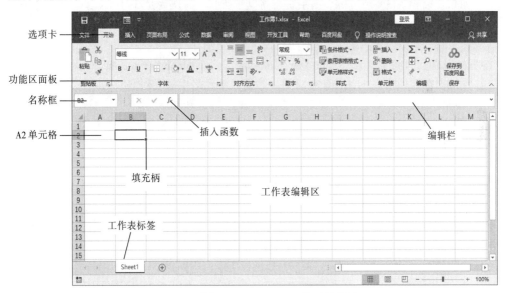

图 2-9　Excel 2016 的工作窗口

2．打开与关闭工作簿

打开与关闭工作簿与打开与关闭 Word 文档相似，这里不再赘述。

3．保存工作簿

保存新的工作簿可以单击快速访问工具栏中的"保存"按钮，或者选择"文件"→"保存"命令。

4. Excel 的数据输入

在工作表中用户可以输入两种数据——常量和公式，两者的区别在于单元格内容是否以等号（=）开头。Excel 中常量数据类型可以分为文字（或称字符）型、数字（值）型、日期和时间型、逻辑型。

（1）文字（字符或文本）型数据及输入

在 Excel 2016 中，文字可以是汉字、英文字母、数字、空格及键盘能输入的其他符号的组合。在默认状态下，所有文字在单元格中均左对齐。

在当前单元格中，一般文字直接输入即可。如果输入的字符串的首字符是"="号或者是类似于邮政编码、电话号码之类的数字，则应先输入一个单引号"'"，再输入等号或其他字符。例如，输入"'= 3+8"，按【Enter】键后显示的是"=3+8"。输入邮政编码 264000 时，应输入"´264000"。如果要使单元格中的内容实现分行，可按【Alt + Enter】组合键。

（2）数字（值）型数据及输入

在 Excel 2016 中，数值除了由数字（0～9）组成的字符串外，还包括 +（正号）、–（负号）、,（千分位号）、/、$、¥、%、.（小数点）、E、e 等字符（如 ¥50 000）。

在默认状态下，所有数字在单元格中均右对齐。如果输入的数据太长，Excel 自动以科学计数法表示，如输入 4567890123，则以 4.567890123E+9 显示。

输入分数时，为了与日期加以区别，应在分数前输入 0（零）及一个空格，如分数 3/4 应输入"0 3/4"。如果直接输入 3/4 或 03/4，则系统会将其视为日期，认为是 3 月 4 日。输入负数时，应先输入减号，或将其置于括号中。例如，–2 应输入–2 或（2）。

（3）日期和时间型数据及输入

Excel 常见的日期和时间格式为"mm/dd/yy""dd–mm–yy""hh:mm:ss（am/pm）"，其中，am/pm 与秒之间应有空格。在默认状态下，日期和时间型数据在单元格中靠右对齐。

例如，2022/9/5、2022-9-5、5/Sep/2022 和 5-Sep-2022 都表示 2022 年 9 月 5 日。如果只输入月和日，Excel 2016 会取计算机内部时钟的年份作为默认值。例如，在当前单元格中输入 4-28 或 4/28，按【Enter】键后显示"4 月 28 日"，当再把刚才的单元格变为当前单元格时，在编辑栏中显示 2022-4-28（假设当前是 2022 年）。

时间分隔符一般使用冒号":"。例如，输入 7:0:1 或 7:00:01 都表示 7 点零 1 秒。输入 AM 或 PM（也可以是 A 或 P），用来表示上午或下午。

如果要输入当天的日期，则按【Ctrl + ;】组合键；如果要输入当前的时间，则按【Ctrl + Shift + ;】组合键。

（4）逻辑型常量

逻辑型常量只有两个，即 TRUE（T/真/是/1）和 FALSE（F/假/否/0），默认居中对齐。

5. 填充数据

（1）自动填充

自动填充是根据初始值和步长自动完成后续单元格中数据序列的自动有效输入，而不是在工作表中手动输入数据。单击填充内容所在的单元格，将鼠标指针移到填充柄上，当鼠标指针变成黑色十字形时，按住鼠标左键拖动到所需的位置，松开鼠标，所经过的单元格都被填充上了相同的数据。拖动时，向上、下、左、右均可，视实际需要而定。

当初始值为纯字符或纯数字时，填充相当于数据复制。

当初始值为文字和数字混合体时，填充时文字不变，字符中的数字递增或递减。

当初始值为 Excel 预设的自定义序列中的一员时，按预设序列填充。例如，初始值为二月，自动填充为三月、四月……

（2）输入任意等差、等比数列

先选定待填充数据区的起始单元格，输入序列的初始值。再选定相邻的另一单元格，输入序列的第二个数值。这两个单元格中数值的差额将决定该序列的增长步长。选定包含初始值的两个单元格，用鼠标拖动填充柄经过待填充区域。

以上这些操作，也可以单击"开始"选项卡→"编辑"功能区→"填充"下拉按钮，选择"序列"命令来完成。执行上述命令后，打开如图 2-10 所示的"序列"对话框，完成相应的设置即可。

（3）创建自定义序列

如果要输入新的序列表，则需要选择"文件"→"选项"→"高级"选项，单击"常规"组中的"编辑自定义列表"按钮，打开如图 2-11 所示的"自定义序列"对话框，在"输入序列"文本框中从第一个序列元素开始输入，输入每个元素后按【Enter】键，整个序列输入完毕后，单击"添加"按钮。

图 2-10 "序列"对话框

图 2-11 "自定义序列"对话框

6．输入批注

批注的作用是可以对一些复杂的公式或者某些特殊单元格中的数据添加相应的注释。单击需要添加批注的单元格，单击"审阅"选项卡"批注"功能区的"新建批注"按钮，在打开的批注框中输入批注文本。完成文本输入后，单击批注框外部的工作表区域，则添加了批注的单元格的右上角出现了一个小红三角，同时，不再显示批注框中的批注内容。

要查看批注内容，只要将鼠标指针移到该单元格处，其批注的内容便会自动显示出来。

选中有批注的单元格，通过"审阅"选项卡"批注"功能区的相关按钮完成批注的浏览、删除、显示/隐藏等操作。也可以右击有批注的单元格，在弹出的快捷菜单中选择"编辑批注""删除批注""隐藏批注""显示批注"等命令。

7．使用公式和函数

在 Excel 中，可以在单元格中输入公式或者使用系统提供的函数对工作表中的数据进行总计、平均、汇总以及其他更为复杂的计算。

（1）使用公式

公式是以等号开头的由常量、单元格引用、函数和运算符等组成的式子。输入公式的方法和在单元格中输入数据一样，只是输入公式时注意必须以等号开头。

在公式中可以使用的运算符有以下几类：
① 算术运算符：%（百分比）、^（乘方）、*（乘）、/（除）、+、-，优先级从左到右。
② 比较运算符：=、>、<、>=、<=、<>（不等于）。
运算结果是一个逻辑型的量，要么是 TRUE，要么是 FALSE。
③ 文本运算符：&。将两个字符串连接成一个字符串，例如，"ABCD"&"XYZ"，运算结果为 "ABCDXYZ"。
④ 引用运算符：引用运算符在公式中主要用于选取单元格区域，共有 3 个。
- 冒号（:）：区域运算符，对两个引用之间、包括两个引用在内的所有单元格进行引用，例如 B5:D15 表示选取从 B5 到 D15 之间的所有单元格。
- 逗号（,）：联合运算符，将多个引用合并为一个引用，为并集。例如，公式 "=SUM(B5:B15,D5:D15)"，表示对 B5:B15 和 D5:D15 两个不连续区域的所有单元格求和。
- 空格：交叉运算符，产生对两个引用的单元格区域重叠部分的引用，为交集。例如，公式 "=SUM(B5:B15,A6:D7)"，B5:B15 和 A6:D7 两个区域交叉的部分是 B6 和 B7 单元格，则公式只对 B6 和 B7 求和。

（2）公式错误值及其含义

利用公式进行计算时，有时由于公式本身或公式中引用的单元格出现异常，而导致出错。表 2-1 列出了常见的错误值及出错原因。

表 2-1 可能出现的错误值及一般的出错原因

错误值	原因
#####	单元格中的数值长度比单元格宽或单元格的日期时间公式产生了一个负值
#DIV/0!	做除法时分母为零
#NULL?	应当用 "," 将函数的参数分开，却使用了空格
#VALUE!	在公式中输入了错误的运算符，对文本进行了算术运算
#NAME?	在公式中引用了 Excel 2016 不能识别的文本
#REF!	公式中出现了无效的单元格地址
#N/A	函数或公式中没有可用数值
#NUM!	公式或函数中某个数字有问题

（3）使用函数
① COUNT：统计非空数值型单元格个数。
格式：COUNT(参数 1,参数 2,…)
功能：统计参数表中的数值参数和包含数值的单元格的个数，只有数值型数据才被统计，并忽略空白单元格。
示例：=COUNT(A1:C8)，统计 A1:C8 单元格区域中数值型数据的单元格个数。
② COUNTA：统计非空（各种数据类型）单元格个数。
格式：COUNTA(参数 1,参数 2,…)
功能：参数值可以是任何类型，可以包括空字符（""），但不包括空白单元格。统计参数表中的非空单元格的个数，并忽略空白单元格。
示例：=COUNTA(A1:C8)，统计 A1:C8 单元格区域中非空单元格个数，不包括空白单元格。
③ COUNTIF：统计单元格数目函数。

格式：COUNTIF(单元格区域,条件字符串)

功能：统计某个单元格区域中符合指定条件的单元格数目。允许引用的单元格区域中有空白单元格出现。

示例：=COUNTIF(B1:B13,">=80")，统计出 B1 至 B13 单元格区域中，数值大于或等于 80 的单元格数目。

④ AVERAGE：平均值函数。

格式：AVERAGE(参数1,参数2,…)

功能：计算参数的算术平均值。

示例：=AVERAGE(A1:A10)，求 A1:A10 单元格区域中数据的平均值。

⑤ SUM：求和函数。

格式：SUM(参数1,参数2,…)

功能：求一组参数的和。

示例：=SUM(A1:A10)，求 A1:A10 单元格区域中数据之和。

⑥ SUMIF：条件求和函数。

格式：SUMIF(范围,条件,数据区域)

功能：在给定的范围内，对满足条件并在数据区域中的数据求和。数据区域用于指定实际求和的位置，如果省略数据区域项，则按给定的范围求和。

示例1：=SUMIF(A1:C8,">0")，对 A1:C8 区域单元格中大于 0 的单元格数据求和。

示例2：=SUMIF(A2:A7,"水果",C2:C7)，A2:A7 为水果类别（数据区域），C2:C7 为食物的销售额（数据求和区域），结果是"水果"类别下所有食物的销售额之和。

⑦ MAX：求最大值函数。

格式：MAX(参数1,参数2,…)

功能：返回一组参数的最大值，忽略逻辑值及文本。

示例：=MAX(A1:C8)，求 A1:C8 单元格区域中数据的最大值。

⑧ MIN：求最小值函数。

格式：MIN(参数1,参数2,...)

功能：返回一组值中的最小值。空白单元格、逻辑值或文本将被忽略。

示例：=MIN(A3:A10)，返回区域 A3:A10 中的最小数。

⑨ MOD：求两数相除的余数。

格式：MOD(被除数,除数)

功能：返回两数相除的余数。结果的符号与除数相同。

示例1：=MOD(3,-2)，3/-2 的余数为-1。

示例2：=MOD(任意整数,2)，任意奇数被 2 除得余数为 1，任意偶数被 2 除得余数为 0。

⑩ ROUND：四舍五入函数。

格式：ROUND(数值型参数,小数位数)

功能：对数值型参数按保留的小数位数四舍五入。

示例：=ROUND(A3,2)，对 A3 单元格中的数值保留 2 位小数，第三位小数四舍五入。如果 A3 单元格中的数值为 8.6573，则 ROUND(A3)的返回值为 8.66。

⑪ IF：条件函数。

格式：IF(条件,值1,值2)

功能：IF函数是一个逻辑函数，条件为真时返回值1，条件为假时返回值2。

示例：=IF(A3>=60,"Y","N")，A3单元格中的数据大于等于60时，返回字符"Y"，否则返回字符"N"。

IF条件函数嵌入使用：=IF(F8>300,"优良",IF(B8>=80,"口语较好",IF(D8>80,"听力较好",IF(E8>80,"作文较好",IF(C8>75,"语法较好","需要辅导")))))。

⑫ RANK：排位函数。

格式：RANK(number,ref,order)

功能：返回参数number在ref范围以升序（或降序）的排位。

说明：number为需要找到排位的数字；ref为数字列表数组或对数字列表的引用，其中的非数值型参数将被忽略；order为一个数字，指明排位的方式，为0或省略不写时，按照降序排列列表，不为0时按升序排列。

示例：=RANK(A3,$A$2:$A$6,1)，计算A3在$A$2:$A$6区域单元格中的排位，并按升序排列。$A$2:$A$6为绝对地址区域。思考在此为何用绝对地址？

相对地址A2:A6转换成绝对地址$A$2:$A$6操作：选中A2:A6单元格区域，按【F4】键即可。

⑬ LEFT：从字符串的左侧第一个字符开始，截取指定数目的字符

格式：LEFT(文本字符串,提取的字符的数目)

功能：从文本字符串的第一个字符开始返回指定个数的字符。

示例：当B2中有字符串"销售价格"时，则"=LEFT(B2,2)"返回字符"销售"。

⑭ MID：从一个字符串指定位置起，截取指定数目的字符

格式：MID(文本字符串,起始位置,提取的字符的数目)

功能：返回文本字符串中从指定位置开始的特定数目的字符，该数目由用户指定。

示例：=MID(B4,3,2)，从B4内字符串"常用函数"中第3个字符开始，返回2个字符为"函数"。

⑮ DATE：返回表示特定的日期序列号。

格式：DATE(year,month,day)

功能：返回与1900年1月1日的天数差值或年月日的日期格式。

示例：A2单元格年为2022，B2单元格月为5，C2单元格日为20，则"=DATE(A2,B2,C2)"返回天数44701或日期2022/5/20。

⑯ YEAR：返回对应于某个日期的年份。

格式：YEAR(serial_number)

功能：参数serial_number为DATE日期序列号或日期，返回其中的年份。年份是介于1900—9999之间的整数。

示例：A2单元格中为2022-4-15，则"=YEAR(A2)"，返回单元格A2中日期的年份2022。

⑰ MONTH：返回以序列数表示日期中的月份。

格式：MONTH(serial_number)

功能：参数serial_number为DATE日期序列号或日期，返回其中的月份。月份是介于1~12之间的整数。

示例：A2单元格中为2022-4-15，则"=MONTH(A2)"返回单元格A2中日期的月份4。

⑱ DAY：返回以序列数表示的某日期的天数。

格式：DAY(serial_number)

功能：参数serial_number为DATE日期序列号或日期，返回其中的天数。天数是介于1~31

之间的整数。

示例：A2 单元格中为 2022-4-15，则"=DAY(A2)"返回单元格 A2 中日期的天数 15。

⑲ FREQUENCY：以一列垂直数组返回某个区域中数据的频率分布。

格式：FREQUENCY(data_array, bins_array)

功能：一组给定的值 data_array 和一组给定的间隔 bins_array，返回每个间隔 bins_array 在 data_array 参数中出现的次数。

说明：data_array 为一个单元格区域，bins_array 为另一个单元格区域，返回的结果为一个数组，该数组的个数与 bins_array 区域单元格个数相同。

通过按【Ctrl+Shift+Enter】组合键，获得返回结果。

示例：首先选中结果单元格 K3:K5，然后输入公式"=FREQUENCY(G3:G12,H14:H16)"，最后按【Ctrl+Shift+Enter】组合键，获得 3 个结果值。

上面示例的含义是：统计 H14、H15 和 H16 三个单元格数值在 G3:G12 区域分别出现的次数。

⑳ VLOOKUP：纵向查找函数。

格式：VLOOKUP(lookup_value,table_array,col_index_num,range_lookup)

功能：参数 lookup_value 为需要在数据表第一列中进行查找的数值；table_array 为需要在其中查找数据的数据表，使用对区域或区域名称的引用；col_index_num 为 table_array 中查找数据的数据列序号；range_lookup 为一逻辑值，指明函数 VLOOKUP 查找时是精确匹配，还是近似匹配。如果为 FALSE 或 0，则返回精确匹配；如果为 TRUE 或 1，函数 VLOOKUP 将查找近似匹配值。

提示：如果不会使用某个具体函数，可通过系统帮助学习。如获取 VLOOKUP 函数的使用帮助。计算机事先联上网络，操作步骤如下：打开 Excel，如图 2-12 所示；单击插入函数按钮；找到使用的函数，如 VLOOKUP 函数；单击"有关该函数的帮助"超链接，打开 VLOOKUP 帮助网页；可通过网页中的视频获取帮助，也可根据网页中提供的示例进行学习。

（a）打开所选函数的超链接

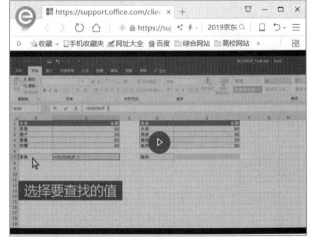

（b）视频

图 2-12　通过系统获取 VLOOKUP 函数的使用帮助

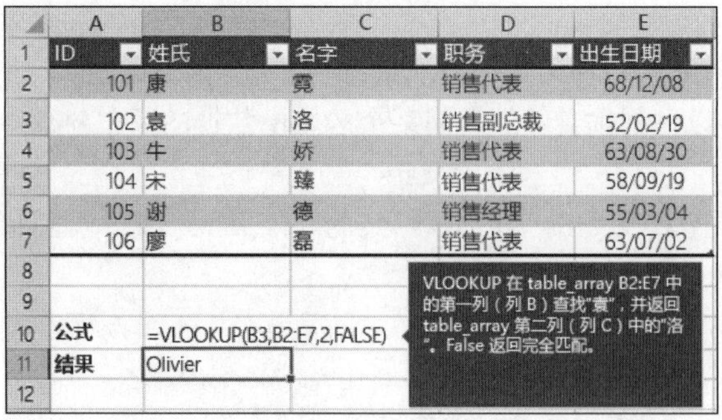

（c）示例

图 2-12　通过系统获取 VLOOKUP 函数的使用帮助（续）

8. 单元格和单元格区域的选择

Excel 在执行大多数命令和任务之前，都需要先选择相应的单元格或单元格区域。表 2-2 列出了常用的选择操作。

表 2-2　常用的选择操作

选择内容	具体操作
单个单元格	单击相应的单元格，或用方向键移动到相应的单元格
某个单元格区域	单击选定该区域的第一个单元格，然后拖动鼠标直至选定最后一个单元格
工作表中的所有单元格	单击工作表编辑区左上角的"全选"按钮
不相邻的单元格或单元格区域	先选定第一个单元格或单元格区域，然后按住【Ctrl】键再选定其他的单元格或单元格区域
较大的单元格区域	选定该区域的第一个单元格，然后按住【Shift】键单击该区域的最后一个单元格（若此单元格不可见，则用滚动条使之可见）
整行	单击行标题
整列	单击列标题
相邻的行或列	沿行号或列标拖动鼠标，或者先选定第一行或第一列，然后按住【Shift】键再选定其他的行或列

9. 数据的清除、复制和移动、选择性粘贴

（1）清除

选择单元格或单元格区域后，单击"开始"选项卡→"编辑"功能区→"清除"按钮，在弹出的下拉列表中（见图 2-13）根据要求选择相应的命令。

（2）实现数据复制和移动的方法

① 利用"开始"选项卡"剪贴板"功能区的"剪切""复制""粘贴"按钮。

② 直接按【Ctrl + X】、【Ctrl + C】、【Ctrl + V】组合键。

③ 选定区域后右击，在弹出的快捷菜单中选择"剪切""复制""粘贴"命令。

图 2-13　"清除"命令

④ 将鼠标指针指向选定区域，当鼠标指针变成左向空心箭头后按住左键拖动，并同时按住【Ctrl】键实现复制。

（3）选择性粘贴

在上面介绍的复制过程中，Excel会对选定区域的所有内容（值、格式、批注等）进行复制，利用"选择性粘贴"功能可以只复制选定区域内容的一部分，比如只复制数值，不要格式和批注等。单击"开始"选项卡→"剪贴板"功能区→"粘贴"按钮，选择"选择性粘贴"命令，打开如图2-14所示对话框，进行相应的设置即可。

10．插入（删除）行、列和单元格

（1）插入行、列和单元格

选定与需要插入行（或列或单元格）相同数目的行（或列或单元格）数，然后单击"开始"选项卡→"单元格"功能区→"插入"下拉按钮，在下拉列表中选择需要的命令即可，如图2-15所示。

（2）删除行（列、单元格）

选择要删除的行（或列或单元格），然后单击"开始"选项卡→"单元格"功能区→"删除"下拉按钮，在下拉列表中选择需要的命令即可，如图2-16所示。

图2-14 "选择性粘贴"对话框

图2-15 "插入"下拉列表

图2-16 "删除"下拉列表

11．设置行高列宽

（1）拖动鼠标设置行高、列宽

将鼠标指针指向两个行号（或列号）之间的格线上，当鼠标指针形状变为双箭头时，按下鼠标左键拖动，这时将自动显示高度（或宽度）值。

如果要改变多行（或列）的高度（或宽度），先选定要更改的行（或列），然后拖动其中一行（或列）的格线。

（2）用菜单命令精确设置行高、列宽

选择所需调整的区域，可以是多行、多列或单元格区域，然后单击"开始"选项卡→"单元格"功能区→"格式"下拉按钮，在下拉列表中选择"行高"或"列宽"命令，在打开的对话框中输入精确数值即可。

2.2 Excel文档建立及基本操作实验

2.2.1 实验目的

① 掌握工作簿的新建、打开、保存/另存为和关闭操作。
② 掌握单元格中数据（文本、数值、日期/时间等）的输入及填充方法。
③ 掌握创建工作簿和工作表的方法。
④ 掌握工作表的格式化。

2.2.2 实验内容

1. 创建表格

在 D 盘创建名为"学生"的文件夹，并在该文件夹下建立一个名为"实验 2.2 一月份员工工资表.xlsx"的工作簿，在工作表 Sheet1 中创建如图 2-17 所示的工作表。

图 2-17 "一月份员工工资表"原始数据

Excel 文档建立与基本操作

操作步骤如下：

① 选择"开始"→"所有程序"→Microsoft Office→Microsoft Office Excel 2016 命令，启动 Excel 2016，新建空白工作簿。

② 右击 Sheet1 工作表标签，在弹出的快捷菜单中选择"重命名"命令，将 Sheet1 重命名为"实验 2.2"。

③ 选择"文件"→"另存为"命令，利用"另存为"对话框将该工作簿以"实验 2.2 一月份员工工资表.xlsx"为名保存在 D 盘。

2. 文本型和数值型数据的输入

按照图 2-17 所示的工作表，在第 1 行的第 A1:L1 单元格中依次向右输入"职工编号""姓名""性别""职位""基本工资""奖金""提成""水电费""应发工资""实发工资""工作态度评价""工资排名"。

操作步骤如下：

① 单击 A2 单元格，注意此列中数据为文本型数字，所以在输入职工编号数字前应加一个英文状态下的单引号"'"，即输入"'001"后按【Enter】键完成输入。然后，按住 A2 单元格右下角的填充柄直接拖动到 A11 完成第一列的输入。

② 选中 E2:E11 单元格区域并右击，在弹出的快捷菜单中选择"设置单元格格式"命令，在打开的对话框"分类"列表中，选择"货币"选项，设置小数位数为 2 位；然后完成 E2:E11 单元格区域输入基本工资数值（见图 2-17），效果如图 2-18 所示。按图 2-17 所示在"奖金"、"提成"和"水电费"三列中输入相应数值。

3. 日期型数据的输入

操作步骤如下：

情况一：若在 C16 单元格中输入固定日期，如输入 "2018-8-4" 或 "2018/8/4" 后按【Enter】键即可完成（见图 2-18）。

情况二：若在 C16 单元格中输入当前计算机的日期，只需要在单元格中按【Ctrl+;（分号）】组合键即可完成。

4．时间数据的输入

操作步骤如下：

情况一：若在 E16 单元格中输入固定时间，如输入 "15:42" 后按【Enter】键即可完成（见图 2-18）。

情况二：若在 E16 单元格中输入当前计算机的时间，只需要在单元格中按【Ctrl+Shift+;】组合键即可完成。

5．批注的输入

给"职工编号"添加批注"工资单编号"。

操作步骤如下：

右击 A1 单元格，在弹出的快捷菜单中选择"插入批注"命令，在批注框中输入"工资单编号"，如图 2-18 所示。完成文本输入后，单击批注框外部的工作表区域，则添加了批注单元格的右上角出现一个小红三角。

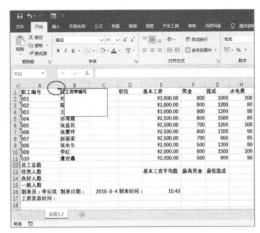

图 2-18　插入批注

6．数据验证

设置"职位"列的数据有效性，即输入"部门经理""高级职员""一般职员"以外的字符都是非法的。

操作步骤如下：

选定要限制其数据有效性范围的单元格区域 D2:D11，然后单击"数据"选项卡→"数据工具"功能区→"数据验证"按钮，打开"数据验证"对话框。在"设置"选项卡的"允许"下拉列表中选择"序列"，在"来源"框中输入"部门经理,高级职员,一般职员"，单击"确定"按钮，如图 2-19 所示。设置完成后，在"职位"输入项中输入"部门经理""高级职员""一般职员"以外的字符都是非法的。

图 2-19　数据有效性验证

7. 插入或删除行

在表格中第一行前面插入一个标题行,在 A1 单元格中输入文字"员工工资表"。

操作步骤如下:

① 右击第一行行号,在弹出的快捷菜单中选择"插入"命令,将会在该行上方插入一个新行,然后在 A1 单元格中输入"员工工资表",如图 2-20 所示。

② 若要删除某行,只需在该行行号处右击,在弹出的快捷菜单中选择"删除"命令。此题不删除行。

8. 插入或删除列

在表格中 A、B 两列之间插入一个新列,在新列 B2 单元格中输入文字"身份证号",然后在 B3:B12 单元格区域依次输入身份证号码。

操作步骤如下:

① 右击 B 列列标,在弹出的快捷菜单中选择"插入"命令,将会在该列左侧插入一个新列,然后在 B2 单元格中输入"身份证号",参见图 2-20。

② 在 B3:B12 单元格区域中依次输入每个人的身份证号:

"******198301052535、******198506105739、******198503264528、******198812060624、******198910111958、******198606031164、******198704070865、******199306200234、******199212074912、******199102104022"。

③ 若要删除某列,只需在该列列标处右击,在弹出的快捷菜单中选择"删除"命令。此题不删除列。

9. 设置表格标题

将表格的标题"员工工资表"设置为居中,字体为宋体、18 磅、加粗,填充"橙色,强调文字颜色 6,淡色 60%"。

操作步骤如下:

① 选中 A1:M1 单元格区域,单击"开始"选项卡→"对齐方式"功能区→"合并后居中"按钮,将"员工工资表"标题在第 1 行 A:M 列居中显示,如图 2-20 所示。

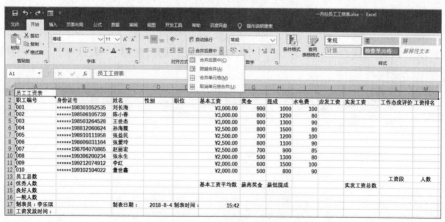

图 2-20 标题居中显示

② 选中标题单元格,单击"开始"选项卡→"字体"功能区→"字号"按钮,字体设置为宋体,字号设置为 18 磅,然后单击"加粗"按钮 B。

③ 选中标题单元格，单击"开始"选项卡→"字体"功能区→"填充颜色 "下拉按钮，在"主题颜色"中选择"橙色，个性色 2，强调文字颜色 6，淡色 60%"。

10．区域表格线的设置

给表格中的单元格区域 A2:M12 添加边框线。

操作步骤如下：

① 选中 A2:M12 单元格区域，单击"开始"选项卡→"字体"功能区→框线下拉按钮，在下拉列表中选择"所有框线"命令。

② 如果要求外框线为粗框线，内框线为细框线，可选择下拉列表中的"其他边框"命令，打开如图 2-21 所示的"设置单元格格式"对话框，设置线条样式和颜色，然后在"预置"栏设置"外边框"或者"内部"。

11．行高和列宽的设置

设置第 1 行和第 2 行的行高为 30，设置 F、G、H、I、J、K 六列的列宽为 15。

操作步骤如下：

① 选中第 1 行和第 2 行，单击"开始"选项卡→"单元格"功能区→"格式"按钮，在下拉列表中选择"行高"命令，打开"行高"对话框，在"行高"文本框中输入 30，单击"确定"按钮。

② 选中 F、G、H、I、J、K 六列，单击"开始"选项卡→"单元格"功能区→"格式"按钮，在下拉列表中选择"列宽"命令，打开"列宽"对话框，在"列宽"文本框中输入 15，单击"确定"按钮。

注意：如果要求自动调整行高和列宽，可单击"开始"选项卡→"单元格"功能区→"格式"按钮，在下拉列表中选择"自动调整行高"和"自动调整列宽"命令。

12．设置单元格的对齐方式

设置 A2:M18 单元格区域中的单元格水平居中、垂直居中。

操作步骤如下：

① 选中 A2:M18 单元格区域，单击"开始"选项卡→"对齐方式"功能区→"居中"按钮，使文本水平居中。

② 单击"对齐方式"功能区右下角的 按钮，打开如图 2-22 所示的"设置单元格格式"对话框，在"文本对齐方式"、"垂直对齐"下拉列表中选择"居中"，完成文本垂直居中对齐。

图 2-21 "边框"选项卡

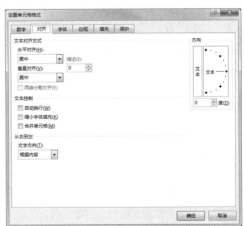

图 2-22 "对齐"选项卡

13．设置单元格的数据格式

设置"基本工资"列加上人民币符号￥。

操作步骤如下：

选中 F3:F12 单元格区域，单击"开始"选项卡→"数字"功能区→"数字格式"下拉按钮，在下拉列表中选择"货币"，如图 2-23 所示。效果参见后面的图 2-25。

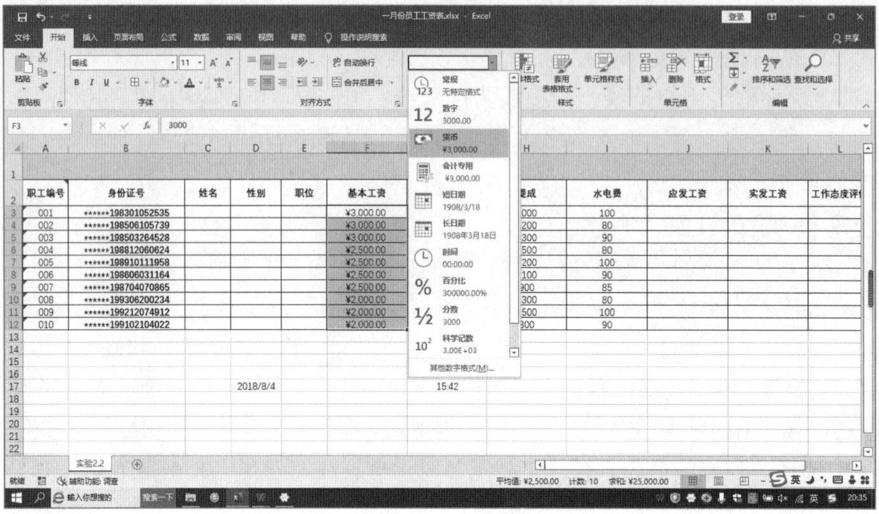

图 2-23　设置数字格式

14．利用"新建规则"设置条件格式

将表格中奖金超过 800（包含 800）的用红色斜体显示。

操作步骤如下：

① 选中 G3:G12 单元格区域，单击"开始"选项卡→"样式"功能区→"条件格式"按钮，在下拉列表中选择"新建规则"命令，打开如图 2-24 所示的"新建格式规则"对话框。

② 在"选择规则类型"列表框中选择"只为包含以下内容的单元格设置格式"，在"编辑规则说明"栏中选择"单元格值""大于或等于""800"。

图 2-24　"新建格式规则"对话框

③ 单击"格式"按钮，打开"设置单元格格式"对话框，设置红色斜体，最后单击"确定"按钮。效果如图 2-25 所示。

15．利用"数据条"设置条件格式

给表格中"基本工资"列添加绿色数据条。

操作步骤如下：

选中 F3:F12 单元格区域，单击"开始"选项卡→"样式"功能区→"条件格式"按钮，在下拉列表中选择"数据条"→"渐变填充"→"绿色数据条"，单击即可完成。效果如图 2-25 所示。

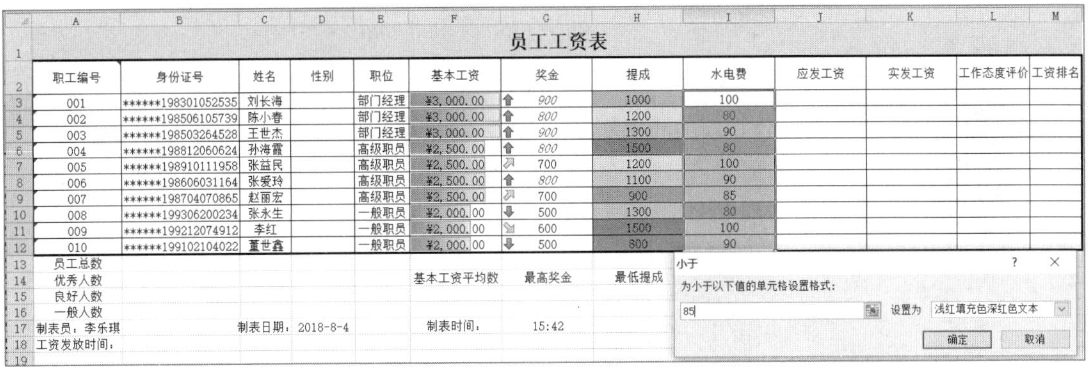

图 2-25　格式化 "一月份员工工资表"

16. 利用"色阶"设置条件格式

给表格中"提成"列添加"红-黄-绿色阶"。

操作步骤如下：

选中 H3:H12 单元格区域，单击"开始"选项卡→"样式"功能区→"条件格式"按钮，在下拉列表中选择"色阶"，在色阶类型列表中选择"红-黄-绿色阶"单击即可完成。效果如图 2-25 所示。

17. 利用"图标集"设置条件格式

给表格中"奖金"列添加"四向箭头"样式。

操作步骤如下：

选中 G3:G12 单元格区域，单击"开始"选项卡→"样式"功能区→"条件格式"按钮，在下拉列表中选择"图标集"→"方向"→"四向箭头"单击即可完成。效果如图 2-25 所示。

18. 利用"突出显示单元格规则"设置条件格式

给表格中"水电费"中所有小于 85 的单元格设置突出显示。

操作步骤如下：

① 选中 I3:I12 单元格区域，单击"开始"选项卡→"样式"功能区→"条件格式"按钮，在下拉列表中选择"突出显示单元格规则"→"小于"命令。

② 在"为小于以下值的单元格设置格式"中输入 85（见图 2-25），在"设置为"中选择"浅红填充色深红色文本"或"自定义格式"（见图 2-25），即可将符合条件的数据突出显示出来。

19. 保存文档

操作步骤如下：

选择"文件"→"保存"命令，或者单击标题栏左侧的"保存"按钮 🖫，把格式化之后的工作簿以原名保存在 D 盘。

格式化后的表格"一月份员工工资表"参见图 2-25。

2.3　工作表中公式函数以及图表实验

2.3.1　实验目的

① 掌握常用函数的使用方法。

② 掌握常用公式的使用方法以及复制公式的方法。

③ 掌握创建图表的方法以及格式化图表的方法。

● 视 频

公式函数与图表实验

2.3.2 实验内容

1. 公式与函数的使用

打开实验素材中的“实验 2.3 一月份员工工资表.xlsx”工作簿，本实验在此文件基础上完成。

（1）计算应发工资和实发工资

计算应发工资和实发工资（见图 2-26），操作步骤如下：

① 单击 J3 单元格，使其成为活动单元格。

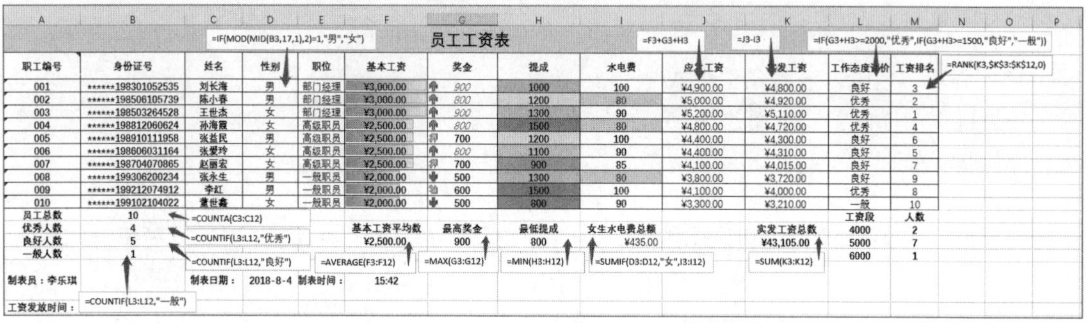

员工工资表

职工编号	身份证号	姓名	性别	职位	基本工资	奖金	提成	水电费	应发工资	实发工资	工作态度评价	工资排名
001	******198301052535	刘长海	男	部门经理	¥3,000.00	900	1000	100	¥4,900.00	¥4,800.00	良好	3
002	******198506105739	陈小春	男	部门经理	¥3,000.00	800	1200	80	¥5,000.00	¥4,920.00	优秀	2
003	******198503264528	王世杰	女	部门经理	¥3,000.00	900	1300	90	¥5,200.00	¥5,110.00	优秀	1
004	******198812060624	孙海霞	女	高级职员	¥2,500.00	800	1500	80	¥4,800.00	¥4,720.00	优秀	4
005	******198910111958	张益民	男	高级职员	¥2,500.00	700	1200	100	¥4,400.00	¥4,300.00	良好	6
006	******198606031164	张爱玲	女	高级职员	¥2,500.00	800	1100	90	¥4,400.00	¥4,310.00	良好	5
007	******198704070865	赵丽宏	女	高级职员	¥2,500.00	700	900	85	¥4,100.00	¥4,015.00	良好	7
008	******199306200234	张永生	男	一般职员	¥2,000.00	500	1300	80	¥3,800.00	¥3,720.00	良好	9
009	******199212074912	李红	男	一般职员	¥2,000.00	600	1500	100	¥4,100.00	¥4,000.00	优秀	8
010	******199102104022	董世鑫	女	一般职员	¥2,000.00	500	800	90	¥3,300.00	¥3,210.00	一般	10

图 2-26 公式与函数使用的“一月份员工工资表”

② 在 J3 单元格中输入“=F3+G3+H3”，或者单击“公式”选项卡→“函数库”功能区→“自动求和”按钮，选中 F3:H3 单元格区域，公式为“=SUM(F3:H3)”，然后按【Enter】键，计算获得应发工资。

③ 单击 J3 单元格，将光标指针移动到 J3 单元格右下角的“填充柄”处，当光标指针变为“+”时，拖动光标至 J12 单元格，松开鼠标左键。

④ 单击 K3 单元格，使其成为活动单元格。在 K3 单元格中输入“=J3-I3”，计算获得实发工资。

⑤ 单击 K3 单元格，将光标移动到 K3 单元格右下角的“填充柄”处，当光标变为“+”时，拖动光标至 K12 单元格，松开鼠标左键。

注意：在公式和函数中输入的所有标点符号都应该是英文的。

（2）AVERAGE 函数

计算基本工资平均数（见图 2-26），操作步骤如下：

① 单击 F15 单元格，使其成为活动单元格。

② 单击“公式”选项卡→“函数库”功能区→“插入函数”按钮，或者单击编辑栏中的“插入函数”按钮 fx，打开“插入函数”对话框，在“或选择类别”下拉列表中选择“常用函数”，在“选择函数”列表框中选择 AVERAGE 函数。

③ 单击“确定”按钮，打开“函数参数”对话框，在此对话框的 Number1 文本框中输入 F3:F12 单元格区域。F15 单元格在编辑栏内显示公式结果为“=AVERAGE(F3:F12)”。

④ 单击“确定”按钮，F15 单元格内即显示求得的平均工资 2500。

（3）MAX 函数、MIN 函数、SUM 函数、COUNTA 或 COUNT 函数

计算员工中最高奖金金额、计算员工中最低提成额、计算员工实发工资总额和统计员工总人数（参考图 2-26）。

操作步骤与 AVERAGE 函数类似，在此省略。特别指出的是 COUNTA 函数用来统计姓名中文本型数据：COUNTA(C3:C12)，即员工总数。COUNT 为数值型数据统计个数。

G15 单元格内显示求得的最高奖金 900，公式为"=MAX(G3:G12)"。

H15 单元格内显示求得的最低提成 800，公式为"=MIN(H3:H12)"。

K15 单元格内显示求得的实发工资总数 43105，公式为"=SUM(K3:K12)"。

B13 单元格内显示求得的总人数 10，公式为"=COUNTA(C3:C12)"。

（4）IF 函数的嵌入使用

根据员工的奖金和提成之和对员工加以评价，若奖金与提成之和大于或等于 2000，则评价结果为优秀；若奖金与提成之和大于或等于 1500，则评价结果为良好；其余为一般。

操作步骤如下（见图 2-26）：

① 单击 L3 单元格，使其成为活动单元格。

② 单击"公式"选项卡→"函数库"功能区→"插入函数"按钮，或者单击编辑栏中的"插入函数"按钮，打开"插入函数"对话框。

③ 在"或选择类别"下拉列表框中选择"常用函数"，在"选择函数"列表框中选择 IF 函数。

④ 单击"确定"按钮，打开"函数参数"对话框，在 Logical_test 文本框中输入 G3+H3>=2000；在 Value_if_true 文本框中输入""优秀""，在 Value_if_false 文本框中输入"IF(G3+H3>=1500,"良好","一般")"，如图 2-27 所示。选中 L3 单元格，在编辑栏内显示公式结果为：=IF(G3+H3>=2000,"优秀",IF(G3+H3>=1500,"良好","一般"))。

⑤ 单击"确定"按钮，L3 单元格内显示评价结果"良好"。

⑥ 拖动 L3 单元格的填充柄，复制公式到其他单元格。

（5）RANK 函数

对员工的实发工资进行排名（参考图 2-26）。操作步骤如下：

① 单击 M3 单元格，使其成为活动单元格。

② 单击"公式"选项卡→"函数库"功能区→"插入函数"按钮，或者单击编辑栏中的"插入函数"按钮，打开"插入函数"对话框。

③ 在"或选择类别"下拉列表框中选择"全部函数"，在"选择函数"列表框中选择 RANK 函数。

④ 单击"确定"按钮，打开"函数参数"对话框，在 Number 文本框中输入 K3；在 Ref 文本框中输入$K$3:$K$12，此为绝对地址（可用 F4 将相对地址 K3:K12 转换为绝对地址$K$3:$K$12）；在 Order 文本框中输入 0，如图 2-28 所示。M3 单元格在编辑栏内显示公式结果为"=RANK(K3,$K$3:$K$12,0)"。

图 2-27　IF 函数设置

图 2-28　RANK 函数设置

⑤ 单击"确定"按钮，M3 单元格内显示排名结果 3。

⑥ 拖动 M3 单元格的填充柄，复制公式到其他单元格。

（6）COUNTIF 函数

统计员工工作态度评价结果为优秀的人数（参考图 2-26）。操作步骤如下：

① 单击 B14 单元格，使其成为活动单元格。

② 单击"公式"选项卡→"函数库"功能区→"插入函数"按钮，或者单击编辑栏中的"插入函数"按钮 ƒx，打开"插入函数"对话框。

③ 在"或选择类别"列表框中选择"统计"选项，在"选择函数"列表框中，选择 COUNTIF 函数。

④ 单击"确定"按钮，打开"函数参数"对话框，在 Range 文本框中输入 L3:L12，在 Criteria 文本框中输入""优秀""。选中 B14 单元格，在编辑栏内显示公式结果为：=COUNTIF(L3:L12,"优秀")。

⑤ 单击"确定"按钮，B14 单元格内显示求得的结果 4。

注：用同样的方法求得良好人数及一般人数。例如，公式"=COUNTIF(L3:L12,"良好")"和"=COUNTIF（L3:L12,"一般")"。

（7）FREQUENCY 函数

统计员工应发工资处于 0～4000、4000～5000、5000～6000 各段的人数。操作步骤如下：

① 在 L14、L15 和 L16 单元格中分别输入 4000、5000、6000，选中 M14:M16 单元格区域。

② 单击"公式"选项卡→"函数库"功能区→"插入函数"按钮，或者单击编辑栏中的"插入函数"按钮 ƒx，打开"插入函数"对话框。

③ 在"或选择类别"下拉列表框中选择"统计"选项,在"选择函数"列表框中选择 FREQUENCY 函数。

④ 单击"确定"按钮，打开"函数参数"对话框，在 Data_array 文本框中输入 J3:J12，在 Bins_array 文本框中输入 L14:L16。

⑤ 按下【Ctrl+Shift】组合键不放，单击"函数参数"对话框中的"确定"按钮，结果显示在选定的区域 M14:M16 内，公式和函数计算结果如图 2-29 所示。

图 2-29 利用 FREQUENCY 函数求得的结果

（8）IF、MOD、MID 函数

利用 IF、MOD、MID 函数统计员工性别。其中，身份证号的第 17 位表示性别，若为奇数表示"男"，若为偶数表示"女"（见图 2-26）。操作步骤如下：

① 单击 D3 单元格，使其成为活动单元格。

② 单击"公式"选项卡→"函数库"功能区→"插入函数"按钮，或者单击编辑栏中的"插入函数"按钮 ƒx，打开"插入函数"对话框。

③ 在"或选择类别"下拉列表框中选择"常用函数"，在"选择函数"列表框中选择 IF 函数。

④ 单击"确定"按钮，打开"函数参数"对话框，在 Logical_test 文本框中输入 mod(mid (B3,17,1),2)=1；在 Value_if_true 文本框中输入""男""，在 Value_if_false 文本框中输入"女"，如图 2-30 所示。D3 单元格在编辑栏内显示公式结果为"=IF(mod(mid(B3,17,1),2)=1,"男","女"))"。

⑤ 单击"确定"按钮，D3 单元格内显示评价结果"良好"。

⑥ 拖动 D3 单元格的填充柄，复制公式到其他单元格。

图 2-30 IF 函数中嵌入函数对话框

（9）SUMIF 函数

在 I15 单元格统计所有女生花费的水电费总额，设置为货币形式（见图 2-26）。操作步骤如下：

① 单击 I14 单元格，输入"女生水电费总额"。

② 单击 I15 单元格，使其成为活动单元格。

③ 单击"公式"选项卡→"函数库"功能区→"插入函数"按钮，或者单击编辑栏中的"插入函数"按钮 ƒx，打开"插入函数"对话框。

④ 在"或选择类别"下拉列表框中选择"统计"选项，在"选择函数"列表框中选择 SUMIF 函数。

⑤ 单击"确定"按钮，打开"函数参数"对话框，在 Range 文本框中输入 D3:D12，在 Criteria 文本框中输入""女""，在 Sum_range 文本框中输入 I3:I12。选中 I15 单元格，在编辑栏内显示公式结果为"=SUMIF(D3:D12,"女",I3:I12)"，效果见图 2-26。

⑥ 单击"确定"按钮，I15 单元格内显示求得的结果 435。

⑦ 选中 I15 单元格，单击"开始"选项卡→"数字"功能区→"数字格式"下拉按钮，在下拉列表中选择"货币"。

（10）LEFT 函数

在表格（见图 2-26）的 D 和 E 列之间插入 3 个新列，之后在 F2 单元格中输入文字"入职编码"，然后在 F3:F12 单元格区域依次输入：

"20080305""20070906""20060828""20100309""20100309"
"20091221""20080825""20130206""20141114""20140619"

在 G2 单元格中输入文字"入职年份"，其中，入职编码的前 4 位表示入职年份。统计其每位职工的入职年份。操作步骤如下：

① 在图 2-26 中，右击 E、F 和 G 三列列标，在弹出的快捷菜单中选择"插入"命令，将会在该 E 列左侧插入三个新列为 E、F 和 G 列（见图 2-31），然后在 F2 单元格中输入"入职编码"，而后在 F3:F12 单元格区域依次输入数据，如图 2-31 所示。

② 在 G2 单元格中输入"入职年份"，单击 G3 单元格，使其成为活动单元格。

③ 单击"公式"选项卡→"函数库"功能区→"插入函数"按钮，或者单击编辑栏中的"插入函数"按钮 ƒx，打开"插入函数"对话框。

④ 在“或选择类别”下拉列表框中选择“常用函数”，在“选择函数”列表框中选择 LEFT 函数。

⑤ 单击“确定”按钮，打开“函数参数”对话框，在 Text 文本框中输入 F3；在 Num_chars 文本框中输入 4。G3 单元格在编辑栏内显示公式结果为“=LEFT(F3,4)”。

⑥ 单击“确定”按钮，G3 单元格内显示评价结果 2008，如图 2-31 所示。

⑦ 拖动 G3 单元格的填充柄，复制公式到 G3 单元格。

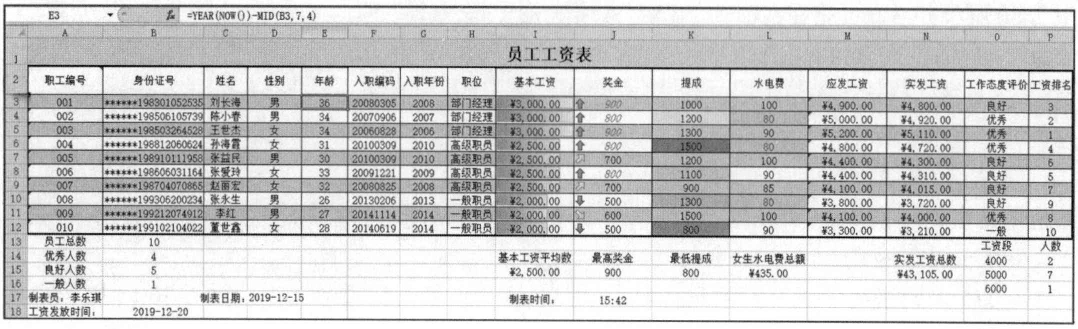

E3　=YEAR(NOW())-MID(B3,7,4)

	A	B	C	D	E	F	G	H	I	J	K	L	M	N	O	P
1									员工工资表							
2	职工编号	身份证号	姓名	性别	年龄	入职编码	入职年份	职位	基本工资	奖金	提成	水电费	应发工资	实发工资	工作态度评价	工资排名
3	001	******198301052535	刘长海	男	36	20080305	2008	部门经理	¥3,000.00	900	1000	100	¥4,900.00	¥4,800.00	良好	3
4	002	******198506105739	陈小春	男	34	20070906	2007	部门经理	¥3,000.00	800	1200	80	¥5,000.00	¥4,920.00	优秀	2
5	003	******198503264528	王世杰	女	34	20060828	2006	部门经理	¥3,000.00	900	1300	90	¥5,200.00	¥5,110.00	优秀	1
6	004	******198812060624	孙海霞	女	31	20100309	2010	高级职员	¥2,500.00	800	1500	80	¥4,800.00	¥4,720.00	优秀	4
7	005	******198910111958	张益民	男	30	20100309	2010	高级职员	¥2,500.00	700	1200	100	¥4,400.00	¥4,300.00	良好	6
8	006	******198606031164	张爱玲	女	33	20091221	2009	高级职员	¥2,500.00	800	1100	90	¥4,400.00	¥4,310.00	良好	5
9	007	******198704070865	赵丽宏	女	32	20080825	2008	高级职员	¥2,500.00	700	900	85	¥4,100.00	¥4,015.00	良好	7
10	008	******199306200234	张永生	男	26	20130206	2013	一般职员	¥2,000.00	500	1300	80	¥3,800.00	¥3,720.00	良好	9
11	009	******199212074912	李红	男	27	20141114	2014	一般职员	¥2,000.00	600	1500	100	¥4,100.00	¥4,000.00	优秀	8
12	010	******199102104022	董世鑫	女	28	20140619	2014	一般职员	¥2,000.00	500	800	90	¥3,300.00	¥3,210.00	一般	10
13	员工总数	10													工资段	人数
14	优秀人数	4							基本工资平均数	最高奖金	最低提成	女生水电费总额		实发工资总数	4000	2
15	良好人数	5							¥2,500.00	900	800	¥435.00		¥43,105.00	5000	7
16	一般人数	1													6000	1
17	制表员：李乐琪		制表日期：2019-12-15						制表时间：	15:42						
18	工资发放时间：	2019-12-20														

图 2-31 “一月份员工工资表”完成后

（11）DATE 函数

在 B18 单元格中输入工资发放时间，其中发放时间在制表时间 5 天后进行。操作步骤如下：

① 单击 B18 单元格，使其成为活动单元格。

② 单击“公式”选项卡→“函数库”功能区→“插入函数”按钮，或者单击编辑栏中的“插入函数”按钮 f_x，打开“插入函数”对话框。

③ 在“或选择类别”下拉列表框中选择“全部函数”，在“选择函数”列表框中选择 DATE 函数。

④ 单击“确定”按钮，打开“函数参数”对话框，在 Year 文本框中输入 YEAR(D17)；在 Month 文本框中输入 MONTH(D17)；在 Day 文本框中输入 DAY(D17)+5，如图 2-32 所示。选中 B18 单元格，在编辑栏内显示公式结果为“=DATE(YEAR(D17),MONTH(D17),DAY(D17)+5)”，如图 2-31 所示。

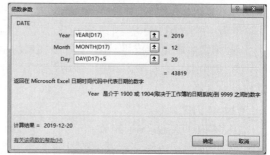

图 2-32 DATE 函数对话框

（12）YEAR 函数

在图 2-31 的 E2 单元格中输入文字“年龄”，利用当前日期、身份证等信息统计其每位职工的年龄。其中，身份证的第 7、8、9、10 位表示出身年份，如 B3 单元格的年份应为 1983。操作步骤如下：

① 在 E2 单元格中输入“年龄”，参见图 2-31。

② 单击 E3 单元格，使其成为活动单元格。

③ 单击“公式”选项卡→“函数库”功能区→“插入函数”按钮，或者单击编辑栏中的“插入函数”按钮 f_x，打开“插入函数”对话框。

④ 在“或选择类别”下拉列表框中选择“常用函数”，在“选择函数”列表框中选择 YEAR 函数。

⑤ 单击"确定"按钮,打开"函数参数"对话框,在 Serial_number 文本框中输入 now( ),得出当前的年份。然后利用 MID 函数计算出生的年份,公式为 MID(B3,7,4)。两项相减即为年龄。选中 E3 单元格,在编辑栏内显示公式结果为"=YEAR(NOW())-MID(B3,7,4)"。

⑥ 单击"确定"按钮,E3 单元格内显示年龄。

⑦ 拖动 E3 单元格的填充柄,复制公式到 E12 单元格。

(13) 利用 MOD、ROW 函数

为表格 A2:P12 单元格区域中奇数行设置填充颜色为"白色,背景 1,深色 15%",参见图 2-31。操作步骤如下:

① 选中 A2:P12 单元格区域,单击"开始"选项卡→"样式"功能区→"条件格式"按钮,在下拉列表中选择"新建规则"命令,打开如图 2-33 所示的"新建格式规则"对话框。

② 在"选择规则类型"列表框中选择"使用公式确定要设置格式的单元格",在"编辑规则说明"栏中输入公式"=mod(row(),2)=1"。

图 2-33 "新建格式规则"对话框

③ 单击"格式"按钮,打开"设置单元格格式"对话框,选择"填充"选项卡,确定好颜色,最后单击"确定"按钮,效果参见图 2-31。

注意:如果设置偶数行,公式应该为"=mod(row(),2)=0"。

(14) VLOOKUP 函数

在如图 2-31 所示的 A25:B28 单元格区域中按照图 2-34 设计表格 2,并利用 VLOOKUP 函数查找相关数据的结果。操作步骤如下:

① 在图 2-31 所示的 A25:B28 单元格区域中按照图 2-34 设计表格 2。

(a)   (b)

图 2-34 表格 2 样式

② 单击 B27 单元格,使其成为活动单元格。

③ 单击"公式"选项卡→"函数库"功能区→"插入函数"按钮,或者单击编辑栏中的"插入函数"按钮 fx,打开"插入函数"对话框。

④ 在"或选择类别"下拉列表框中选择"全部函数",在"选择函数"列表框中选择 VLOOKUP 函数。

⑤ 单击"确定"按钮,打开"函数参数"对话框,如图 2-35 所示。在 Lookup_value 文本框中输入 A27,在 Table_array 文本框中输入 $C$2:$P$12,在 Col_index_num 文本框中输入 11,在 Range_lookup 文本框中输入 0,如图 2-35 所示。最后 B27 单元格的编辑栏内显示公式结果为:"=VLOOKUP(A27,$C$2:$P$12,11,0)",如图 2-34 (b) 所示。

⑥ 在图 2-35 中,单击"确定"按钮,B27 单元格内显示评价结果"4900"。

⑦ 同理可求出 B28 单元格的结果为"4100",公式为"=VLOOKUP(A28,$C$2:$P$12,11,0)"。

(15) 保存工作簿

将计算所得数据以原工作簿名(实验 2.3 一月份员工工资表.xlsx)保存。

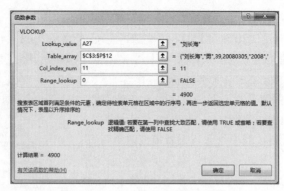

图 2-35　VLOOKUP 函数对话框

2．创建图表以及图表的格式化

（1）工作表的复制

打开"实验 2.3 一月份员工工资表.xlsx"工作簿，为"一月份员工工资表"建立副本，并命名为"员工工资表图表"，在此表中绘制"柱形图"。

操作步骤如下：

打开"实验 2.3 一月份员工工资表"工作簿，单击"一月份员工工资表"工作表标签，按住【Ctrl】键向右拖动此工作表，完成复制，并且重命名为"员工工资表图表"。

（2）行、列的隐藏

在"员工工资表图表"工作表中，隐藏不需要参加创建图表的列 D、E、F、G、H 和 L 列。

操作步骤如下：

选中 D、E、F、G、H 和 L 列后右击，在弹出的快捷菜单中选择"隐藏"命令，将不需要参与创建图表的列隐藏。

（3）创建图表

打开"实验 2.3 一月份员工工资表"工作簿，为"员工工资表图表"创建"姓名"列为水平轴和"基本工资""奖金""提成"三列为垂直轴的堆积柱形图，以及"应发工资"列的平滑散点图在同一张图中出现的图表。

操作步骤如下：

方法一：选中 C2:M12 单元格区域。

方法二：先拖动鼠标选择 C2:C12，再按下【Ctrl】键+鼠标拖动选择 I2:M12，实现将 C2:C12（水平轴）和 I2:M12（垂直轴）两部分（五列）选中用来绘图（这种方式上面的隐藏 D、E、F、G、H 和 L 列可以不做）。

单击"插入"选项卡→"图表"功能区→"柱形图"按钮，在下拉列表中选择"二维柱形图"→"堆积柱形图"，即在工作表区域插入柱形图表。

（4）图表布局、样式和大小

① 设置图表的布局和样式。单击并选中插入的图表，单击"图表工具-设计"选项卡→"图表布局"功能区→"布局 3"，使"图例"位于图表区的下方；在"图表样式"功能区选择"样式 1"。

② 设置图表大小。右击图表空白区，在弹出的快捷菜中选择"设置图表区域格式"命令，打开"设置图表区格式"窗格，选择"大小属性"选择卡，设置高度为 9.5 厘米，宽度为 16 厘米，单击"关闭"按钮。或者在"图表工具-格式"选项卡→"大小"功能区中设置高度为 9.5 厘米，宽度为 16 厘米。

（5）更改"应发工资"柱形图为平滑线散点图

在图 2-36 中选中插入的图表，选中上部的"应发工资"柱形图部分（见图 2-36①），单击"图表工具-设计"选项卡→"类型"功能区→"更改图表类型"按钮；或右击柱形图，在弹出的快捷菜单中选择"更改系列图表类型"命令（见图 2-36②）；打开"更改图表类型"对话框，如图 2-36③所示。在此对话框中将"应发工资"系列的图表类型修改为"XY（散点图）"→"带平滑线和数据标记的散点图 📈"（见图 2-36③），单击"确定"按钮，"应发工资"柱形图变为"应发工资"平滑线散点图，如图 2-36④所示。

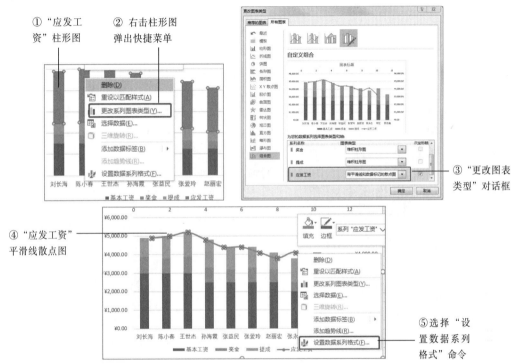

图 2-36 "应发工资"柱形图更改为平滑线散点图

在图 2-36④中，右击"应发工资"平滑线散点图，在弹出的快捷菜单中选择"设置数据系列格式"命令（见图 2-36⑤），打开"设置数据系列格式"窗格，如图 2-37 所示。在"设置数据系列格式"窗格中设置系列选项：主坐标轴；数据标记选项：内置；类型：菱形，大小为 6 磅；线条颜色：实线，黑色；线型：宽度 2 磅；标记线颜色：实线，黑色。也可以设置自己所喜欢的颜色和大小等。

（6）格式化图表

选中插入的图表，出现"图表工具-设计"选项卡。

① 单击"图表布局"功能区→"添加图表元素"按钮，在下拉列表中选择"图表标题"→"图表上方"命令，为图表添加标题，内容为"一月份员工工资"。

② 单击"图表布局"功能区→"添加图表元素"按钮，

图 2-37 "设置数据系列格式"窗格

在下拉列表中选择"坐标轴标题"→"主要纵坐标轴"命令,为纵坐标轴添加标题,内容为"工资数额"。选择"坐标轴标题"→"更多轴标题选项"命令,然后在出现的对话框中,将标题文字方向设置为竖排。

③ 单击"图表布局"功能区→"添加图表元素"按钮,在下拉列表中选择"图例"→"更多图例选项"命令,在打开的"设置图例格式"窗格中,设置填充为"无填充";设置"边框颜色"为"实线";设置颜色为"红色";设置"边框样式";设置"宽度为2磅";设置"复合类型"为"双线",最后单击"关闭"按钮。

④ 单击"图表布局"功能区→"添加图表元素"按钮,在下拉列表中选择"坐标轴"→"更多轴选项"命令,打开如图 2-38 所示的"设置坐标轴格式"窗格,在窗格的"坐标轴选项"中选择"水平(类别)轴",设置横坐标轴,坐标轴选项为默认;线条设置为"实线",颜色设置为红色;宽度设置为 1 磅。单击"关闭"按钮,完成横坐标轴格式的设置。

⑤ 单击"图表布局"功能区→"添加图表元素"按钮,在下拉列表中选择"坐标轴"→"更多轴选项"命令,打开如图 2-39 所示的"设置坐标轴格式"窗格,在"坐标轴选项"中选择"垂直(值)轴"设置纵坐标轴,坐标轴选项:最小值,固定 0;最大值,固定 5500;主要刻度单位,固定 500;主刻度线类型"内部";数字"货币",小数位数 0;线条"实线",颜色"红色";线型宽度为 1 磅。单击"关闭"按钮,完成纵坐标轴格式的设置。

图 2-38 "设置坐标轴格式"窗格(横轴)　　图 2-39 "设置坐标轴格式"窗格(纵轴)

⑥ 单击"图表布局"功能区→"添加图表元素"按钮,在下拉列表中选择"网格线"→"更多网格线选项"命令,在打开的"设置主要网格线格式"窗格中,选择"填充与线条"→"无线条"。单击"关闭"按钮,完成横网格线的设置。同理,纵网格线的设置为"线条颜色"→"无线条"。

⑦ 右击图表,在弹出的快捷菜单中选择"设置图表区格式"命令,在打开的"设置绘图区格式"窗格中,"填充"设置为"纯色填充";填充颜色设置为黄色,单击"关闭"按钮。

完成整个图表的绘制,实现了"基本工资""奖金""提成""应发工资"的堆积柱形图,以及"应发工资"的平滑散点图在同一张图中出现,如图 2-40 所示。

注释:以上图形格式的设置和编辑,均可以右击要编辑的对象,在弹出的快捷菜单中选择相应的命令进行操作。

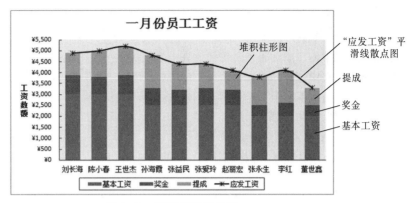

图 2-40　图表最终效果图

2.4　数据管理与分析实验

2.4.1　实验目的

① 掌握数据的排序操作以及筛选操作。
② 掌握对数据清单进行分类汇总的操作。
③ 掌握数据透视表的建立和使用。
④ 掌握页面布局的设置，掌握打印预览。
⑤ 网站下载素材：实验 2.4 数据管理与分析.xlsx。

2.4.2　实验内容

打开"实验 2.4 数据管理与分析.xlsx"数据表，完成如下操作。

1. 插入工作表、重命名工作表、复制工作表数据

打开"E2-4：实验 2.4 数据管理与分析.xlsx"工作簿，在工作簿中插入一个名为"排序"的新工作表，将"销售金额清单"工作表中的数据复制到"排序"工作表中。

视　频

数据管理与分析

操作步骤如下：

① 选定"销售金额清单"工作表，按住【Ctrl】键的同时拖动"销售金额清单"工作表标签，就会复制产生一个"销售金额清单"工作表的副本。

② 右击新产生的工作表标签，在弹出的快捷菜单中选择"重命名"命令，将新工作表命名为"排序"。

2. 记录的排序

打开"E2-4：实验 2.4 数据管理与分析.xlsx"工作簿，将"排序"工作表的数据清单中的记录按季度递减的次序进行排序，若有季度相同的记录，则按销售金额递增的次序排序。然后，按排序后的结果以第 10 行递增的顺序重新排列数据清单中的记录。

操作步骤如下：

① 选中 A1:G35 单元格区域。
② 单击"数据"选项卡→"排序和筛选"功能区→"排序"按钮，打开如图 2-41 所示的"排序"对话框。

③ 在“主要关键字”下拉列表中选择“季度”；在“排序依据”下拉列表中选择“单元格值”；在“次序”下拉列表中选择“降序”。

④ 单击对话框中的“添加条件”按钮，在“次要关键字”下拉列表中选择“销售金额”；在“排序依据”下拉列表中选择“单元格值”；在“次序”下拉列表中选择“升序”。

⑤ 在“排序”对话框右上角选中“数据包含标题”复选框。

⑥ 单击“确定”按钮，排序后的部分结果如图 2-42 所示。（图中数据为虚拟数据）

⑦ 再次选中 A1:G35 单元格区域。

⑧ 单击“数据”选项卡→“排序和筛选”功能区→“排序”按钮，打开如图 2-41 所示的“排序”对话框。

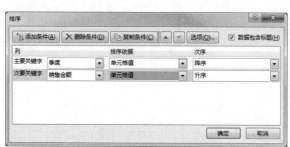

图 2-41 “排序”对话框

	A	B	C	D	E	F	G
1	日期	季度	省份	商品	单价	数量	销售金额
2	1月6日	第一季度	河南	艺术品	138	8	1104
3	3月12日	第一季度	浙江	食品	16.5	235	3877.5
4	3月5日	第一季度	广东	体育用品	83	52	4316
5	3月16日	第一季度	江西	儿童用品	128	35	4480
6	2月23日	第一季度	广东	儿童用品	83	73	6059
7	1月3日	第一季度	山东	自行车	534	12	6408
8	1月2日	第一季度	山东	体育用品	246	38	9348
9	2月15日	第一季度	山东	食品	77.4	130	10062
10	2月10日	第一季度	浙江	自行车	681	47	32007
11	11月30日	第四季度	浙江	食品	16.8	600	10080
12	11月1日	第四季度	河南	食品	67	200	13400
13	12月15日	第四季度	安徽	儿童用品	230	219	50370
14	10月1日	第四季度	江苏	儿童用品	200	500	100000
15	9月30日	第四季度	安徽	儿童用品	200	782	156400
16	12月1日	第四季度	广东	艺术品	6799	60	407940
17	10月30日	第四季度	河南	自行车	1670	300	501000
18	10月15日	第四季度	广东	艺术品	7810	69	538890
19	12月31日	第四季度	山东	体育用品	1200	500	600000
20	11月15日	第四季度	山东	食品	160	3800	608000
21	8月31日	第三季度	河南	食品	56.8	150	8520
22	9月1日	第三季度	山东	儿童用品	235	1380	324300

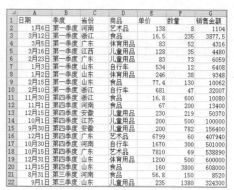

图 2-42 排序后的部分结果

⑨ 单击该对话框中的“选项”按钮，打开如图 2-43 所示的“排序选项”对话框。在“方向”选项组中选中“按行排序”单选按钮。

⑩ 单击“确定”按钮，回到图 2-41 所示的“排序”对话框。在该对话框的“主要关键字”下拉列表框中选择“行 10”，并选择其右边的“升序”次序，如图 2-44 所示。

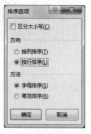

图 2-43 “排序选项”对话框

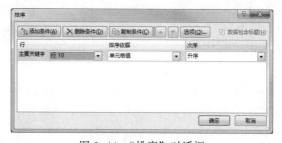

图 2-44 “排序”对话框

⑪ 单击“确定”按钮，最后的排序部分结果如图 2-45 所示。

	A	B	C	D	E	F	G
1	数量	单价	销售金额	日期	季度	省份	商品
2	8	138	1104	1月6日	第一季度	河南	艺术品
3	235	16.5	3877.5	3月12日	第一季度	浙江	食品
4	52	83	4316	3月5日	第一季度	广东	体育用品
5	35	128	4480	3月16日	第一季度	江西	儿童用品
6	73	83	6059	2月23日	第一季度	广东	儿童用品
7	12	534	6408	1月3日	第一季度	山东	自行车
8	38	246	9348	1月2日	第一季度	山东	体育用品
9	130	77.4	10062	2月15日	第一季度	山东	食品
10	47	681	32007	2月10日	第一季度	浙江	自行车
11	600	16.8	10080	11月30日	第四季度	浙江	食品
12	200	67	13400	11月1日	第四季度	河南	食品

图 2-45 按第 10 行递增排序后的部分结果

3. 记录的自动筛选

使用"销售金额清单"工作表的数据记录，筛选出所有销售金额数据大于或等于 6000 并且小于 10000 的记录，并且省份为"山东"的记录。

操作步骤如下：

① 单击数据清单中的任意单元格，单击"数据"选项卡→"排序和筛选"功能区→"筛选"按钮，进入筛选清单状态，此时第一行每个标题名字的右侧出现一个下拉按钮 ▼。

② 单击"销售金额"右边的下拉按钮 ▼，选择其中的"数字筛选"→"大于或等于"命令，打开"自定义自动筛选方式"对话框，如图 2-46 所示。在"自定义自动筛选方式"对话框左上方的下拉列表中选择"大于或等于"，在右侧下拉列表中输入 6000；选中"与"单选按钮；在左下方的下拉列表中选择"小于"，在右边下拉列表中输入 10000，如图 2-46 所示。

 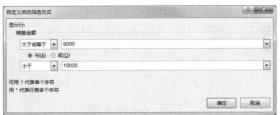

图 2-46 "自定义自动筛选方式"对话框

③ 单击"确定"按钮，得到图 2-47 所示的满足"销售金额"条件的筛选结果。

④ 单击"省份"右边的下拉按钮 ▼，选择"山东"选项，得到要求的筛选结果，如图 2-48 所示。

图 2-47 满足"销售金额"条件的筛选结果　　　　图 2-48 最终的筛选结果

⑤ 单击"数据"选项卡→"排序和筛选"功能区→"筛选"按钮，取消自动筛选，回到普通视图方式。

4. 记录的高级筛选

使用"销售金额清单"的数据记录，筛选出所有销售金额数据大于 7000 并且单价大于 2000 或单价大于 500 并且数量大于或等于 100 的记录。

操作步骤如下：

① 在数据清单以外的区域输入筛选条件，如图 2-49 所示。

	A	B	C	D	E	F	G	H	I	J	K
1	日期	季度	省份	商品	单价	数量	销售金额				
2	1月2日	第一季度	山东	体育用品	246	38	9348		单价	销售金额	数量
3	1月3日	第一季度	山东	自行车	534	12	6408		>2000	>7000	
4	1月6日	第一季度	河南	艺术品	138	8	1104		>500		>=100
5	2月10日	第一季度	浙江	自行车	681	47	32007				
6	2月15日	第一季度	山东	食品	77.4	130	10062				
7	2月23日	第一季度	广东	儿童用品	83	73	6059				
8	3月5日	第一季度	广东	体育用品	83	52	4316				
9	3月12日	第一季度	浙江	食品	16.5	235	3877.5				

图 2-49　高级筛选条件的位置

② 选中数据清单内的任意单元格，单击"数据"选项卡→"排序和筛选"功能区→"高级"按钮，打开如图 2-50 所示的"高级筛选"对话框。选择"方式"选项组中的"在原有区域显示筛选结果"单选按钮，单击"数据区域"右侧的折叠按钮，在数据清单中选取$A$1:$G$35 数据区域，然后单击"高级筛选"对话框"条件区域"右侧的折叠按钮，在数据清单中选取$I$2:$K$4 条件区域。

③ 单击"高级筛选"对话框中的"确定"按钮，筛选结果如图 2-51 所示。从图 2-51 中可以看出"单价>2000 且销售金额>7000"与"单价>500 且数量>=100"这两个条件存在"或"的逻辑关系，满足其中任何一个条件的记录都能被筛选出来。

图 2-50　"高级筛选"对话框

	A	B	C	D	E	F	G
1	日期	季度	省份	商品	单价	数量	销售金额
15	6月1日	第二季度	河南	体育用品	782.5	300	234750
17	6月20日	第二季度	安徽	自行车	2378	2871	6827238
18	7月1日	第三季度	广东	艺术品	2354	3871	9112334
19	7月15日	第三季度	山东	艺术品	6781	781	5295961
20	7月31日	第三季度	浙江	儿童用品	782	721	563822
21	8月1日	第三季度	安徽	儿童用品	867	500	433500
22	8月15日	第三季度	河南	食品	1234	872	1076048
23	9月15日	第三季度	浙江	艺术品	2600	800	2080000
28	10月15日	第四季度	广东	艺术品	7810	69	538890
29	10月30日	第四季度	河南	自行车	1670	300	501000
33	12月1日	第四季度	广东	食品	6799	60	407940
35	12月31日	第四季度	山东	体育用品	1200	500	600000

图 2-51　高级筛选结果

单击"数据"选项卡→"排序和筛选"功能区→"清除"按钮，退出高级筛选，切换回普通视图。

5. 数据的分类汇总

打开"销售金额清单"的数据表，实现数据记录按季度分类，并对每个季度的销售金额进行汇总。

操作步骤如下：

① 查看数据清单是否以"季度"为关键字升序或降序排序，若是即可进行第二步；否则按"季度"排序。

② 选中数据清单内的任意单元格。选择"数据"选项卡→"分级显示"功能区→"分类汇总"按钮，打开如图 2-52 所示的"分类汇总"对话框。

③ 在"分类字段"下拉列表中选择"季度"，在"汇总方式"下拉列表中选择"求和"，在"选定汇总项"列表框中选中"销售金额"复选框，并选中"汇总结果显示在数据下方"复选框。

图 2-52　"分类汇总"对话框

④ 单击"确定"按钮，得到分类汇总的结果，部分结果如图 2-53 所示。

说明：

① 如果要取消分类汇总，可以再次打开"分类汇总"对话框，在该对话框中单击"全部删除"按钮。

② 如果要每种类型单独一页显示或者输出，可在"分类汇总"对话框中选中"每组数据分页"复选框。

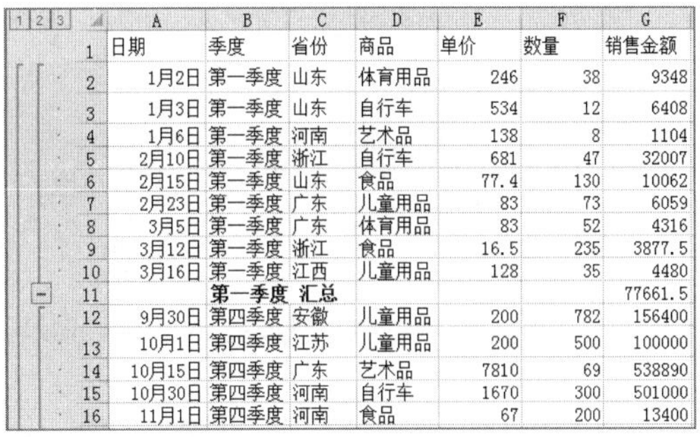

6．数据透视表的创建与编辑

数据透视表是 Excel 提供的一个很有用的功能，能帮助用户分析和组织数据。利用该功能可以快速从不同方面对数据进行分类汇总统计。下面以"销售金额清单"数据表的数据清单为例，建立一个按季度（为行）统计各个省份（为列）的销售金额总和的数据透视报表。其操作过程如下：

图 2-53　分类汇总部分结果

① 单击数据清单中的任意单元格。

② 单击"插入"选项卡→"表格"功能区→"数据透视表"→"表格和区域"命令，打开如图 2-54 所示的"创建数据透视表"对话框。

③ 在该对话框的"请选择要分析的数据"区域中，系统会自动选中"选择一个表或区域"单选按钮。在"选择放置数据透视表的位置"区域选中"现有工作表"单选按钮，然后单击 I2 单元格，此时，在"位置"文本框中自动出现"销售金额清单!$I$2"。

④ 单击"确定"按钮，在工作表中出现如图 2-55 所示的"数据透视表字段"窗格。选中"季度"字段并按下鼠标左键拖动到"行"文本框内（注意查看数据表内数据透视表区域的变化），选中"省份"字段并按下鼠标左键拖动到"列"文本框内，选中"销售金额"字段并按下鼠标左键拖动到"值"文本框内。

图 2-54　"创建数据透视表"对话框

图 2-55　数据透视表字段列表

⑤ 透视表结果如图 2-56 所示，可得到各季度和各省份销售额和总计销售额报表。

求和项:销售金额	列标签							
行标签	安徽	广东	河南	江苏	江西	山东	浙江	总计
第二季度	6839922		246190.8	33642		7385	160822.2	7287962
第三季度	433500	9112334	1084568			5620261	2643822	18894485
第四季度	206770	946830	514400	100000		1208000	10080	2986080
第一季度		10375	1104		4480	25818	35884.5	77661.5
总计	7480192	10069539	1846262.8	133642	4480	6861464	2850608.7	29246188.5

图 2-56　数据透视表结果

7. 数据表的页面设置及分页预览

（1）画框线

打开"销售金额清单"数据表，把 A1:G35 单元格区域画上网格线（所有框线）。

操作步骤如下：

打开"销售金额清单"的数据表，选择 A1:G35 单元格区域，单击"开始"选项卡→"字体"功能区中的框线下拉按钮，在下拉列表中选择"所有框线"。

（2）页面设置

设置"页边距"为上 2、下 2、左 1.5、右 1.5，并使表格在页面居中打印。设置页眉为"各省销售金额明细"，页脚为页码，页眉和页脚均居中显示。如果数据量大，需要多页显示，则每页开头重复第 1 行标题。

操作步骤如下：

① 单击"页面布局"选项卡→"页面设置"功能区→"页边距"下拉按钮，在下拉列表中选择"自定义页边距"命令，弹出图 2-57 所示的"页面设置"对话框。

② 在"页面设置"对话框中选择"页边距"选项卡，设置上、下、左、右页边距，同时设置居中方式为"水平"。

③ 在"页面设置"对话框中选择"页眉/页脚"选项卡，单击"自定义页眉"按钮，打开如图 2-58 所示的"页眉"对话框，在"中部"文本框中输入页眉内容"各省销售金额明细"。

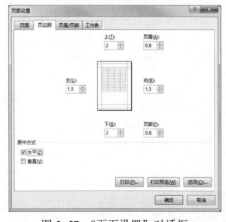

图 2-57　"页面设置"对话框

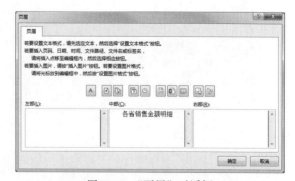

图 2-58　"页眉"对话框

④ 单击"确定"按钮返回到"页面设置"对话框。单击"自定义页脚"按钮，打开"页脚"对话框，将光标定位在"中部"文本框内，单击"插入页码"按钮 。

⑤ 单击"确定"按钮，再次返回到"页面设置"对话框。在该对话框中选择"工作表"选

项卡,在"打印标题"的"顶端标题行"文本框中输入"$1:$1",单击"确定"按钮,完成设置。

(3)分页预览

操作步骤如下:

单击"视图"选项卡→"工作簿视图"功能区→"分页预览"按钮。

① 插入分页符。在打印一个数据量较大的工作表时,Excel 会根据选定的打印纸张自动分页,在屏幕上会显示分页线(虚线)。若要自行设置分页线的位置,可按下列步骤操作:

- 确定分页位置。例如,要在 11 行的上面设置一条水平分页线,可单击 A11 单元格;若要在 F 列的左边设置一条垂直分页线,可选中 F1 单元格。
- 单击"页面布局"选项卡→"页面设置"功能区→"分隔符"按钮,在下拉列表中选择"插入分页符"命令,即可以实线作为分页的标记。

② 查看及移动分页符。单击"视图"选项卡→"工作簿视图"功能区→"分页预览"按钮,在显示窗口中,自动分页符显示为虚线,人工分页符显示为实线;如果要改变分页线的位置,用鼠标拖动蓝色分页线到新的位置即可。

③ 删除分页符。若要取消水平(或垂直)分页线,可单击水平(或垂直)分页线下面(或右面)的任一单元格,单击"页面布局"选项卡→"页面设置"功能区→"分隔符"按钮,在下拉列表中选择"删除分页符"即可。

8. 视图及打印数据表

在普通视图、分页预览、页面设置、全屏显示 4 种视图下查看"实验 2.4 数据管理与分析.xlsx"数据表数据,查看各个对象在不同视图下的可见状况。冻结首行标题,使用"打印预览"按钮查看打印效果。

(1)冻结窗格

切换到"普通视图"或"分页预览"视图。单击第 2 行中的任意单元格,然后单击"视图"选项卡→"窗口"功能区→"冻结窗格"按钮,选择"冻结窗格"命令,如果冻结首行,可在下拉列表中选择"冻结首行"。

浏览表格数据,查看冻结窗格后的效果。

(2)查看打印效果

打开图 2-57 所示的"页面设置"对话框,单击"页面"选项卡中的"打印预览"按钮,可以查看打印预览的效果。如果有需要调整的地方,可以回到"普通视图"或者"分页预览"视图进行设置调整。

2.5 综合应用实验一

2.5.1 实验目的

① 综合运用前面掌握的知识,设计一个 Excel "报销单"。
② 进一步熟悉并掌握 Excel 表格的格式化、公式与函数的应用。
③ 掌握单元格的保护,掌握工作表的保护。
④ 进一步熟悉 Excel 各种视图。
⑤ 进一步熟悉 Excel 表格的打印预览和打印输出。
⑥ 网上下载素材:"实验 2.5 报销单效果 pdf"和"实验 2.5 报销单效果图.jpg"。

2.5.2 实验内容

为某单位设计一张如图 2-59 所示的"报销单"。

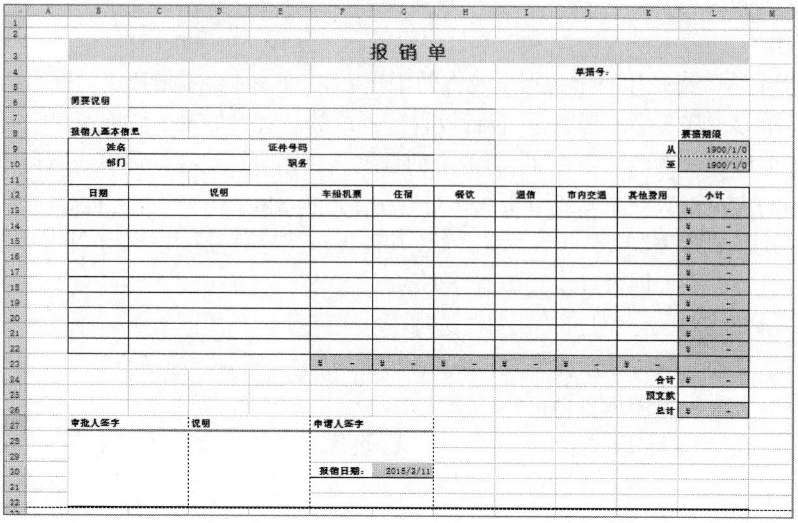

图 2-59 Excel "报销单"

"报销单"设计要求如下：

1. 基本格式要求

① 参照图 2-59 所示的报销单格式，输入"报销单"原始数据。

② 按照图 2-59 所示的报销单，给表格添加框线，合并相应的单元格，去掉多余的表格线。

③ 标题"报销单"为"幼圆"、加粗、22 号字，水平居中，黄色底纹，标题行行高 27。

④ 除了标题文字"报销单"外，其余标题文字均为"宋体"、加粗、11 号字。除了标题行外，其余行的行高均为 19，列宽为 12，"小计"列宽为 14。

⑤ 参照图 2-59，设置标题文字对齐方式。

⑥ 从"车船机票"到"小计"共 7 列（F13:L23，L24:L26），数字的格式默认为货币格式，即数字前自动加上人民币符号"¥"，加上千分位，并且保留到小数点后 2 位。数字均为"宋体"、11 号字。

⑦ "日期"列和"票据期限"起止日期默认的数据格式是"短日期"。

⑧ 输入的"单据号"和"证件号码"默认的数据格式是文本。

2. 页面设置

设置纸张大小为 A4；纸张方向为横向；页边距上下均为 2，左右均为 1.9；页眉页脚均为 1.3。

3. 公式和函数

"报销单"中浅绿色底纹的单元格能够自动计算。能自动计算"票据期限""小计""合计""总计"等。其中：

① "票据期限"是报销单"日期"的最小值至最大值。

② "小计"是按照日期计算每天的总费用：F13:K13 的合计。

③ "合计"是求小计的总和。

④ "总计"是"合计"去掉"预支"的费用。

⑤ 分类计算小计，例如"车船机票"的小计、"住宿"小计等。
⑥ "报销日期"由系统自动填写，无须手工输入。
⑦ 给以上单元格加上浅绿色底纹。

4．工作表的保护
① "报销单"中所有的行高和列宽均不能被调整。
② "报销单"中所有的标题文字不能被更改。
③ "报销单"中所有自动计算的数据不能被修改。

5．调整报销单的布局
以"页面视图"和"分页预览"视图调整"报销单"的布局，显示或打印输出一张完整的"报销单"。以"实验2-5 报销单.xlsx"为名保存工作簿。

【实验操作过程和步骤】

1．输入原始数据
参照图2-59所示的"报销单"格式，输入"报销单"原始数据。

操作说明：在输入文字时，要注意格式化前文字所在单元格的位置，例如在B2单元格内输入标题"报销单"；在J4单元格内输入"单据号："；在B6单元格内输入"简要说明"；在B8单元格内输入"报销人基本信息"，等等。

综合应用实验一

2．给表格添加框线
按照图2-59所示的"报销单"，给表格添加框线，合并相应的单元格，去掉多余的表格线。
操作步骤如下：

（1）"合并居中"以及画"下框线"

① 选中K4:L4单元格区域，单击"开始"选项卡→"对齐方式"功能区→"合并后居中"下拉按钮，选择"合并单元格"命令。然后，单击"字体"功能区中的框线下拉按钮，选择"下框线"。

② 选中C6:H6单元格区域，单击"开始"选项卡→"对齐方式"功能区→"合并后居中"下拉按钮，选择"合并单元格"命令。然后，单击"字体"功能区中的框线下拉按钮，选择"下框线"。

（2）画"所有框线"

① 选中B9:L23单元格区域，单击"开始"选项卡→"字体"功能区→框线下拉按钮，选择"所有框线"。

② 选中L24:L26单元格区域，单击"开始"选项卡→"字体"功能区→框线下拉按钮，选择"所有框线"。

（3）合并相应的单元格

例如，选中C9:D9单元格区域，单击"开始"选项卡→"对齐方式"功能区→"合并后居中"下拉按钮，选择"合并单元格"命令。其余的合并单元格操作类同，在此省略。

（4）擦除多余框线

① 单击"开始"选项卡→"字体"功能区→框线按钮，选择"擦除边框"，此时鼠标指针变成一块橡皮，按照图2-59所示，在多余框线上单击，将表格中多余的线擦除。

② 当擦除多余的表格线后，在任意单元格内双击，使鼠标指针恢复正常。

（5）画蓝色细框线、蓝色粗框线、虚线框线

下面以画蓝色细实线为例，介绍操作步骤：

① 单击"字体"功能区→框线下拉按钮,选择"线型"命令,在线型模板中选择"细实线"。
② 单击"字体"功能区→框线下拉按钮,选择"线条颜色"命令,在色板中选择"蓝色"。
③ 此时光标变成一支笔,在需要画蓝色细框线上按下鼠标左键拖动,即可画出蓝色细框线。
④ 在任意单元格内双击,使鼠标指针恢复正常。

3. 设置标题"报销单"

设置标题"报销单"为"幼圆"、加粗、22 号字,水平居中,标题行行高 27。

操作步骤如下:

① 选中 B2 单元格,单击"开始"选项卡→"字体"功能区中的相应按钮,设置"幼圆"、加粗、22 号字,黄色底纹。

② 选中 B2:L2 单元格区域,单击"开始"选项卡→"对齐方式"功能区→"合并后居中"按钮 国·。

③ 选中 B2 单元格,单击"开始"选项卡→"单元格"功能区→"格式"按钮,选择"行高"命令设置行高为 27。

4. 设置其余标题

除了标题文字"报销单"外,其余标题文字均为"宋体"、加粗、11 号字。除了标题行外,其余行的行高均为 17,列宽为 10,"小计"列宽为 14。

操作步骤参照第 3 步,在此省略。

5. 设置对齐方式

参照图 2-59,设置标题文字的对齐方式。

注意:只对标题文字单元格设置对齐方式。操作步骤在此省略。

6. 设置货币格式

从"车船机票"到"小计"共 7 列,数字格式默认为货币格式,即数字前自动加上人民币符号"¥",加上千分位,并且保留到小数点后 2 位。数字均为宋体、11 号字。

操作步骤如下:

① 选中 F13:L23 单元格区域,然后按下【Ctrl】键的同时拖动鼠标选中 L24:L26 单元格区域。

② 单击"开始"选项卡→"数字"功能区→"常规"下拉按钮,在下拉列表中选择"会计专用"。

7. 设置日期

"日期"列和"票据期限"起止日期默认的数据格式是"短日期"。

操作步骤如下:

① 选中 B13:B22 单元格区域,然后单击"开始"选项卡→"数字"功能区→"常规"下拉按钮,在下拉列表中选择"短日期"。

② 选择 L9:L10 单元格区域,然后单击"开始"选项卡→"数字"功能区→"常规"下拉按钮,在下拉列表中选择"短日期"。

8. 设置输入的数据格式

输入的"单据号"和"证件号"默认的数据格式为文本。

操作步骤如下:

① 选中 K4 单元格,单击"开始"选项卡→"数字"功能区→"常规"下拉按钮,在下拉列

表中选择"文本"。

② 选择 F9 单元格，单击"开始"选项卡→"数字"功能区→"常规"下拉按钮，在下拉列表中选择"文本"。

9. 设置页面

设置纸张大小为 A4；纸张方向为"横向"；页边距上下均为 2，左右均为 1.9；页眉页脚均为 1.3。
操作步骤如下：

① 单击"页面布局"选项卡→"页面设置"功能区→"纸张大小"按钮，在下拉列表中选择 A4。

② 单击"页面布局"选项卡→"页面设置"功能区→"纸张方向"按钮，在下拉列表中选择"横向"。

③ 单击"页面布局"选项卡→"页面设置"功能区→"页边距"按钮，在下拉列表中选择"自定义边距"，在打开的"页面设置"对话框中设置页边距。

10. 公式和函数

"报销单"中蓝色底纹的单元格能够自动计算。能自动计算"票据期限""小计""合计""总计"等。其中：

① "票据期限"是报销单"日期"的最小值至最大值。
② "小计"是按照日期计算每天的总花费。
③ 分类计算小计，例如，"车船机票"的小计、"住宿"小计等。
④ "合计"是求小计的总和。
⑤ "总计"是"合计"去掉"预支"的费用。
⑥ "报销日期"由系统自动填写，无须手工输入。
⑦ 给以上单元格加上浅绿色底纹。

操作步骤如下：

① 选中 L9 单元格，然后输入公式：=MIN(B13:B22)。选中 L10 单元格，然后输入公式：=MAX(B13:B22)。

② 选中 L13 单元格，然后输入公式：=SUM(F13:K13)。最后拖动 L13 单元格的填充柄复制公式一直到 L22 单元格。

③ 选中 F23 单元格，然后输入公式：=SUM(F13:F22)。最后拖动 F23 单元格的填充柄复制公式一直到 K23 单元格。

④ 选中 L24 单元格，然后输入公式：=SUM(L13:L22)。

⑤ 选中 L26 单元格，然后输入公式：=(L24−L25)。

⑥ 选中 G30 单元格，然后输入公式：=TODAY()。

⑦ 选中以上单元格，加上浅绿色底纹。

11. 工作表的保护

① "报销单"中所有的行高和列宽不能被调整。
② "报销单"中所有的标题文字不能被更改。
③ "报销单"中所有自动计算的数据不能被修改。

操作步骤如下：

① 按【Ctrl+A】组合键，选中所有单元格后右击，在弹出的快捷菜单中选择"设置单元格格

式"命令,打开"设置单元格格式"对话框,在"保护"选项卡中取消选中"锁定"复选框,如图 2-60 所示。

② 选中表格中所有有文字的单元格和有蓝色底纹的单元格,然后再次打开"设置单元格格式"对话框,选中"保护"选项卡中的"锁定"复选框。

③ 保证上一步选中的单元格仍然被选中(一定要选中要设置保护的单元格),然后单击"审阅"选项卡→"保护"功能区→"保护工作表"按钮,打开"保护工作表"对话框,按图 2-61 所示进行设置。在"取消工作表保护时使用的密码"文本框中输入密码(自定义),单击"确定"按钮。

④ 打开"确认密码"对话框,在"重新输入密码"文本框中重新输入一次密码,单击"确定"按钮。

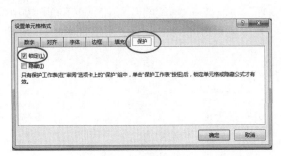
图 2-60 "设置单元格格式"对话框

图 2-61 "保护工作表"对话框

12. 调整报销单的布局

以"页面视图"和"分页预览"视图调整"报销单"的布局。显示或打印输出一张完整的"报销单",如图 2-62 所示。以"实验 2-5 报销单.xlsx"为名保存工作簿。

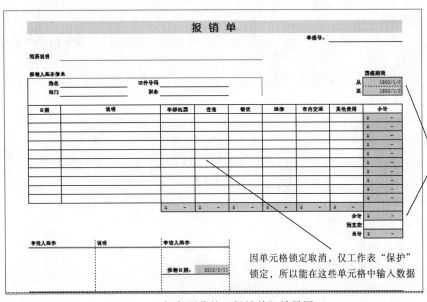
图 2-62 打印预览的"报销单"效果图

2.6 综合应用实验二

2.6.1 实验目的

① 综合运用前面掌握的知识,创建 Excel 图表并格式化图表。
② 掌握在 Excel 中插入文本框等各种对象。
③ 网上下载素材:实验 2.6 Excel 图表绘制.xlsx。

2.6.2 实验内容

打开"实验 2.6 Excel 图表绘制.xlsx"工作簿,工作表数据如图 2-63 所示。本实验要求依据"司法问题的法社会学调查问卷"的 B15 单选题,绘制选择项(水平(值)轴)与单选百分比(垂直(值)轴)的平滑曲线图形。绘制的图表效果图如图 2-64 所示。

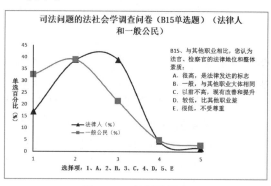

图 2-63 工作表   图 2-64 绘制的图表

具体要求如下:

1. 创建图表

① "图表类型"中子图表类型 T="带平滑线和数据标记的散点图"。
② "图表源数据"为系列产生在"列"。A2:A7 为水平轴(H)和 C2:D7 为垂直轴(V)的绘图数据。
③ 图表选项:

- "标题":图表标题为"司法问题的法社会学调查问卷(B15 单选题)(法律人和一般公民)";横坐标轴(H)或水平(值)轴标题为"选择项:1.A,2.B,3.C,4.D,5.E";纵坐标轴(V) 或垂直(值)轴标题为"单选百分比(%)"。
- 横和纵"网格线"为主次网格线均不要。
- 图表标题:宋体、12 号字。横坐标轴标题为宋体、10 号字。纵坐标轴标题为宋体、10 号字。
- "坐标轴""图例""数据标志"都不动,即默认。"图表位置"为"作为其中的对象插入"。

2. 编辑图表

以下 5 方面参考效果图 2-64 设置:①水平(值)轴(H)的"坐标轴格式";②垂直(值) 轴(V)的"坐标轴格式";③"绘图区格式";④"图例格式";⑤文本框格式。

3. 图中文本框内容

B15、与其他职业相比,您认为法官、检察官的法律地位和整体素质:
A. 很高,是法律发达的标志
B. 一般,与其他职业大体相同

C. 以前不高，现有改善和提升

D. 较低，比其他职业差

E. 很低，不受尊重

• 视 频

综合应用实验二

【实验操作过程和步骤】

1. 创建图表

操作步骤如下：

① 选择 A2:A7 和 C2:D7 单元格区域的绘图数据。操作如下：先拖动鼠标选择 A2:A7 单元格区域，再按住【Ctrl】键+拖动鼠标选择 C2:D7 单元格区域。

② 单击"插入"选项卡→"图表"功能区→"散点图"→"带平滑线和数据标记的散点图"，即可创建一个未格式化的散点图图表。

③ 该图表默认为系列产生在"列"。如果要更改数据系列，单击"图表工具-设计"选项卡→"数据"功能区→"切换行/列"按钮。注：此题不用更改数据系列。

④ 设置图表标题。选中图表，激活"图表工具-设计"选项卡，然后单击"图表布局"功能区→"添加图表元素"→"图表标题"→"图表上方"，在"图表标题"文本框中输入"司法问题的法社会学调查问卷（B15 单选题）（法律人和一般公民）"，字体设置为宋体、12 号。

单击"图表布局"功能区→"添加图表元素"→"坐标轴标题"→"主要横坐标轴"，在"坐标轴标题"文本框中输入"选择项：1.A，2.B，3.C，4.D，5.E"。

单击"图表布局"功能区→"添加图表元素"→"坐标轴标题"→"主要纵坐标轴"，在"坐标轴标题"文本框中输入"单选百分比（%）"，并设置为竖排标题。

⑤ 删除"绘图区"的主要横（纵）网格线。

选中"绘图区"，激活"图表工具-设计"选项卡，单击"图表布局"功能区→"添加图表元素"→"网格线"→"主轴主要水平网格线"。

纵网格线使用类似的操作方法删除。

⑥ 设置图表标题、横坐标轴标题、纵坐标轴标题的字体和字号。

操作步骤在此省略。

2. 编辑图表

以下 5 方面参考效果图 2-64 设置：①水平(值)轴(H)的"坐标轴格式"；②垂直(值) 轴(V)的"坐标轴格式"；③"绘图区格式"；④"图例格式"；⑤文本框格式。

（1）水平轴(H)的"坐标轴格式"

由效果图分析可以看出，横坐标轴最小值为 1，最大值为 5，主要刻度单位为 1，次要刻度单位为 0。操作如下：

① 选择"水平(值)轴"，右击，在弹出的快捷菜单中选择"设置坐标轴格式"命令，如图 2-65 所示。

② 在图 2-66 所示的"设置坐标轴格式"窗格中，设置横坐标轴的刻度值。

图 2-65 选择水平轴

③ 单击"数字"选项，在"类别"列表框中选择"常规"。最后单击"关闭"按钮。

（2）垂直轴(V)的"坐标轴格式"

由效果图分析可以看出，纵横坐标轴最小值为 0，最大值为 45，主要刻度单位为 5，次要刻度单位为 0。"数字"选项中，在"类别"列表框中选择"数字"，小数点位数设置为 0。采用上面横坐标类似的操作方法设置纵坐标格式。

（3）绘图区格式

由效果图可以看出绘图区"法律人"平滑线颜色为"深蓝色"，数据标志为"三角形"。"一般公民"平滑线颜色为"绿色"，数据标志为"方块"。操作如下：

① 在绘图区"法律人"平滑线上右击，在弹出的快捷菜单中选择"设置数据点格式"命令，打开如图 2-67 所示的"设置数据系列格式"窗格。

图 2-66　"设置横坐标轴格式"窗格

图 2-67　"设置数据系列格式"窗格

② 在"标记选项"选项组中选中"内置"，类型为"三角"，大小为 10，填充颜色设为"深蓝色"。

③ 在"边框"选项组中选中"实线"，颜色设为"深蓝色"。

④ 单击"关闭"按钮。

"一般公民"平滑线的颜色为"绿色"，数据标志为"方块"，大小为 10，填充和外框颜色设为"绿色"，设置参考上述步骤完成。

（4）图例格式

由效果图可以看出图例位于"绘图区"。单击选中图例并拖动到"绘图区"适当的位置。

（5）文本框格式

① 单击"插入"选项卡→"文本"功能区→"文本框"按钮，选择"横排文本框"命令，在绘图区适当的位置拖动鼠标插入文本框，然后将指定的文本"复制"→"粘贴"到文本框中，设置文本框字体为宋体，10 号字。

② 调整图表和文本框的大小及位置，使它们互相不覆盖。

③ 选中文本框，设置其"轮廓形状"为"无轮廓"。

④ 在文本框中，输入或复制、粘贴内容：B15、与其他职业相比，……

格式化完成后的效果图参见图 2-64。

第 3 章　PowerPoint 2016 演示文稿制作

PowerPoint 2016 是目前广泛使用的演示文稿制作软件。演示文稿中的每一页称为幻灯片,一个演示文稿通常由若干页幻灯片组成,通过文本、图形、图像、图表、音频、视频等组合,结合动画效果,动态地展示内容效果。因此,在报告会、产品介绍会、项目汇报、多媒体教学等方面,演示文稿得到广泛应用。

3.1　PowerPoint 2016 功能介绍

PowerPoint 2016 界面主要有"文件"菜单及"开始""插入""设计""切换""动画""幻灯片放映""审阅""视图"等选项卡,每个选项卡包含若干个功能区,有些选项卡在需要时才显现。

1. "开始"选项卡

"开始"选项卡包含"剪贴板""幻灯片""字体""段落""绘图""编辑"等功能区,如图 3-1 所示。"剪贴板"功能区可实现被编辑内容的复制、剪切、粘贴操作,提供了格式刷,可快速对文本或段落进行格式复制;"幻灯片"功能区可以实现新建幻灯片、设置幻灯片版式、设置文档内容分节等;"字体"功能区可对选中的文本进行字体、字形、颜色等设置;"段落"功能区可实现段落对齐、编号与项目符号、段落缩进等设置;"绘图"功能区可实现自选图形的插入及编辑操作;"编辑"功能区可实现查找、替换等操作。单击相应功能区右下角的按钮,可打开相应的对话框进行详细设置。

图 3-1　"开始"选项卡

2. "插入"选项卡

"插入"选项卡包含"表格""图像""插图""加载项""链接""批注""文本""符号""媒体"等功能区,如图 3-2 所示。"表格"功能区可实现插入和绘制表格操作;"图像"功能区可实现插入来自文件的图片、联机图片、屏幕截图、相册等操作;"插图"功能区可实现插入形状、SmartArt 图形、图表的操作;"链接"功能区可实现插入超链接和动作的设置;"批注"功能区可实现插入批注操作;"文本"功能区可实现插入文本框、艺术字、页眉和页脚、日期和时间、幻灯片编号等操作;"符号"功能区可实现数学公式和符号的插入;"媒体"功能区可实现音频、视频和屏幕录制的插入。

图 3-2　"插入"选项卡

3. "设计"选项卡

"设计"选项卡包含"主题""变体""自定义"等功能区,如图 3-3 所示。主题让幻灯片具有统一的颜色、字体、效果、背景样式、修饰元素。默认创建的演示文稿采用的是空白页,当应用了主题后,无论新建什么版式的幻灯片都会保持统一的风格。"主题"组可实现对相应幻灯片主题的设置,可单击本组右侧的按钮 ▼,展开所有主题。在"主题"功能区选择一个主题后,可在"变体"功能区选择一个对应的变体,单击本组右侧的按钮 ▼,可重新设置其颜色、字体、效果、背景样式。"自定义"在"变体"功能区右侧,可实现幻灯片大小样式、更改幻灯片方向、设置背景格式等操作。

图 3-3 "设计"选项卡

4. "切换"选项卡

切换是幻灯片放映时前后 2 张幻灯片之间的过渡效果。"切换"选项卡包含"预览""切换到此幻灯片""计时"功能区,如图 3-4 所示。"预览"功能区可实现对幻灯片切换效果的预览;"切换到此幻灯片"功能区可对相应幻灯片设置切换效果;"计时"功能区可实现幻灯片切换时的参数设置。

图 3-4 "切换"选项卡

5. "动画"选项卡

"动画"选项卡用于对一张幻灯片内部各对象的进入、消失、运动路径等动画效果进行设置。"动画"选项卡包含"预览""动画""高级动画""计时"功能区,如图 3-5 所示。"预览"功能区可预览幻灯片中已设置的动画;"动画"功能区可实现对幻灯片中对象的动画设置;"高级动画"功能区可对幻灯片中的对象进行高级动画设置;"计时"功能区可实现动画的参数设置。

图 3-5 "动画"选项卡

6. "幻灯片放映"选项卡

"幻灯片放映"选项卡包含"开始放映幻灯片""设置""监视器"功能区,如图 3-6 所示。"开始放映幻灯片"功能区可实现放映幻灯片、自定义放映等操作;"设置"功能区可实现设置放映方式、隐藏幻灯片、排练计时、录制幻灯片等操作。

图 3-6 "幻灯片放映"选项卡

7. "审阅"选项卡

"审阅"选项卡包含"校对""见解""语言""中文简繁转换""批注""比较"等功能区，如图3-7所示"校对"功能区可实现拼写检查等功能；"语言"功能区可实现翻译等功能；"中文简繁转换"功能区可实现中文的简繁转换；"批注"功能区可实现在文档中插入批注等操作；"比较"功能区可实现记录文档内容修订过程及对修订记录进行审阅。

图3-7 "审阅"选项卡

8. "视图"选项卡

"视图"选项卡包含"演示文稿视图""母版视图""显示""显示比例""颜色/灰度""窗口"等功能区，如图 3-8 所示，"演示文稿视图"功能区可实现在各个视图之间进行切换，默认视图是普通视图；"母版视图"功能区可实现对幻灯片母版的设置；"显示"功能区可设置标尺、网格线、参考线等界面元素是否显示；"显示比例"功能区可设置页面显示比例，默认100%显示；"颜色/灰度"功能区可将幻灯片设置为灰度或黑白显示模式，默认是彩色显示；"窗口"功能区可实现新建或拆分窗口等操作。

图3-8 "视图"选项卡

3.2 演示文稿软件基本操作实验

3.2.1 实验目的

① 熟练掌握演示文稿的创建。
② 熟练掌握幻灯片内容的格式化。
③ 熟练掌握幻灯片的组织。
④ 熟练掌握对象的插入。
⑤ 熟练掌握幻灯片的外观设置。

3.2.2 实验内容

打开素材文件"文档.pptx"，根据题目要求和给定素材，完成以下实验内容。本实验及下面3.3节实验实际上是同一个实验的基本操作和高级操作。素材包含：文档.pptx 大学生创业-素材.pptx、创业.jpg、爱拼才会赢.mp3。

新建文档的方法：

方法1：单击"开始"按钮，选择 Power Point 2016 命令，在打开的程序窗口中单击"空白演示文稿"。空白演示文稿只包含一张幻灯片,采用默认的设计模板,版式为"标题幻灯片",默认文件名为"演示文稿 1.pptx"。

方法 2:选择"文件"→"新建"命令。

改变幻灯片大小的方法:单击"设计"选项卡→"自定义"功能区→"幻灯片大小"按钮。

保存文件的常用方法:

方法 1:单击快速访问工具栏中的 按钮。

方法 2:按【Ctrl+S】组合键。

方法 3:选择"文件"→"保存"命令。

第 1 次保存时,会打开"另存为"窗口,要求选择保存位置和文件名,将该演示文稿命名为"文档.pptx"。后续保存就不会打开"另存为"窗口。

注意: 此演示文稿文件备份保存好,下一个实验仍然要使用。

实验 3.2 及实验 3.3 最终效果图,如图 3-9 所示。

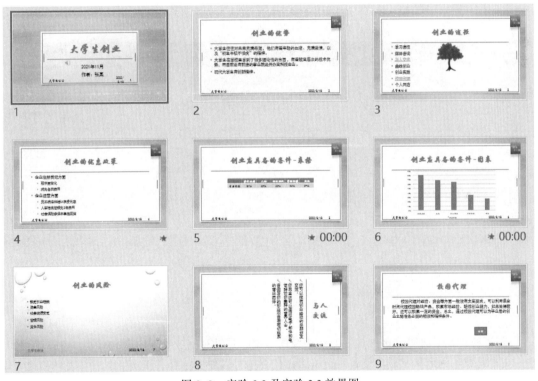

图 3-9　实验 3.2 及实验 3.3 效果图

下面是详细的实验要求和操作步骤。

1. 幻灯片的组织

操作要求(1):在第 1 张幻灯片的占位符"单击此处添加标题"处,输入主标题:大学生创业;副标题:当前日期和作者姓名。

操作步骤如下:

① 完成前后对比,如图 3-10、图 3-11 所示。

视 频

插入第1张幻灯片

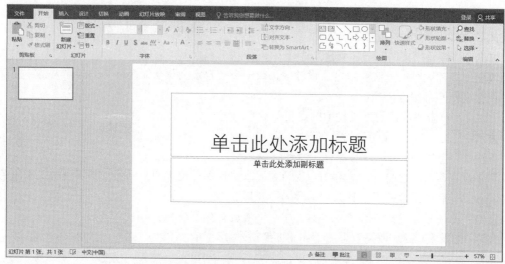

图 3-10　新建窗口

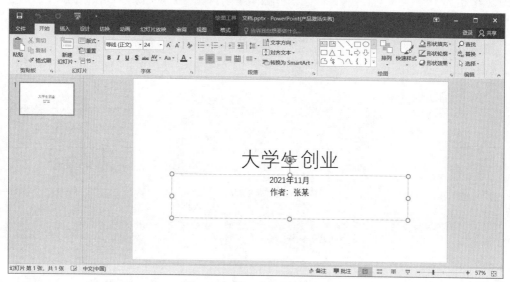

图 3-11　第 1 张标题幻灯片

② 占位符是一种带有虚线或阴影线边缘的对象，是没有完成具体内容的对象，占位置用的。空白文本框和各种形状本质上就是占位符，占位符内可以放置标题、正文、图表、表格和图片等对象。文字可单击相应占位符输入。插入当前日期可单击"插入"选项卡→"文本"功能区→"日期和时间"按钮。

操作要求（2）：插入新的第 2 张幻灯片，在其标题占位符输入"创业的途径"，在其内容占位符中输入如图 3-12 所示的文字内容。

操作步骤如下：

① 插入新幻灯片。单击"开始"选项卡→"幻灯片"功能区→"新建幻灯片"按钮，或单击这个按钮的下拉按钮，在弹出的下拉列表中，选择"标题和内容"版式。

② 若版式选择错误，不是"标题和内容"，可以修改版式。单击"开始"

● 视　频

插入第 2 张幻灯片

选项卡→"幻灯片"功能区"版式"按钮,在弹出的下拉列表中,选择"标题和内容"版式,如图 3-13 所示。

③ 在其标题占位符和内容占位符中分别输入图 3-12 所示的文字内容,此为第 2 张幻灯片。

图 3-12 初始第 2 张幻灯片内容

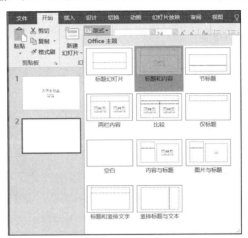

图 3-13 版式窗口

操作步骤如下:

操作要求(3):利用"重用幻灯片"功能,将名为"大学生创业-素材.pptx"的演示文稿中"创业的优势""创业的优惠政策""创业的风险""与人交流""校园代理"5 张幻灯片,插入到当前演示文稿第 2 张幻灯片"创业的途径"之后。

视 频

重用幻灯片插入素材

操作步骤如下:

① 单击"开始"选项卡→"幻灯片"功能区→"新建幻灯片"下拉按钮,在弹出的下拉列表中选择"重用幻灯片"命令,打开"重用幻灯片"窗格,如图 3-14 所示。

② 单击窗格中的"浏览"按钮,选择"浏览文件"命令,打开"浏览"对话框,找到名为"大学生创业-素材.pptx"的演示文稿并打开,在"重用幻灯片"窗格中显示出该文件中所有幻灯片的缩略图,如图 3-15 所示。

图 3-14 重用幻灯片窗格-1

图 3-15 重用幻灯片窗格-2

③ 依次单击"创业的优势""创业的优惠政策""创业的风险""与人交流""校园代理",将相应的幻灯片插入第 2 张幻灯片之后。完成后当前文档中共有 7 张幻灯片。

操作要求(4):将第 2 张幻灯片"创业的途径"和第 3 张幻灯片"创业的优势"交换位置。

操作步骤如下:

在窗口左侧的"幻灯片"窗格中,选中第 2 张幻灯片,将其拖动至第 3 张幻灯片下方。

操作要求(5):隐藏标题为 "创业的风险" 的幻灯片。

操作步骤如下:

在窗口左侧的"幻灯片"窗格中,选中标题为"创业的风险"的幻灯片并右击,在弹出的快捷菜单中选择"隐藏幻灯片"命令,将其隐藏,该幻灯片的编号被设置为隐藏标记。

交换和隐藏幻灯片

2. 幻灯片内容格式化

操作要求(1):将第 1 张幻灯片的标题 "大学生创业" 设置为华文行楷、66 号字、加粗、颜色为自定义颜色 RGB(200,100,100)。

操作步骤如下:

① 在窗口左侧的"幻灯片"窗格中,单击第 1 张幻灯片。

② 到窗口正中的幻灯片编辑区,选中第 1 张幻灯片的标题文本。

③ 在"开始"选项卡的"字体"功能区中,设置华文行楷、66 号、加粗,如图 3-16 所示。

第一张幻灯片标题文本格式

④ 单击"字体颜色"下拉按钮,在弹出的下拉列表中选择"其他颜色"命令,打开"颜色"对话框,单击"自定义"选项卡,设置红色 200、绿色 100、蓝色 100,单击"确定"按钮,如图 3-17 所示。

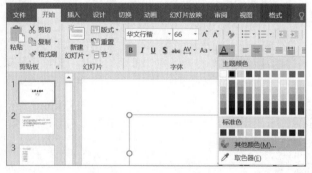

图 3-16 设置字体

第二张以后幻灯片标题和正文文本格式

操作要求(2):其余幻灯片的标题与第 1 张幻灯片标题的字体、字形、颜色一致,但字号设置为 48 号,正文文本设置为黑体、28 号、两端对齐、段前段后 6 磅,其他默认。

操作步骤如下:

① 第 2 张幻灯片标题的字体、字形和颜色设置参考第 1 张幻灯片标题相关内容设置。

② 第 2 张幻灯片正文文本的字体、字形和颜色设置参考第 1 张幻灯片标题类似内容设置。

③ 第 2 张幻灯片正文文本多了段落设置。选中正文文本,单击"开始"选项卡→"段落"功能区→"两端对齐"按钮,段前段后间距 6 磅,只能在"段落"对话框中设置,单击"段落"功能区右下角的对话框启动器按钮,设置结果如图 3-18 所示。段前段后间距的单位若不是"磅",可以直接输入"磅"字。

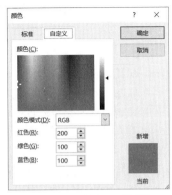
图 3-17 "颜色"对话框

图 3-18 段落对话框

④ 其余幻灯片标题和正文格式可以应用格式刷,使其与第 2 张幻灯片一致。

在第 2 张幻灯片编辑区选择标题,双击"开始"选项卡→"剪贴板"功能区→"格式刷"按钮,分别刷其余幻灯片标题,使其余幻灯片标题与第 2 张保持一致,设置完毕后,再单击一次格式刷,回到原始状态。正文格式设置依此类推。

若忘记格式刷应用方式,将鼠标在"格式刷"按钮上悬浮,等一会儿出现提示文字,说明格式刷单击和双击的不同。

⑤ 设置完毕后检查每张幻灯片的段落设置是否满足要求(见图 3-18),不满足要求的,需要单独重新设置。

操作要求(3):为"创业的优惠政策"幻灯片的正文文本设置级别,使其层次更加清晰,效果如图 3-19 所示。说明:创业的优惠政策下的各项为虚拟内容。

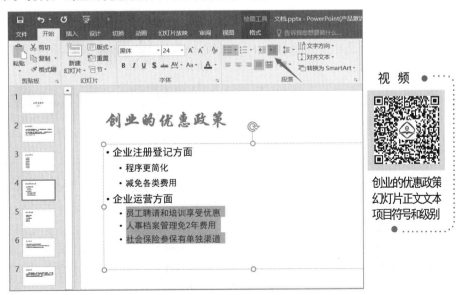
图 3-19 设置项目列表级别

操作步骤如下：

① 单击左侧幻灯片窗格中的"创业的优惠政策"幻灯片。

② 在幻灯片编辑区分别选中项目符号列表中第 2、3 项文本及第 5、6、7 项文本，按住【Ctrl】键+鼠标可以多选。

③ 若使其右缩进，可单击"开始"选项卡→"段落"功能区→"提高列表级别"按钮，调整相应文本的级别。

3. 插入对象

操作要求（1）：在"创业的途径"幻灯片中插入一个剪贴画，设置高度和宽度均为 6 厘米，并调整至合适的位置。

PowerPoint 2016 版本去除了内置的剪贴画，若需要剪贴画，只能到网络搜索，计算机必须联网才能操作。

插入剪贴画

操作步骤如下：

① 若能联网，定位到"创业的途径"幻灯片，单击"插入"选项卡→"图像"功能区→"联机图片"按钮，打开如图 3-20 所示的"插入图片"对话框，单击"必应图像搜索"。在必应图像搜索对话框输入"剪贴画"，单击"搜索"按钮。任选一个下载，即可将其插入幻灯片中，如图 3-21 所示。

② 若不能联网，可单击"插入"选项卡→"图像"功能区→"图片"按钮，根据提示，插入本机的图像文件代替剪贴画。

③ 选中图片对象，窗口上方多了一个"图片工具-格式"选项卡。单击"大小"功能区右下角的 按钮，或者右击图片对象，在弹出的快捷菜单中选择"设置图片格式"命令，打开如图 3-22 所示的"设置图片格式"窗格，设置高度和宽度均为 6 厘米，注意：不能锁定纵横比。

④ 将剪贴画拖动到合适的位置。

图 3-20 "插入图片"对话框

图 3-21 必应（bing）图像搜索对话框

插入音频

操作要求（2）：在第 1 张幻灯片中插入音频文件"爱拼才会赢.mp3"，并设置其在放映时隐藏、跨幻灯片播放。

操作步骤如下：

① 定位到第 1 张幻灯片，单击"插入"选项卡→"媒体"功能区→"音频"下拉按钮，选择"PC 上的音频"命令，打开"插入音频"对话框，选择"爱拼才会赢.mp3"，单击"插入"按钮。

② 第 1 张幻灯片中显示声音播放对象，只需单击"播放/暂停"按钮▶，即可播放插入的声音，如图 3-23 所示。

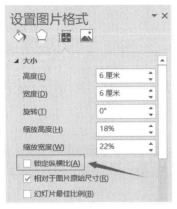

图 3-22　"设置图片格式"窗格

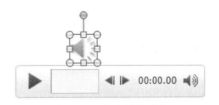

图 3-23　声音播放对象

③ 单击该音频对象，窗口上方多了一个"音频工具"选项卡，它有 2 个子选项卡，分别是"格式"和"播放"。单击"音频工具-播放"选项卡→"音频选项"功能区，勾选"放映时隐藏"和"跨幻灯片播放"复选框。

操作要求（3）：在"创业的优惠政策"幻灯片之后插入两张新的幻灯片，版式均为"仅标题"，操作完成后共有 9 张幻灯片。

操作步骤如下：

① 在窗口左侧幻灯片窗格中单击"创业的优惠政策"幻灯片，单击"开始"选项卡→"幻灯片"功能区→"新建幻灯片"下拉按钮，在弹出的下拉列表中选择"仅标题"版式。

② 同理，再插入一张新的幻灯片。

操作要求（4）：在第 5 张幻灯片的标题占位符中输入文本"创业应具备的条件-表格"，在第 6 张幻灯片的标题占位符中输入文本"创业应具备的条件-图表"，并设置其格式与其他幻灯片一致。

操作步骤如下：

① 单击第 5 张幻灯片的标题占位符，输入文本"创业应具备的条件-表格"。

② 单击第 6 张幻灯片的标题占位符，输入文本"创业应具备的条件-图表"。

③ 单击第 4 张幻灯片标题中的文字，双击"开始"选项卡→"剪贴板"功能区→"格式刷"按钮，到 5 张幻灯片标题上按下鼠标在文字上拖动，再到 6 张幻灯片标题上按下鼠标在文字上拖动。这样第 5 张和第 6 张幻灯片标题格式就与第 4 张幻灯片标题格式一致。完成后再单击"格式刷"按钮，恢复原始状态。

操作要求（5）：在第 5 张幻灯片中插入一个 2 行 6 列的表格，输入如图 3-24 所示的内容。设置表格宽度为 19 厘米，表格中所有内容水平和垂直都居中。

图 3-24　表格内容

操作步骤如下:

① 定位第 5 张幻灯片,单击"插入"选项卡→"表格"下拉按钮,在弹出的下拉列表中选择"插入表格"命令,打开"插入表格"对话框,输入列数和行数分别为 6 和 2,单击"确定"按钮。

② 向各单元格输入文字。

③ 选中整个表格,窗口上方多了一个"表格工具"选项卡,它包含 2 个子选项卡:"设计"和"布局"。单击"表格工具-布局"选项卡→"对齐方式"功能区,设置表格内容水平垂直都居中,在"表格尺寸"功能区设置宽度为 19 厘米,如图 3-25 所示。然后,将表格拖动至合适的位置。

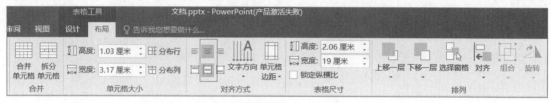

图 3-25 "表格工具-布局"选项卡

操作要求(6):以第 5 张幻灯片中的表格为数据源,创建一个类型为"簇状柱形图"的图标,插入第 6 张幻灯片中,拖动到合适的位置。

操作步骤如下:

① 选中整个表格,执行"复制"命令。

② 定位到第 6 张幻灯片,单击"插入"选项卡→"插图"功能区→"图表"按钮,打开如图 3-26 所示的"插入图表"对话框。选择"簇状柱形图",单击"确定"按钮。

③ 在弹出的工作表中(见图 3-27),选中 A1 单元格,右击,在弹出的快捷菜单中选择"粘贴选项"→"匹配目标格式"命令,将刚才复制的表格数据粘贴到工作表中(见图 3-28),删除表中不必要的行列数据(见图 3-29),关闭工作表,此时幻灯片中出现图表,将图表拖动至合适的位置。

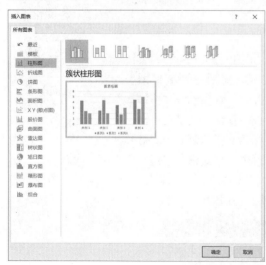

图 3-26 "插入图表"对话框

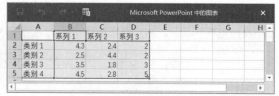

图 3-27 工作表-初始

④ 图表如图 3-30 所示，若不满意，可切换行列。单击图表，则窗口上方多出了一个"图表工具"选项卡（包含"设计"和"格式"2 个子选项卡）。单击"图表工具-设计"选项卡→"数据"功能区→"选择数据"按钮，打开如图 3-29 所示工作表和如图 3-31 所示的"选择数据源"对话框。

⑤ 在"选择数据源"对话框中单击"切换行/列"按钮，结果如图 3-32 所示。

⑥ 如果出现多余的图表标题，可以将其删除。

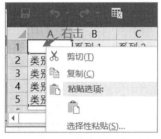

图 3-28　工作表-粘贴选项

图 3-29　工作表-删除不必要的行列

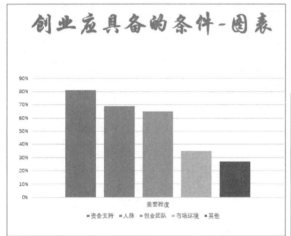

图 3-30　图表效果图

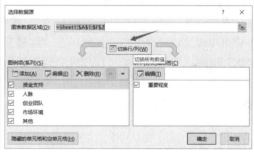

图 3-31　选择数据源-切换行列

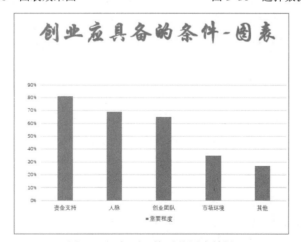

图 3-32　行列互换后的图表效果

4. 幻灯片外观设置（提示：所有操作的效果可以参考图 3-9）

操作要求（1）：将整个演示文稿的主题设置为"环保"，将第 7 张幻灯片的主题设置为"水滴"、背景样式设置为"样式 5"，将第 2 张幻灯片的背景纹理设置为"再生纸"。

设置主题和背景样式

操作步骤如下：

① 定位到第 1 张幻灯片，单击"设计"选项卡→"主题"功能区右下角下拉按钮，在展开的主题下拉列表中单击"环保"主题。单击主题默认应用到所有幻灯片。

也可右击"环保"主题，在弹出的快捷菜单中选择"应用于所有幻灯片"命令。

② 定位到第 7 张幻灯片（标题为"创业的风险"），单击"设计"选项卡，在主题窗口中找到"水滴"主题，然后右击，在弹出的快捷菜单中选择"应用于选定幻灯片"命令。

③ 单击"设计"选项卡→"变体"功能区右侧的下拉按钮，选择"背景样式"，在"样式 5"上右击，在弹出的快捷菜单中选择"应用于所选幻灯片"命令。至此，第 7 张幻灯片的主题和背景样式均发生改变（如果对主题样式不够满意，可以单击"变体"功能区右侧的下拉按钮，对主题的颜色、字体、效果进行设置）。

④ 定位到第 2 张幻灯片。单击"设计"选项卡→"自定义"功能区→"设置背景格式"按钮，打开"设置背景格式"窗格（也可右击幻灯片，选择同样的命令），如图 3-33 所示。选中"图片或纹理填充"单选按钮，在"纹理"窗格中单击"再生纸"纹理，则"再生纸"纹理应用到第 2 张幻灯片。

操作要求（2）：将第 8 张幻灯片的版式设置为"竖排标题与文本"。

更改版式

操作步骤如下：

定位到第 8 张幻灯片（标题为"与人交流"），单击"开始"选项卡→"幻灯片"功能区→版式▼下拉按钮，单击"竖排标题与文本"版式，或者右击幻灯片窗格中第 8 张幻灯片，选同样命令。

图 3-33 设置背景格式

操作要求（3）：在幻灯片母版中插入一张图片，并将该图片的高度和宽度均设置为 2.5 厘米，水平位置参数自定义，图片靠近幻灯片右侧，垂直位置设为 1 厘米，水平、垂直参数起始位置设为从左上角，样式设置为"映像右透视"，使得应用了该母版的幻灯片上都显示此图片。

幻灯片母版插入图片

操作步骤如下：

① 单击"视图"选项卡→"母版视图"功能区→"幻灯片母版"按钮，进入幻灯片母版视图，如图 3-34 所示。将鼠标移到左侧幻灯片窗格的某一版式上，会显示出该版式被哪几张幻灯片使用。

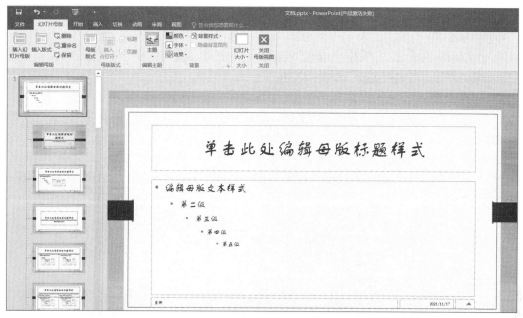

图 3-34　幻灯片母版视图

② 选中第 1 张幻灯片，单击"插入"选项卡→"图像"功能区→"图片"按钮，打开"插入图片"对话框（注意，默认打开的图片文件夹可能不是素材所在的文件夹），选择"创业.jpg"，单击"插入"按钮。第 1 张幻灯片是"主题幻灯片母版"，明显比本主题其他版式幻灯片大，这里应用了两套主题，每套主题都有一组版式。在"主题幻灯片母版"上插入的对象，应用于本主题除了"标题幻灯片"和"节标题幻灯片"的所有版式幻灯片。

③ 单击该图片，窗口上方出现"图片工具"选项卡，单击"图片工具-格式"选项卡→"大小"功能区右下角的　按钮（或者右击图片，在弹出的快捷菜单中选择"大小和位置"命令），打开"设置图片格式"窗格，单击"大小"选项，设置高度和宽度均为 2.5 厘米，注意：不能锁定纵横比。单击"位置"选项，设置图片在幻灯片上的位置：水平位置：参数自定义，设置后图片位于文档右侧，参见图 3-9；垂直 1 厘米，从"左上角"，如图 3-35 所示。水平位置参数的具体数值与幻灯片大小有关。幻灯片大小设置：单击"设计"选项卡→"自定义"功能区→"幻灯片大小"按钮。

④ 单击该图片，选择"图片工具-格式"选项卡→"图片样式"功能区→"映像右透视"　。

⑤ 分别选中第 1 张主题幻灯片母版和第 2 张标题幻灯片版式上左右两边的黑色长方形形状，将其删除（这一步实验中未做要求）。

⑥ 单击"幻灯片母版"选项卡→"关闭"功能区→"关闭母版视图"按钮，回到正常编辑状态，观察各张幻灯片的变化。由于第 7 张幻灯片应用了其他主题，这个主题的母版设置未对其产生影响。

图 3-35　设置图片的位置

操作要求（4）：为标题幻灯片之外的其他幻灯片设置（页眉和页脚）自动更新日期和时间、

幻灯片编号，页脚内容为"大学生创业"，字号均为 20 号。

操作步骤如下：

① 进入图 3-34 所示的"幻灯片母版"视图，定位到第 1 张幻灯片（第 1 张幻灯片是主题幻灯片，主题幻灯片比其他版式幻灯片要大），按住【Ctrl】键单击幻灯片最底下一行的"日期"、"页脚"、"幻灯片编号"3 个占位符对象。

② 在"开始"选项卡的"字体"功能区，设置字号 20，字体不变（可设置字体颜色为红色或其他颜色，以免白色显示不出来，实际上颜色未要求）。

③ 默认"日期""页脚""幻灯片编号"不显示。单击"插入"选项卡→"文本"功能区→"页眉和页脚"按钮，打开"页眉和页脚"对话框，设置相关选项；单击"全部应用"按钮，如图 3-36 所示。

图 3-36　"页眉页脚"对话框

④ 关闭幻灯片母版视图，并观察最终效果。由于第 7 张幻灯片应用了不同的主题，所以底边页眉页脚效果与其他幻灯片不同。选中幻灯片窗格中第 7 张幻灯片，进入幻灯片母版视图，母版视图中自动选择第 7 张幻灯片对应的版式，选中相应对象，调整位置。参照上述①~③步，处理字号、页眉页脚对话框设置，最后保存该演示文稿。本节操作完成后，演示文稿的效果如图 3-37 所示（参照图 3-9，可单击"视图"→功能区"幻灯片浏览"按钮）。

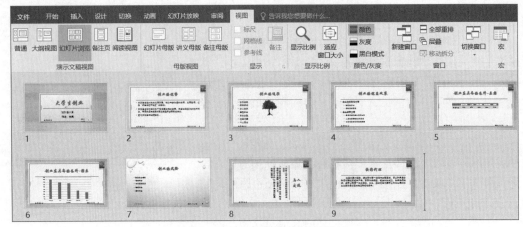

图 3-37　本节操作完成后的效果

3.3 演示文稿软件高级操作实验

3.3.1 实验目的

① 熟练掌握动态交互操作。
② 熟练掌握幻灯片放映方式。

3.3.2 实验内容

打开 3.2 节实验中的"文档.pptx"文件,继续完成其高级操作(素材与 3.2 节同)。

1. 动态交互操作

操作要求(1):为第 4 张幻灯片上的标题文字设置动画效果为浮入、下浮、持续时间 2 秒、单击鼠标开始动画;为幻灯片上其他内容设置动画:飞入、自右侧、在上一动画之后开始动画、持续时间 3 秒。

操作步骤如下:
① 打开"文档.pptx"演示文稿文件。
② 定位到第 4 张幻灯片(标题为"创业的优惠政策"),选中标题占位符(创业的优惠政策文本框),设置动画参数如图 3-38 所示。

图 3-38 动画

单击"动画"选项卡→"动画"功能区→"浮入"按钮,可以立即预览到动画效果。若找不到,可单击本功能区右下角的 按钮。对于动画效果的进一步设置有以下 3 种方法:

方法 1:利用"动画"选项卡的"动画"功能区和"计时"功能区。其中,选择"动画"功能区→"效果选项"下拉列表→"下浮"命令,可设置"浮入"动画效果的方向;选择"计时"功能区→"开始"下拉列表→"单击时"命令,可以设置动画开始的时机,在"持续时间"文本框中输入"02.00",可以控制动画显示的速度,如图 3-38 所示。

方法 2:定位到任意一个设置了动画的对象中,单击"动画"选项卡→"动画"功能区右下角的 按钮,打开如图 3-39 所示的"下浮"对话框。此处,定位的是标题占位符,为其设置的动画效果是"浮入"中的"下浮",所以对话框的名字是"下浮"。在该对话框中,也可以设置动画的具体效果,包括声音、动画的开始方式和持续时间等。

方法 3:在动画窗格中设置动画效果。单击"动画"选项卡→"高级动画"功能区→ 动画窗格 按钮,即可打开如图 3-40 所示的动画窗格,其中,列表框中显示了当前幻灯片中设置了动画的所有对象。单击需要设置动画效果的对象,如"标题 1",单击右侧的下拉按钮,在弹出的下拉列表中选择"效果选项"命令,同样可以打开"下浮"对话框,并进一步设置具体的动画效果。

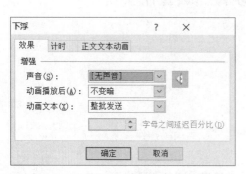

图 3-39 "下浮"动画效果对话框

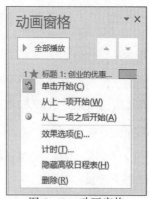

图 3-40 动画窗格

③ 选中内容占位符（正文的项目列表文本框），利用前面的操作方法，设置动画"飞入"、效果选项"自右侧"。开始设置为"上一动画之后"，持续时间设置为 03.00 秒。

操作要求（2）：同时为第 5 张和第 6 张幻灯片设置切换效果为"分割"，中央向上下展开，风铃声音，持续时间 3 秒，自动换页时间 3 秒。

● 视 频

设置切换效果

操作步骤如下：

① 按住【Ctrl】键或【Shift】键，同时单击窗口左侧幻灯片窗格中带有表格的第 5 张幻灯片和带有图表的第 6 张幻灯片，即同时选中这两张幻灯片。

② 单击"切换"选项卡→"切换到此幻灯片"功能区→"分割"按钮，在"效果选项"下拉列表中选择"中央向上下展开"，在"计时"选项组中选择声音为"风铃"，输入持续时间为"03.00"，取消选中"单击鼠标时"复选框，选中"设置自动换片时间"复选框，并输入"00:03.00"，如图 3-41 所示。

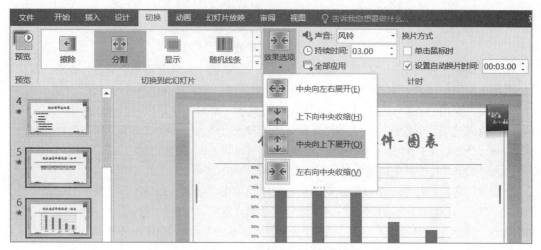

图 3-41 切换选项卡设置

操作要求（3）：为第 3 张幻灯片中的文字"与人交流"进行动作设置，单击链接到第 8 张幻灯片；为第 3 张幻灯片的文字"校园代理"建立超链接，链接到第 9 张幻灯片。

操作步骤如下：

① 定位到第 3 张幻灯片（标题为"创业的途径"）。

② 选中文本"与人交流"，单击"插入"选项卡→"链接"功能区→"动作"按钮，打开如

图3-42所示的"动作设置"对话框,选择"超链接到"→"幻灯片",在打开的对话框中选择编号为8的幻灯片。单击"确定"按钮,设置了动作的文本下方增加了下画线,字体颜色也发生了变化。

③ 选中文本"校园代理",单击"插入"选项卡→"链接面板"功能区→"超链接"按钮,打开如图3-43所示的"编辑超链接"对话框,选择"链接到"→"本文档中的位置"→"请选择文档中的位置"→"幻灯片标题,9.校园代理",单击"确定"按钮,设置了超链接的文本下方增加了下画线,字体颜色也发生了变化。

视频

动作和超链接

图3-42 "动作设置"对话框　　　图3-43 "编辑超链接"对话框

操作要求(4):在第9张幻灯片上插入自定义按钮,文字为"返回",幻灯片放映时,单击按钮返回到第3张幻灯片。

操作步骤如下:

① 选中第9张幻灯片(标题为"校园代理"),单击"插入"选项卡→"插图"功能区→"形状"下拉按钮,选择"矩形"(任何形状都可以,因为是自定义形状),在幻灯片的底部空白处拖动鼠标,画出一个小长方形。右击该长方形,在弹出的快捷菜单中选择"编辑文字"命令,输入文本"返回",可调整该形状的大小和字体、背景颜色等将按钮外观设置至合适的状态。

② 单击"插入"选项卡→"链接"功能区→"动作"按钮,打开"动作设置"对话框,利用前面图3-42的操作方法,链接到第3张幻灯片。

注意:动作与超链接的效果只能在幻灯片放映时才能看到。

2. 幻灯片放映

操作要求(1):新建自定义放映,命名为"我的自定义放映",将编号为1、3、5、6的幻灯片添加到其中。

视频

自定义按钮

操作步骤如下:

① 单击"幻灯片放映"选项卡→"开始放映幻灯片"功能区→"自定义幻灯片放映"下拉按钮,选择 ,打开"自定义放映"对话框,单击"新建"按钮。

② 在对话框中,放映名称设为"我的自定义放映",勾选左侧编号为1、3、5、6的幻灯片,单击中间的"添加"按钮。右侧就是要放映的幻灯片(可单击

视频

新建自定义放映

最右侧 3 个按钮删除或调整放映顺序）。最后单击"确定"按钮，如图 3-44 所示。

操作要求（2）：为"我的自定义放映"设置放映方式为"观众自行浏览（窗口）""放映时不加旁白""放映时不加动画"，其他默认。

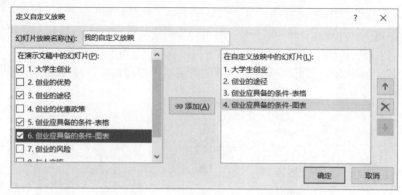

图 3-44 "自定义放映"对话框

操作步骤如下：

① 单击"幻灯片放映"选项卡→"设置"功能区→"设置幻灯片放映"按钮，在打开的"设置放映方式"对话框中设置相关参数，如图 3-45 所示。

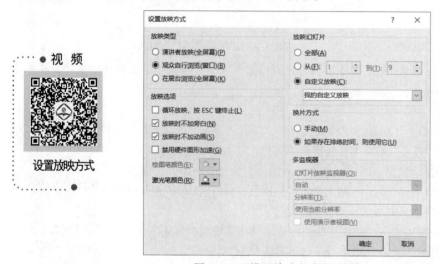

图 3-45 "设置放映方式"对话框

注意：如果选中"放映时不加旁白"复选框，则已录制的旁白不会播放，如果选中"放映时不加动画"复选框，则已设置的动画不起作用；如果选择换片方式为"手动"，则已进行的排练计时不起作用。参见下面排练计时与录制视频部分。

② 单击"幻灯片放映"选项卡→"开始放映幻灯片"功能区→"自定义幻灯片放映"下拉按钮，在下拉列表中选择"自定义放映"命令，也可选择其他放映方式。

3．排练计时与录制视频（选做）

操作要求（1）：排练计时，找出最佳演讲时间。

操作步骤如下：

① 单击"幻灯片放映"选项卡→"设置"功能区→"排练计时"按钮，开始放映并解说演

示文稿，待最后一张幻灯片放映结束时，提示是否保留排练计时，选择"是"，保留新的幻灯片计时，如图 3-46 所示。

② 检查"切换"选项卡功能区最右侧"设置自动换片时间"复选框，排练前的状态为 ，若已确认保留新的幻灯片计时，排练后本次放映（解说）时间如图 3-47 所示，自动勾选"设置自动换片时间"并给出具体计时时间。

图 3-46　确认"幻灯片计时"对话框　　　　图 3-47　每张幻灯片排练时间

③ 若发现某页解说时间过长，再次排练（重复①②），直到找出最佳时间。

操作要求（2）：录制解说视频。

操作步骤如下：

① 单击"幻灯片放映"选项卡→"设置"功能区→"录制幻灯片演示"按钮，在打开的对话框中选择"从头开始录制"（也可选 "从当前幻灯片开始录制"），如图 3-48 所示，录制选项如图 3-49 所示。旁白就是放映时演讲者的解说声音。

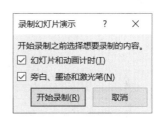

图 3-48　录制幻灯片　　　　图 3-49　"录制幻灯片演示"对话框

② 单击"开始录制"按钮，演讲者开始放映并解说演示文稿。播放界面会显示录制小窗口 ，通过它可控制录制过程。录制结束自动退出放映界面。

③ 选择"文件"→"导出"→"创建视频"，导出视频窗口如图 3-50 所示。

图 3-50　导出视频

④ 单击"创建视频"按钮，打开"另存为"对话框，设置文件名和文件保存位置，将视频

文件与本演示文稿文件保存在同一个文件夹下，视频文件默认类型为 mp4，单击"保存"按钮。

4. 幻灯片打印（选做）

操作步骤如下：

选择"文件"→"打印"命令，单击"幻灯片"下方的下拉按钮，可选择纸张方向为横向，每张纸打印 4 张幻灯片，如图 3-51 所示。

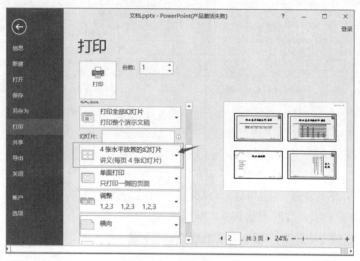

图 3-51　打印界面

3.4　综合应用实验

3.4.1　实验目的

① 熟练掌握演示文稿的基本操作知识点。
② 熟练掌握演示文稿的高级操作知识点。

3.4.2　实验内容

本实验是演示文稿软件 PowerPoint 2016 的综合应用实验，针对某一主题，对之前实验中练习的基本操作和高级操作加以整合，进一步复习巩固。素材包含文档.pptx、校徽.png、校门.png、梦中的婚礼.mp3。实验在"文档.pptx"内进行，文件内已有 6 张幻灯片，全部操作就是对这个文件进行完善。

准备工作：

① 打开名为"文档.pptx"的文件。

② 检查幻灯片的大小是否满足要求，给定幻灯片的大小是 4∶3，若要改成宽屏 16∶9 或其他自定义大小，单击"设计"选项卡→"自定义"功能区→"幻灯片大小"按钮。

下面是详细的实验要求和实验步骤。

1. 基本要求

操作要求（1）：为演示文稿中所有幻灯片应用主题"活力"，并设置背景样式为"样式 3"。

操作步骤如下：

① 设置主题。单击"设计"选项卡→"主题"功能区→"活力"。所有幻灯片都会应用该主题。

注意：PowerPoint 2016 版本中没有主题"活力"，在 2010 版本中有。

解决方案如下：

方案 1：不设置主题，直接应用默认的"Office 主题"，后续通过修改字体、颜色、效果、背景样式，近似模仿"活力"主题。每套主题都有自己的字体、颜色、效果、背景样式。活力主题是粉色套装。（本实验采用方案 1）

方案 2：

第 1 步：找到一台装有 PowerPoint 2010 的计算机，新建一个文件，应用主题"活力"。

设置主题和背景样式

第 2 步：将新文件在装有 PowerPoint 2016 的本机上打开。单击"设计"选项卡→"主题"功能区右下角的下拉按钮，完全展开主题窗口，在窗口下方有 保存当前主题(S)... 命令，可自定义一个主题名。这样，自定义主题有"活力"主题中涉及的各种参数，可用于方案 1 中用 Office 主题模拟。

第 3 步：打开"文档.pptx"文件，在"设计"选项卡的"主题"功能区，可看到"活力"主题以自定义的新名字出现在主题窗口中。

方案 3：用现有的其他主题代替"活力"主题。

② 设置背景样式。单击"设计"选项卡→"变体"功能区右下角下拉按钮，在弹出的下拉列表中选择"背景样式"→"样式 3"。

"活力"主题的背景样式"样式 3"是灰黑色，默认的"Office 主题"背景样式的"样式 3"是灰蓝色或深蓝色，单击"设计"选项卡→"变体"功能区右下角的下拉按钮，在弹出的下拉列表中选择"颜色"，可在 Office 主题和 Office 2007-2010 主题及其他主题颜色之间切换。

操作要求（2）：为演示文稿中所有幻灯片设置背景样式：图片填充（提示：可在幻灯片母版中操作），所用图片为"校徽.png"，并根据图 3-52 所示数据设置图片的偏移量和透明度。

操作步骤如下：

① 单击"视图"选项卡→"母版视图"功能区→"幻灯片母版"按钮，进入"幻灯片母版"视图。

设置背景图片

② 单击第 1 张幻灯片（第 1 张幻灯片是主题母版幻灯片，比其他的大）。

③ 单击"幻灯片母版"选项卡→"背景"功能区→"背景样式"下拉按钮，选择"设置背景格式"命令，打开"设置背景格式"窗格，如图 3-52 所示。

④ 选中"图片或纹理填充"。

单击"文件"按钮，打开"插入图片"对话框，选择素材"校徽.png"。然后，设置图片的偏移量 10%和透明度 80%，如图 3-52 所示。

提示：在"设置背景格式"窗格中，每改变一项，变化自动应用到本主题的所有版式。选择不同的对象，窗格名字和内容就产生相应的变化，例如，选择一个形状，就变成了"设置形状格式"窗格。

背景图片和背景颜色只能二选一，当选择"用图片或纹理填充"设置背景时，"纯色填充"或"渐变填充"的颜色失效，

图 3-52 "设置背景格式"对话框

所以校徽图片做背景时，前面设置的"样式3"失效。

⑤ 单击"关闭母版视图"按钮，关闭"幻灯片母版"视图，观察"普通"视图中6张幻灯片的变化。

⑥ 在"设计"选项卡功能区最右侧也有"设置背景格式"按钮，不进入"幻灯片母版"视图，也能对背景图片进行设置。但是，必须在"设置背景格式"窗格中单击"全部应用"按钮。

操作要求（3）：在演示文稿的所有幻灯片上（页脚和页眉）插入自动更新的日期、插入幻灯片的编号，并设置页脚信息为"我爱理工"。格式统一设置为20磅、加粗、深红色、居中对齐。

操作步骤如下：

① 单击"视图"选项卡→"母版视图"功能区→"幻灯片母版"按钮，进入"幻灯片母版"视图后，窗口上方自动多出了一个"幻灯片母版"选项卡，其功能区有针对母版的命令按钮。这个选项卡出现在"开始"选项卡的左边。

② 选中第1张主题幻灯片母版，按住【Ctrl】键同时，单击底部"页脚"占位符、"编号"占位符、"日期"占位符（编号显示为#）。

③ 单击"开始"选项卡→"字体"功能区和"段落"功能区中相应的按钮，设置文本字号为20磅、加粗、深红、居中对齐，如图3-53所示。这时"幻灯片母版"视图中同一主题下所有版式的页脚都发生变化。

图3-53 格式设置

④ 单击"幻灯片母版"选项卡，再单击"关闭母版视图"按钮，回到"普通"视图，这时发现所有幻灯片页脚都没有显示，必须进行下一步才行。

⑤ 再次进入"幻灯片母版"视图，选择第1个主题幻灯片母版，单击"插入"选项卡→"文本"功能区→"页眉和页脚"按钮，打开"页眉和页脚"对话框，设置日期为自动更新，选中"幻灯片编号"复选框，设置页脚信息为"我爱理工"，单击"全部应用"按钮，如图3-54所示。

图3-54 "页眉页脚"对话框设置

⑥ 单击"幻灯片母版"选项卡，再单击"关闭母版视图"按钮，回到"普通"视图，这时发现所有幻灯片页脚都显示了。

⑦ 观察 6 张幻灯片中页脚部位，若哪张位置不合适，单击拖动调整一下，回到幻灯片母版中调整也可以。

2．高级要求

插入音频"梦中的婚礼"

操作要求（1）：在演示文稿中插入名为"梦中的婚礼.mp3"的音频文件，使其放映幻灯片时自动、连续播放直至放映结束，并设置音频图标在放映时不显示。

操作步骤如下：

① 在普通视图中，选中第 1 张幻灯片。单击"插入"选项卡→"媒体"功能区→"音频"下拉按钮，选择"PC 上的音频"命令，打开"插入音频"对话框，选择"梦中的婚礼.mp3"音频文件。在当前幻灯片中会出现音频图标。

② 选中新插入的音频图标，窗口上方多了一个对应的"音频工具"选项卡。单击其"播放"子选项卡，在"音频选项"功能区中设置参数，如图 3-55 所示。

图 3-55 音频工具设置

③（这一步可略过）上面的音频设置其实是设置了一个动画。选择幻灯片中的音频对象，再单击"动画"选项卡→"高级动画"功能区→"动画窗格"按钮，可显示刚才设置的动画对象，如图 3-56 所示。单击动画对象"梦中的婚礼"右侧的下拉按钮，选择"效果选项"命令，在"播放音频"对话框的"停止播放"选项中设置在 6 张幻灯片后（或默认），如图 3-57 所示。

图 3-56 动画窗格

图 3-57 "播放音频"对话框

操作要求（2）：修改第 2 张幻灯片的版式为"图片与标题"，并在图片占位符中插入名为"校门.png"的图片文件。

操作步骤如下：

① 选中第 2 张幻灯片。单击"开始"选项卡→"幻灯片"功能区→"版式"按钮，在下拉列表中选择"图片与标题"版式（或右侧幻灯片窗格中，右击第 2 张幻灯片，在弹出的快捷菜单中选择"版式"→"图片与标题"）。

② 单击图片占位符，插入图片文件"校门.png"。

③ 参考第 2 张幻灯片效果图 3-58，选中图片对象，用鼠标缩小到幻灯片左侧，单击"图片工具-格式"选项卡→"图片样式"功能区→"映像右透视"。

操作要求（3）：调整第 2 张幻灯片的标题和内容占位符的位置，设置标题文本的格式为幼圆、36 号、"粉红，强调文字颜色 1"、文字阴影。设置其余文本的格式为：幼圆、24 号或 20 号、加粗，并为相应的段落设置项目符号和文本级别，效果如图 3-58 所示。

图 3-58　第 2 张幻灯片效果图

提示：更改文本级别可通过"开始"选项卡→"段落"功能区中的提高或降低列表级别进行设置。

操作步骤如下：

① 检查发现，Office 主题下，所有幻灯片标题文本格式都是宋体、44 号（第 2 张幻灯片标题为 20 号，内容为 8 号）、白色、无文字效果，与操作要求不符。因为只有 6 张幻灯片，所以先设置好第 2 张幻灯片文本格式，然后用格式刷去扫其他幻灯片。若幻灯片多，可以进入"幻灯片母版"视图设置文本格式。

② 定位到第 2 张幻灯片。选中标题占位符（注意，若出现竖线光标，是"编辑"状态不是"选中"状态，要么选择所有标题文本，要么在标题占位符边框上单击）。

③ 单击"开始"选项卡→"字体"功能区，设置标题文本为幼圆、36 号、文字阴影。单击字体颜色按钮的下拉按钮，鼠标在颜色块上浮动一会，就有颜色名称提示，"Office 主题"中没有"粉红，强调文字颜色 1"这种颜色，到"绘图工具-格式"选项卡修改一下"文本填充"和"文本轮廓"，模拟这种颜色，如图 3-59 所示。

④ 单击"绘图工具-格式"选项卡→"艺术字样式"功能区→"文本填充"下拉按钮，选择"其他填充颜色"命令，将颜色自定义为红、绿、蓝为 255、56、140，如图 3-60 所示。

⑤ 同理设置"文本轮廓"。自定义红、绿、蓝为 175、35、94，如图 3-61 所示。

以上文本填充和文本轮廓颜色是从设置了"活力"的文件中颜色参数获得的，近似模拟即可，参数不必完全一致。

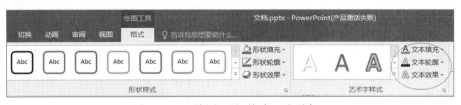

图 3-59 "绘图工具-格式"选项卡

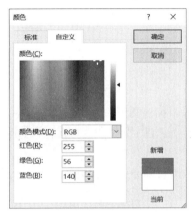

图 3-60 文本填充颜色

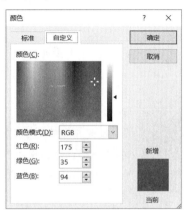

图 3-61 文本轮廓颜色

⑥ 双击"开始"选项卡→"剪贴板"功能区→"格式刷"按钮，去扫所有幻灯片的标题文字，使其与第 2 张幻灯片相同。第 6 张幻灯片还没有标题文字，用格式刷扫其"标题占位符"。做完之后再单击一次"格式刷"按钮，使格式刷恢复为原始状态。

⑦ 修改第 1 张幻灯片标题字体为 44 号，标题幻灯片的标题字体应该比其他幻灯片标题字体大。

⑧ 再次定位到第 2 张幻灯片。参考图 3-58 所示效果图，拖动标题和正文内容对象到相应位置，并放大正文对象尺寸。

注意：放大缩小内容占位符可能改变项目文本的字号大小，占位符太小也可能使字号设置达不到要求，所以先放大到差不多的尺寸，再改字号。

⑨ 按住【Ctrl】键，同时选中文本"办学历史"和"办学条件"，设置字体为幼圆、24 号、加粗、黑色。单击"开始"选项卡→"段落"功能区→"项目符号"下拉按钮，打开"项目符号和编号"对话框，设置相关选项，如图 3-62 所示。项目符号选择"带填充效果的大方形项目符号"，颜色如图 3-60 所示。

⑩ 同时选中其余项目文本。与上一步相同，项目符号选择"箭头项目符号"，颜色如图 3-60 所示。然后单击"提高列表级别"按钮；最后设字体为幼圆、20 号、加粗、黑色。

操作要求（4）：在第 3 张幻灯片中插入 SmartArt 图形，类别选择"列表"中的"垂直曲形列表"（SmartArt 列表窗口内倒数第 2 行第 3 列的图标），分别在列表中输入校训：明德达理、笃学精工，样式如图 3-63 所示。

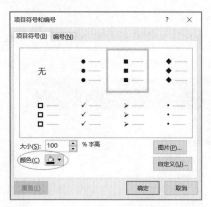

图 3-62 "项目符号和编号"设置

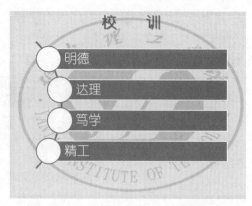

图 3-63 第 3 张幻灯片效果图

● 视 频

插入 SmartArt
图形校训

操作步骤如下：

① 选中第 3 张幻灯片。单击"插入"选项卡→"插图"功能区→SmartArt 按钮，在打开的"选择 SmartArt 图形"对话框中选择"列表"类别，选择"垂直曲形列表 "，单击"确定"按钮即可插入图形。选中新插入的对象，在其"文本窗格"中输入"明德、达理、笃学、精工"4 个文本标题，如图 3-64 所示，不要直接在文本框形状中输入。

② 默认颜色与标题不一致，需改变各对象"形状填充"或"形状轮廓"颜色。

按住【Ctrl】键，同时选中图形对象中 4 个文本框。单击"SmartArt 工具-格式"选项卡→"形状填充"下拉按钮，颜色选择。再单击"开始"选项卡，字体改成幼圆。

同时选中 4 个圆形，单击"形状轮廓"下拉按钮，颜色设置如图 3-60 所示。

选中弧形线（必须先关闭"文本窗格"，否则选不中弧线），设置"形状轮廓"颜色为 。

操作要求（5）：在第 4 张幻灯片中插入 SmartArt 图形，类别选择"层次结构"中的"圆形图片层次结构"（"层次结构"内第 1 行第 4 列），在其中输入图 3-65 所示的各机构名称，并设置文字格式为黑色、加粗。

图 3-64 文本窗格

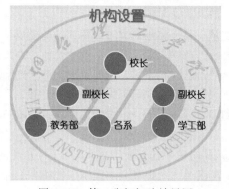

图 3-65 第 4 张幻灯片效果图

操作步骤如下：

① 选中第 4 张幻灯片。参考上一个操作要求，单击 SmartArt 按钮，在打开的"选择 SmartArt 图形"对话框中选择"层次结构"类别，选择"圆形图片层次结构"。

② 选中新插入的对象,单击"SmartArt 工具-设计"选项卡→"创建图形"功能区→"文本窗格"按钮,在"文本窗格"中输入各机构名称,输入时必须要同时对照图形中的文本框对象,见图 3-65。

③ 按住【Ctrl】键,同时选中所有圆形,设置"形状填充"颜色,如图 3-60 所示。之后再选中所有线条,设置"形状轮廓"颜色如图 3-60 所示。

④ 若不模拟"活力"主题的粉色背景颜色,可以把圆形对象背景颜色换成图片,单击任意一个圆形对象,再单击"文本窗格"中的 按钮,插入相应图片(需要提前准备图片素材,题目中未要求)。

插入 SmartArt 图形-机构设置

⑤ 同时选中所有文本框。在"开始"选项卡中设置文字为幼圆、24 号、黑色、加粗。

操作要求(6):在第 5 张幻灯片中,为展示"文道芳柳"景观的图片设置"进入"中的"翻转式由远及近"动画效果,其他 3 张图片依次设置动画效果为"形状""轮子""楔入",动画开始方式均为"上一动画之后"。

操作步骤如下:

① 选中第 5 张幻灯片。该幻灯片中有 4 张图片,选中最底层的图片"文道芳柳",单击"动画"选项卡→"高级动画"功能区→"添加动画"按钮,在"进入"效果中选择"翻转式由远及近"。

② 其他 3 张图片,从下层到上层,依次设置动画效果为"形状""轮子""楔入"。若找不到某个效果,可单击"添加动画"按钮,在弹出的下拉列表中,选择"更多进入效果"命令。

第5张幻灯片动画效果

③ 单击"动画"选项卡→"高级动画"功能区→"动画窗格"按钮,可显示所有动画对象,单击第一个动画对象("文道芳柳"),在"计时"组中设置 。然后,依次对其他动画对象也设置"上一动画之后"。

④ 在"动画窗格"中,设置"持续时间相同"把鼠标放到绿色长方形右边沿,形状变成水平黑色双向箭头时,拖动鼠标,直到长方形一样长度,就是持续时间相同。

操作要求(7):为第 1 张幻灯片设置切换效果为闪耀,声音为鼓掌。分别为第 2~6 张幻灯片设置效果为"涟漪""蜂巢""立方体""门""涡流"。

操作步骤如下:

① 选中第 1 张幻灯片。单击"切换"选项卡,在"切换到此幻灯片"功能区中选择切换效果"闪耀"。在"计时"功能区中设置 。

② 同样方式,分别为第 2~6 张幻灯片,设置切换效果为"涟漪""蜂巢""立方体""门""涡流"。

③ 放映幻灯片,观看效果。

所有幻灯片切换效果

操作要求(8):在第 6 张幻灯片中插入艺术字"仰望星空,祝福理工!",艺术字样式选择"填充-粉红,强调文字颜色 1,塑料棱台,映像"。然后,为其选择形状样式为"强烈效果-粉红,强调颜色 1",形状效果为"预设"中的"预设 7"以及"发光"中的"粉红,18pt 发光,强调文字颜色 2"。

操作步骤如下:

在 2010 版本"活力"主题下才能直接达到题目要求的艺术字样式、形状样式和形状发光效果,在 PowerPoint 2016 版本中没有"活力"主题,本题目依然用"Office 主题"模拟"活力"主题。

添加矩形模拟这种效果的艺术字。效果如图 3-66 所示。

图 3-66　艺术字效果图

① 在第 6 张幻灯片中，单击"插入"选项卡→"插图"功能区→"形状"按钮，在下拉列表中选择"矩形"对象，拖动鼠标，产生一个矩形对象，右击，在弹出的快捷菜单中选择"编辑文字"命令，添加文字"仰望星空，祝福理工！"。宽高自定义，一直保持选中矩形状态。

② 观察"设置形状格式"窗格和"绘图工具-格式"选项卡，了解其内容。

第 1 步：右击矩形对象，在弹出的快捷菜单中选择"设置形状格式"命令，打开"设置形状格式"窗格，注意一定要保持矩形是选中状态，若不小心单击了幻灯片其他地方，"设置形状格式"窗格就变成了设置其他对象的形状格式或设置背景格式。整个艺术字由外部的矩形（形状）和内部的文字两部分构成，可以通过"设置形状格式"窗格的"形状选项"和"文本选项"设置矩形和文字。

● 视　频

艺术字上-艺术字样式

第 2 步：也可以通过"绘图工具-格式"选项卡中的"形状填充""形状轮廓""形状效果""文本填充""文本轮廓""文本效果" 6 个按钮设置形状和文本的填充、轮廓和效果。

③ 艺术字样式设置为"填充-粉红，强调文字颜色 1，塑料棱台，映像"，这是关于文字的设置，需要"设置形状格式"窗格的"文本选项"。

第 1 步：在"开始"选项卡设置文字格式为幼圆、54 号、粗体、阴影、居中对齐。

第 2 步：在"设置形状格式"窗格单击"文本选项"，单击"文本填充与轮廓"按钮，选择"文本填充"中的"纯色填充"；单击"填充颜色"按钮，选择"其他颜色"命令，自定义颜色红、绿、蓝为 255、56、140。（这就是"粉红，强调文字颜色 1"，参见图 3-60）。再单击"文本边框"，选择"无线条"单选按钮，如图 3-67 所示。

第 3 步：单击"文本选项"，单击"文本效果"按钮，再单击"阴影"按钮，对应颜色单击　按钮，定义红、绿、蓝分别为 255、26、135，文本阴影其他参数，如图 3-68 所示。

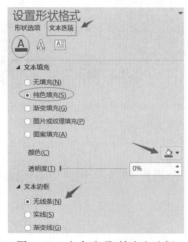

图 3-67　文本选项-填充和边框

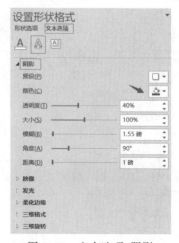

图 3-68　文本选项-阴影

第 4 步：单击"文本选项"，单击"文字效果"按钮，再单击"映像"，参数设置如图 3-69 所示，其他默认。

第 5 步：单击"文本选项"，单击"文字效果"按钮，再单击"三维格式"。顶部棱台选择"角度"，曲面图颜色定义红、绿、蓝分别为 255、56、140（"粉红，强调文字颜色 1"，参见图 3-60），材料设置为塑料效果，光源设置为"明亮的房间"。参数设置如图 3-70 所示。

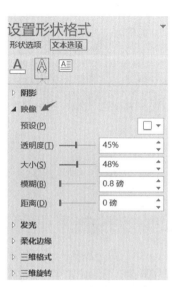

图 3-69　文本选项-映像

图 3-70　文本选项-三维格式

第 6 步：单击"文本选项"，单击"文本框"按钮，垂直对齐方式设置为"顶端对齐"，选中"根据文字调整形状大小"单选按钮，其他可默认，如图 3-71 所示。

第 7 步：单击"绘图工具-格式"选项卡，将"形状样式"功能区中的"形状填充""形状轮廓"分别设置为无填充、无轮廓。

④ 形状样式设置为"强烈效果-粉红，强调颜色 1"。

第 1 步：单击"绘图工具-格式"选项卡→"形状样式"功能区，发现不存在这种预设好的形状样式，需要"设置形状格式"窗格的"形状选项"。

视频

艺术字下形状样式和形状效果

第 2 步：单击"形状选项"，单击"填充与线条"按钮，再单击"填充"，选择"渐变填充"，"预设渐变"采用默认设置。先设置角度为 0°，再设置类型为"射线"，方向设置为"从中心"（鼠标停一会，有提示）。渐变光圈设置 3 个色标，单击按钮添加色标，单击按钮删除色标，拖动可改变色标位置。单击第 1 个色标设置颜色，将红、绿、蓝分别设置为 255、150、186；位置设置为 0%；亮度和透明度默认 0%。单击第 2 个色标设置颜色，将红、绿、蓝分别设置为 255、74、149；位置设置为 46%；亮度和透明度默认 0%。单击第 3 个色标设置颜色，将红、绿、蓝分别设置为 210、10、85；位置设置为 100%；亮度和透明度默认 0%。设置形状填充参见图 3-72。

第 3 步：单击"形状选项"，单击"效果"按钮，再单击"阴影"。"预设"采用默认设置；"颜色"设置为黑色；透明度设置为 40%；大小设置为 100%；模糊设置为 4 磅；角度设置为 245°；

距离设置为 3 磅,如图 3-73 所示。

第 4 步:单击"形状选项",单击"效果"按钮,再单击"三维格式"。顶部棱台设置为"松散嵌入",宽度设置为 10 磅,高度设置为 3 磅;底部棱台设置为"无"。曲面图颜色:红、绿、蓝分别设置为 255、56、140("粉红,强调文字颜色 1"),大小设置为 0 磅,材料设置为"塑料效果",光源设置为"明亮的房间",参见图 3-74。

⑤ 形状效果设置为"预设"中的"预设 7"。

图 3-71 文本选项-文本框

图 3-72 形状选项-填充

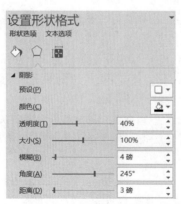

图 3-73 形状选项-阴影

图 3-74 形状选项-三维格式

第 1 步：单击"绘图工具-格式"选项卡→"形状样式"功能区→"形状效果"按钮，在弹出的下拉列表中选择"预设"→"预设 7"。

第 2 步：仔细观察形状选项的各种设置，发现设置"预设 7"之后，先前设置的"形状选项"中的"三维格式"参数发生了改变。顶部棱台为"艺术装饰"，宽度为 10 磅，高度为 6 磅；曲面图颜色成了黑色；材料为："柔边缘"；光源为："发光"，角度为 235°。

⑥ 形状效果"发光"中的"粉红，18pt 发光，强调文字颜色 2"。

第 1 步：单击"绘图工具-格式"选项卡→"形状效果"按钮，在弹出的下拉列表中选择"发光"，发现"发光"的预设选项中没有要求的效果。在"发光变体"中选择任意一个有"18pt 发光"的预设效果。

第 2 步：选择右侧"设置形状格式"窗格，单击"形状选项"，单击"效果"按钮，再单击"发光"。重新设置发光颜色：红、绿、蓝分别设置为 255、0、70，如图 3-75 所示。

操作要求（9）：在第 6 张幻灯片中插入"开始"动作按钮（第 3 个），并设置其超链接到第 1 张幻灯片，形状效果为"预设 4"。

操作步骤如下：

① 选中第 6 张幻灯片，单击空白处。

② 单击"插入"选项卡→"插图"功能区→"形状"按钮，单击"动作按钮"选项中的（第 3 个按钮）。

③ 在幻灯片中拖动产生按钮对象，同时在打开的对话框中设置超链接到第 1 张幻灯片。

④ 选中此按钮。单击"绘图工具-格式"选项卡→"形状样式"功能区→"形状效果"按钮，选择："预设"中的"预设 4"，如图 3-76 所示。

图 3-75　形状选项-发光

图 3-76　形状效果-预设 4

⑤ 选中按钮对象，设置形状填充为纯色，颜色参数将红、绿、蓝分别设置为 255、56、140，得到粉色的按钮。

填充方式 1：单击"绘图工具-格式"选项卡→"形状样式"功能区→"形状填充"按钮。

填充方式 2：在"设置形状格式"窗格中，单击"形状选项"，选中"纯色填充"单选按钮，单击"填充颜色"按钮设置颜色。

本节所有操作完成后，单击"视图"选项卡中"幻灯片浏览"按钮，可看到整个演示文稿的效果。

插入开始动作按钮

第 4 章　Access 2016 数据库基础

本章学习和操作 Access 2016 数据库管理系统，以学生成绩管理数据库为例，学习内容包含表、查询、窗体和报表。

4.1　Access 简介与基本操作

4.1.1　Access 2016 简介

Access 2016 是 Microsoft Office 2016 办公系列软件的一个重要组成部分。

1．Access 2016 集成环境介绍

双击已有的数据库文件或新建"空白桌面数据库"，即可进入工作界面，如图 4-1 所示。

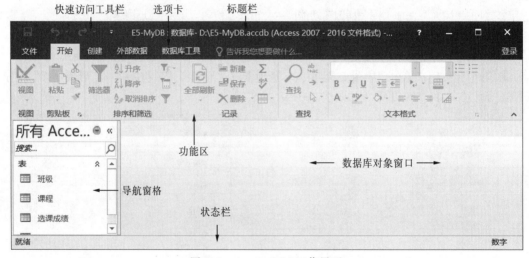

图 4-1　Access 2016 工作界面

①　标题栏：位于窗口的最上端中心，显示数据库文件名。右侧有 3 个小图标，分别是窗口最小化、最大化（还原）和关闭数据库的按钮。

②　快速访问工具栏：默认位于窗口左上角，是一个可自定义的工具栏。

③　选项卡：包括"文件""开始""创建""外部数据""数据库工具"等主选项卡。每个选项卡都有对应的功能区，帮助用户快速找到完成某一任务所需的命令。除了主选项卡外，某些选项卡只有在需要时才显示。

④　"导航窗格"：位于窗口左侧，显示数据库中的所有对象列表，包含表、查询、窗体、报表和宏等。

⑤　"数据库对象窗口"：打开的各对象的主要工作区，位于整个窗口的中心区。

⑥　"状态栏"：位于窗口的底部，可以查找状态信息、属性提示、进度指示以及操作提示等。

2．Access 2016 主选项卡介绍

Access 2016 有几个默认的主选项卡（"文件"就不介绍了），下面分别对其进行介绍。

（1）"开始"选项卡及其功能区

"开始"选项卡包括视图、剪贴板、排序和筛选、记录、查找、文本格式功能区，如图 4-2 所示。这些功能区在打开表、查询、窗体、报表、宏等对象后使用，是各个对象切换不同视图、文本及数字输入、编辑、排序和筛选等所需要的工具。

图 4-2 "开始"选项卡及功能区

（2）"创建"选项卡及其功能区

"创建"选项卡包括模板、表格、查询、窗体、报表、宏与代码 6 个功能区，如图 4-3 所示。其主要功能是完成 6 个对象（表、查询、窗体、报表、宏、VBA 模块）的创建与编辑。

图 4-3 "创建"选项卡及功能区

（3）"外部数据"选项卡及其功能区

"外部数据"选项卡包括导入并链接、导出 2 个功能区，如图 4-4 所示。其主要功能是将数据库之外的文档导入本数据库中或将本数据库的对象导出到外部。

图 4-4 "外部数据"选项卡及功能区

（4）"数据库工具"选项卡及其功能区

"数据库工具"选项卡包括工具、宏、关系、分析、移动数据、加载项 6 个选项卡，如图 4-5 所示。其主要功能是压缩和修复数据库、创建编辑宏对象、创建和编辑 VBA 代码块、创建和编辑表间关系。

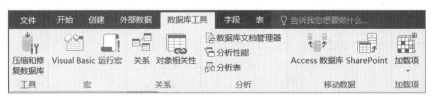

图 4-5 "数据库工具"选项卡及功能区

4.1.2 Access 2016 基本操作

1. 创建空白桌面数据库

选择"开始"→"Access 2016"命令，单击"空白桌面数据库"，打开"空白桌面数据库"对话框，如图 4-6 所示。设置相应的数据库名称和存放位置。单击对话框中的"创建"按钮，即可创建扩展名为 accdb 的数据库文件。

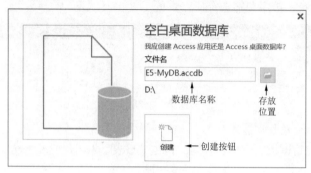

图 4-6 创建数据库对话框

创建成功后，数据库左侧的导航窗格中显示默认创建的"表1"。窗口上方标题栏会显示数据库文件名。

2. 打开数据库

启动 Access 2016 后，选择"文件"→"打开"命令，单击"浏览"按钮，打开"打开"对话框，选择需要打开的数据库文件，单击"打开"按钮，数据库文件将被打开。

3. 关闭数据库

选择"文件"→"关闭"命令，可以关闭当前打开的数据库，但是并不关闭 Access 程序。也可以单击数据库窗口右上角的 ⊠ 按钮，关闭数据库并退出 Access。

4.2 表的创建及基本操作实验

4.2.1 实验目的

① 熟练掌握表的创建方法。
② 掌握表属性的设置。
③ 掌握建立索引的方法。
④ 掌握创建表之间关系的方法。
⑤ 掌握记录的基本操作。

4.2.2 实验内容

本实验完成一个学生数据库，包括对应的"班级""学生""课程""选课成绩"4 张表的创建。这个数据库应保存好，以便后续几个实验使用。4 个表完成之后的导航窗格如图 4-7 所示。创建空白数据库的过程参见 4.1.2 节。

表的设计和数据添加要在数据表视图和设计视图 2 个视图下完成：首先进入设计视图完成表的结构设计，然后进入数据

图 4-7 数据表完成后的导航窗格

表视图添加表的各行数据。表是由行和列构成的二维结构,在数据库中,列通常叫作字段(Field),行叫作记录(Record),所以这样的结构也叫作记录集(RecordSet)。设计视图中就是对表的字段名、字段类型及其他属性的设计。数据表视图用于对记录的添加、修改等进行操作。

1. 设计表结构

(1)进入设计视图

数据库文件打开时,默认是数据表视图,而不是设计视图。要进入设计视图,有以下几种方式(见图4-8)。

① 右击左侧导航窗格中任意一个表的名字,在弹出的快捷菜单中选择"设计视图"命令。
② 右击整个窗口中心区域打开的工作表名,在弹出的快捷菜单中选择"设计视图"命令。
③ 单击整个窗口上方的"创建"选项卡,在"表格"功能区单击"表设计"按钮。
④ 在已经打开任意一个数据表的情况下,单击"开始"选项卡最左侧的"视图"下拉按钮,从下拉列表中选择"设计视图"命令。

图4-8 进入"设计视图"方式

除了"创建"选项卡只能先进入设计视图,其他几种方式也能直接进入数据表视图,用户可以根据需要在设计视图和数据表视图之间切换。

(2)"班级"表的设计

① "班级"表的结构如表4-1所示。

表4-1 "班级"表的结构

字段名称	数据类型	字段大小	索引类型	其他
班级ID	短文本	2	主索引(主键自动设置)	主键(Primary Key)
班级名称	短文本	10		字段不能为空

② 图4-8中的"班级"表就是在已设计完成表结构后,切换到数据表视图下并成功添加了3条记录后的最终结果。

③ 图4-9所示为初识表设计视图。

④ 图4-10所示为"班级"表完成后的设计视图及设计完成过程。

⑤ 详细设计步骤参照表4-1、图4-9、图4-10。

添加"班级ID"字段:

第1步,在"字段名称"下方空白单元格单击,输入文字"班级ID"。

设计班级表

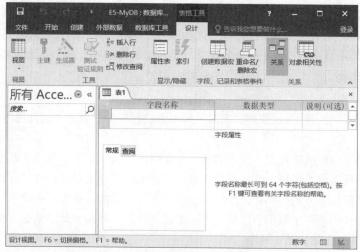

图 4-9 初始表设计视图

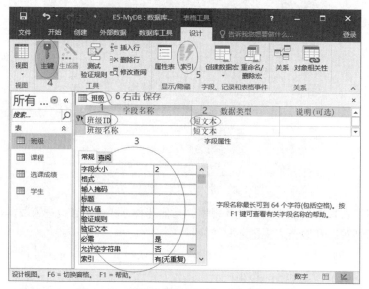

图 4-10 班级表设计视图窗口及完成步骤

第 2 步，在"数据类型"下方空白单元格单击，在出现的下拉列表中选择"短文本"类型，短文本类型在 Access 2010 版本中是"文本"类型，在别的地方也称为字符串类型，就是"多字符"的意思。2010 版本中数据类型"备注"，在 2016 版本中换成"长文本"。短文本或文本类型最大可达到 255 个字符，超过就只能换成长文本（备注）类型。

第 3 步，在"常规"选项卡中，"字段大小"默认为 255 个字符，改成 2（表示班级 ID 允许 2 个字符）。

第 4 步，设置主键。单击字段名称"班级 ID"，单击窗口上方"表格工具-设计"选项卡→"视图"功能区→"主键"按钮。

第 5 步，其他常规选项和索引设置。

创建主键后，下方"常规"选项卡中，"必需"自动变为"是"。若没有自动变，可以默认或选择"是"，因为设置主键后已经保证了本字段不能为空，所以"必需"可以不设置。

创建主键后,"索引"自动变为"有(无重复)",后续切换到数据表视图下添加记录时,要求主键所在字段数据不能重复,否则出错。创建主键就自动创建了主索引。

其他"常规"选项设置:"允许空字符串",可以默认,选择"是"或"否"都可以,若选择"否",后续切换到数据表视图中添加数据时本字段不允许为空字符串。"空字符串"和"空"不一样,"空"是"必需"选项为"否",它们表面都是空的,实际内部保存不一样。只有字段类型为短文本或长文本才有"空字符串"选项。无论题目要求允许或不允许"空"或"空字符串",常规选项卡中,"必需"选项为"否"、"允许空字符串"选项为"是",或者"必需"选项为"是"、"允许空字符串"为"否"都是可以的。前者表示后续在数据表视图中添加数据时,由用户确保数据不出错;后者表示后续在数据表视图中添加数据时,若数据记录出现错误,程序会弹出各种错误提示窗口,改正错误后,才能继续操作。

班级 ID 字段"常规"选项卡结果参见图 4-11,"必需"和"允许空字符串"可以与图 4-11 不一致。以后类似问题可以参见这部分说明。

第 6 步,检查或修改索引。在"常规"选项卡下,"索引"选项若为"有(有重复)"和"有(无重复)",则已经设置了索引。假如一个字段的索引被设置为有,当数据量相当大时,会显著加快查询(搜索)的速度。单击"显示/隐藏"功能区中的"索引"按钮,可以进入"索引"窗口查看主索引(见图 4-12)。主索引名称默认为 PrimaryKey。可单击索引名或索引属性进行修改,也可在每行开头右击删除索引。若一个字段的索引属性设置为"有(有重复)"(也称普通索引或非唯一索引),在后续切换到数据表视图下添加记录时,本字段数据可重复。若一个字段的索引属性设置为"有(无重复)"(也称唯一索引),在后续切换到数据表视图下添加记录时,本字段数据不可重复,若重复则出错。主索引也是唯一索引。

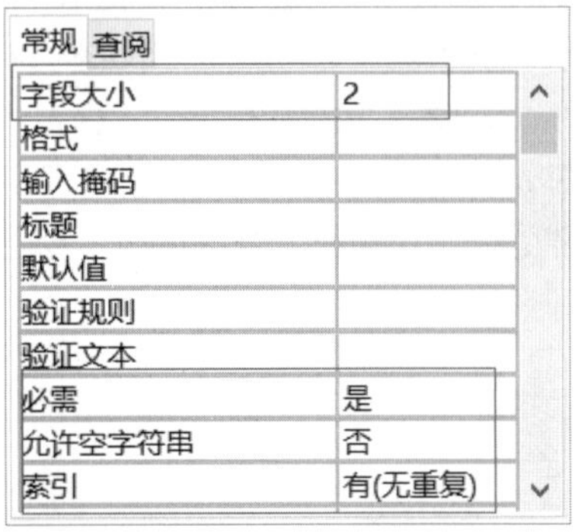

图 4-11　班级 ID 字段"常规"选项卡 　　图 4-12　索引窗口

参照上面的步骤添加"班级名称"字段:字段名称为"班级名称";数据类型下拉列表中选择"短文本"类型;"常规"选项卡中,"字段大小"输入 10(表示班级名称允许 10 个字符)。

"必需"选择"是","允许空字符串"选择"否",这两项也可以默认。其他默认。

⑥ 设置完毕后单击快速访问工具栏中的"保存"按钮或右击表名选择"保存"命令。表名称设置为"班级"。在设计视图下设置的各项要求越多,后续转换到数据表视图进行记录添加等操作时出错的概率越大。

(3)"学生"表的设计

学生表的结构要求如表 4-2 所示。

视 频

设计学生表

表 4-2　"学生"表结构

字 段 名 称	数 据 类 型	字 段 大 小	索 引 类 型	其　　他
学生编号	短文本	8	主索引（主键自动设置）	主键（Primary Key），字段不能为空
姓名	短文本	10	索引"有（有重复）"	字段不能为空
性别	短文本	1		默认值："男"
出生日期	日期/时间			格式：短日期
入学成绩	数字	单精度		格式：固定；小数位数：1 位
班级 ID	短文本	2	索引"有（有重复）"	外键：字段不能为空
团员否	是/否			
籍贯	短文本	20		
简历	长文本			
照片	OLE 对象			

"学生"表设计步骤参见"班级"表设计，关键步骤说明如下：

① 主索引不用设置，创建主键后自动设置主索引（主索引和后续的索引设置参见图 4-11 和图 4-12，以及添加"班级 ID"字段步骤中第 5 步和第 6 步）。

② "姓名"字段建立一个非唯一索引（学生姓名可重复，所以本字段数据非唯一）。

"常规"选项卡的"索引"选项中，选择"有（有重复）"。

"班级 ID"字段也建立一个非唯一索引（同一班级班号相同，所以本字段数据非唯一），建立方式同"姓名"字段。

单击"显示/隐藏"功能区中的"索引"按钮，可查看学生表中已经设置的索引（见图 4-13），若索引设置有错误，可在索引窗口中修改。索引"姓名"和"班级 ID"的"唯一索引"属性却选择"否"。

③ "入学成绩"字段，"常规"选项卡如图 4-14 所示。入学成绩应该是小数，保留小数点 1 位，小数数据的类型也通称为实型，在 Access 2016 中细分为单精度、双精度和小数类型。单精度和双精度属于浮点型，而小数类型是定点型。浮点就是小数点浮动的意思，在计算机内部用二进制科学计数法方式保存。

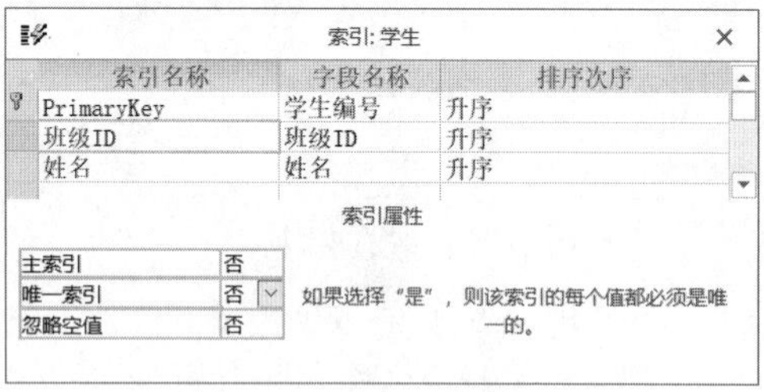

图 4-13　"学生"表 索引 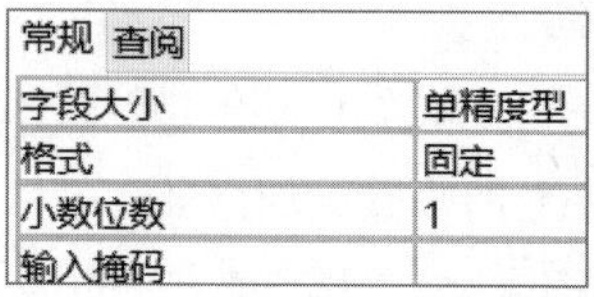　　　　图 4-14　"入学成绩"字段常规选项卡

④ 外键不用设置，后续建立表之间关系时自动设置。（参见后续部分：建立表之间关系中图 4-22 相关说明）。

⑤ "性别"字段，默认值："男"。

在"常规"选项卡中，"默认"选项输入文字"男"时，必须用英文双引号夹起来。短文本和长文本类型都是字符串，字符串常数要求带双引号。

（4）"课程"表的设计

"课程"表的结构要求如表 4-3 所示。设计步骤参见"班级"表和"学生"表。

视　频

设计课程表

表 4-3 "课程"表的结构

字 段 名 称	数据类型	字 段 大 小	索 引 类 型	其 他
课程编号	短文本	2	主索引（主键自动设置）	主键（Primary Key），字段不能为空
课程名称	短文本	20		
课程类别	短文本	10		
学分	数字	单精度		格式：固定；小数位数：1 位

（5）"选课成绩"表的设计

"选课成绩"表的结构如表 4-4 所示。设计步骤参见"班级"表和"学生"表。

表 4-4 "选课成绩"表的结构

字 段 名 称	数据类型	字 段 大 小	索 引 类 型	其 他
ID	自动编号	长整型	主索引（主键自动设置）	主键（Primary Key）
学生编号	短文本	10	• 本字段索引"有（有重复）" • 学生编号字段联合课程编号字段设置唯一索引	外键，字段不能为空
课程编号	短文本	2	本字段索引"有（有重复）"	外键；字段不能为空
期末成绩	数字	整型		小数位数：0
平时成绩	数字	整型		小数位数：0

选课成绩表中，"学生编号"字段和"课程编号"字段索引设置步骤说明：

"学生编号"字段和"课程编号"字段，任何一个单独的字段，数据都是可重复的，但是 2 个字段联合在一起，唯一确定一门课程，因此联合数据不能重复，必须设置多字段联合的索引，且索引类型为"唯一索引"。具体步骤如下：

① 分别设置"学生编号"和"课程编号"字段的"常规"选项卡，"索引"选项设为"有（有重复）"。

② 单击"显示/隐藏"功能区中的"索引"按钮，此时"选课成绩"索引窗口如图 4-15 所示，分别单击索引名称"课程编号"和"学生编号"，它们的唯一索引属性都是"否"，即单个字段数据可重复（非唯一索引）。

视 频

设计选课成绩表

③ 在图 4-15 所示的索引窗口中添加第 3 个索引，基于"学生编号"和"课程编号"两个字段建立一个唯一索引（多字段联合索引）。操作步骤如下：

第 1 步：直接在索引名称和字段名称列的对应空白行单击，重复添加一个学生编号索引和课程编号索引，目的是将它们修改为多字段联合索引，多字段联合索引必须在索引窗口中是相邻行，不能隔行，若不相邻，请在相应行的最左侧（索引名称左侧的灰色地带）右击，选择"插入行"或"删除行"命令。窗口中后添加的课程编号和学生编号 2 行就紧挨在一起。删除下方行的索引名称，上方行的索引名称就自动成为联合索引的名称。

第 2 步：单击 2 字段联合索引名称"课程编号"，将其改为"学生编号与课程编号"。

第 3 步："唯一索引"框中选择"是"，这样，"选课成绩"表中 3 个索引就完成了，结果如图 4-16 所示。

图 4-15 "选课成绩"——已设置 2 个索引

图 4-16 "选课成绩"——完成 3 个索引

2. 建立表之间的关系

在"班级"表、"学生"表、"课程"表和"选课成绩"表之间分别建立关系。具体步骤如下：

① 关闭所有已经打开的表（无论什么视图），如图 4-17 所示，无论关系的创建和后续的编辑、删除，都要关闭相应的表，否则一定出错。这一步非常重要。

② 单击"数据库工具"选项卡→"关系"功能区→"关系"按钮，打开"显示表"对话框，分别如图 4-18，图 4-19 所示。

视频
建立表间关系

图 4-17 关闭打开的表

图 4-18 创建表间关系

图 4-19 "显示表"对话框

③ 在"显示表"对话框中，双击需要的表名（或单击选择表名，再单击底部的"添加"按钮）。"班级""课程""选课成绩""学生"几个表都添加完毕，单击"关闭"按钮，则 4 个表分别添加到"关系"窗口，初始的关系窗口如图 4-20 所示。

图 4-20 "关系"窗口初始状态

④ 对照图4-20和图4-21，拖动各表到合适的位置。学生表和课程表位置有变化；位置合适有助于更清晰明了地表达关系。

⑤ 建立"班级"表和"学生"表的关系（产生图4-21中的关系线条）。

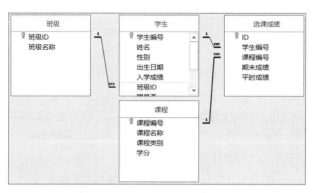

图4-21 "关系"窗口最终状态

找到"班级"表中的"班级ID"字段，按住鼠标左键不放，拖到"学生"表中的"班级ID"字段上，松开鼠标，打开如图4-22所示的"编辑关系"对话框。勾选"实施参照完整性""级联更新相关字段""级联删除相关记录"3个复选框，然后单击"确定"按钮（建议3个复选框都勾选）。

勾选"实施参照完整性"后，"学生"表的"班级ID"字段的值受"班级"表的"班级ID"字段约束，所以拖动方向一定不能错误，"班级"表的"班级ID"是起始拖动位置，"学生"表的"班级ID"是拖动的终止位置，对话框中显示"班级"表的"班级ID"在左侧，顺序不能反。这就是外键，即"学生"表的"班级ID"是外键（参见表4-2"学生"表结构中关键字"外键"）。

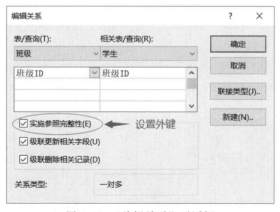

图4-22 "编辑关系"对话框

关系建立成功，产生如图4-20所示的关系线条，线条上有1和∞符号，表示一对多关系。

⑥ 建立"学生"表和"选课成绩"表的关系。找到"学生"表中的"学生编号"字段，按住鼠标左键不放，拖到"选课成绩"表中的"学生编号"字段上，其余设置同步骤⑤。

⑦ 建立"课程"表和"选课成绩"表的关系。找到"课程"表中的"课程编号"字段，按住鼠标左键不放，拖到"选课成绩"表中的"课程编号"字段上，其余设置同步骤⑤。

⑧ 调整各表到合适位置。在连线上右击可选择"编辑关系"或"删除关系"。

最后，保存并关闭"关系"窗口。

3. 添加、编辑记录

分别对"班级"表、"学生"表、"课程"表和"选课成绩"表进行添加记录、编辑记录和删除记录的操作。记录操作必须进入对应表的"数据表视图",添加记录就是在数据表视图下添加表行,一行数据就是一个记录,表也称为记录集。

(1)进入数据表视图

在导航窗格中,双击"班级"表,进入"班级"表的数据表视图。也可以参见前面设计表结构部分中进入设计视图的方式,进入数据表视图。

(2)对班级表添加记录

班级表添加记录

参照表 4-5 和前面的图 4-8,在"班级"表数据视图中,单击每行的空白单元格,将 3 条记录添加到班级表中。注意"班级 ID"是主键,数据不能重复、不能为空,否则会提示错误。

表 4-5 "班级"表数据

班 级 ID	班 级 名 称
01	国际贸易
02	经济管理
03	会计

学生表添加记录

(3)对其他表添加记录

参照上面"步骤(2)对班级表添加记录",依次向"学生"表中输入表 4-6 中的数据;向"课程"表中输入表 4-7 中的数据;向"选课成绩"表中输入表 4-8 中的数据。

表 4-6 "学生"表数据

学生编号	姓名	性别	出生日期	入学成绩	班级 ID	团员否	籍贯	简历	照片
20120164	孙雅莉	女	1988-1-30	79	01	是	山东	略	位图图像
20120165	李先志	男	1991-2-14	88	01	否	辽宁	略	位图图像
20120201	王小雅	女	1989-10-31	89.7	02	是	山东	略	位图图像
20120202	曹海涛	男	1990-12-1	78	02	否	北京	略	位图图像
20120306	张大虎	男	1991-3-23	91.8	03	是	江苏	略	位图图像

课程表添加记录

表 4-7 "课程"表数据

课 程 编 号	课 程 名 称	课 程 类 别	学 分
01	计算机网络工程	选修课	3
02	大学英语	必修课	3
03	数据结构	必修课	2.5
04	电子商务	选修课	2.5
05	.NET 程序设计	限选课	3

表 4-8 "选课成绩"表数据

ID	学生编号	课程编号	期末成绩	平时成绩
1	20120164	01	67	70
2	20120165	01	89	85
3	20120201	01	78	80
4	20120202	03	70	75
5	20120306	02	56	65
6	20120164	03	92	88

视频 ● 选课成绩表添加记录

提示：输入照片时，在"数据表视图"方式下，在某条记录的"照片"字段网格内右击，在弹出的快捷菜单中选择"插入对象"命令，插入相应文件夹下的图像文件，若没有图像文件，此步可略过。

（4）对记录编辑和删除等操作

① 对记录（表行）的添加和删除等编辑操作，可以右击表行的左侧，在弹出的快捷菜单中选择相应指令，如图 4-23 所示。

② 字段编辑。可以右击字段名（列名），在弹出的快捷菜单中选择相应指令，如图 4-24 所示。

视频 ● 记录编辑删除

图 4-23　记录操作

图 4-24　字段操作

③ 在数据表视图下，窗口功能区除了原来的主选项卡，会自动多出一个"表格工具"选项卡，它有"字段"和"表"2 个子选项卡，可以选择需要的操作，如图 4-25 和图 4-26 所示。

图 4-25　"表格工具-字段"选项卡

图 4-26　"表格工具-表"选项卡

（5）对记录的高级操作

例如，筛选出"学生"表中性别为"男"的同学。

① 双击导航窗格"学生"表，进入"学生"表的数据表视图。

② 单击"开始"选项卡→"排序和筛选"功能区→"高级"按钮 ，在下拉列表中选择"高级筛选/排序"命令，打开如图 4-27 所示的高级筛选窗口。

③ 在"学生"表的"性别"上双击，性别就显示在下方的"字段"旁边，

视频 ● 记录筛选

然后依次在"排序"位置选择"升序",在"条件"位置输入"男",然后按【Enter】键,字符"男"自动带上英文双引号,结果如图 4-28 所示。

图 4-27 高级筛选窗口

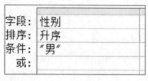

图 4-28 筛选要求

④ 单击"开始"选项卡→"排序和筛选"功能区→"切换筛选"按钮,在数据表视图中显示筛选结果,筛选结果是动态记录集。筛选本质上是查询操作,可以在筛选名"学生筛选 1"上右击,在弹出的快捷菜单中选择"保存"命令,可以保存为查询。详细的查询操作参考 4.3 节查询设计实验。

4.3 查询设计实验

4.3.1 实验目的

① 掌握创建选择查询的方法。
② 掌握创建更新查询的方法。
③ 掌握创建生成表查询的方法。

4.3.2 实验内容

查询是一种操作,例如筛选实际上就是"选择"查询。查询结果是动态记录集,表是静态记录集,表在数据表视图下与查询结果表现形式是一致的。查询有 3 种视图:"设计视图"、"SQL 视图"和"数据表视图"。设计视图是查询的直观表现形式,SQL 视图是查询的内在操作方式,数据表视图是查询运行结果。设计查询时,设计者只要在设计视图下操作即可,SQL 视图必要时才进入(本实验可忽略),查询的实现可粗略分成 3 步:

① 进入查询的设计视图。通过创建新查询或进入原有已保存的查询 2 种形式进入。
② 在设计视图下,选择需要的查询类型并完成查询设计过程。
③ 运行查询,得到查询结果,进入数据表视图。

1. 进入查询设计视图

(1)创建新查询方式进入设计视图

① 单击"创建"选项卡→"查询"功能区→"查询设计"按钮,进入设计视图,如图 4-29 所示。其间会打开"显示表"对话框,可直接关闭或选择需要的表后关闭。

图 4-29 创建查询

② 关闭"显示表"对话框后直接进入设计视图。

（2）通过已有的查询进入查询设计窗口

若查询已保存，可在导航窗格中查询部分出现一个查询名，右击，在弹出的快捷菜单中选择"设计视图"命令，即可进入设计视图内部。

双击导航窗格中已保存的查询名，会运行查询并显示查询结果（数据表视图）。

2. 查询设计视图和查询类型说明

进入设计视图后，窗口上方多了一个"查询工具-设计"选项卡，如图 4-30 所示。

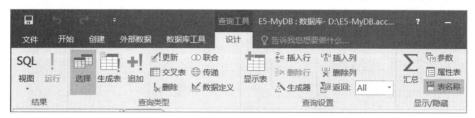

图 4-30 "查询工具-设计"选项卡

查询类型有"选择""生成表""追加""更新""交叉表""删除"等。通过创建新查询进入查询设计视图，默认的类型就是"选择"。

完整的设计视图可参见图 4-31，若窗口中表的位置不合适，可以拖动调整。

3."选择"查询（Select）

"选择"查询的含义：根据零个或一到多个条件，从一个或多个表（或已有的查询）中筛选出要显示的字段，结果形成记录集。

例如，要查询期末成绩不小于 60 分的学生，显示其班级名称、姓名、性别、课程名称、学分、期末成绩。

解析：

① 查询类型：选择。

② 查询条件：期末成绩>=60 分。

③ 要显示字段：班级名称、姓名、性别、课程名称、学分、期末成绩。

④ 涉及的表或查询："学生"表、"班级"表、"课程"表、"选课成绩"表。

"选择"查询步骤和设计视图最终如图 4-31 所示。

视 频

选择查询

具体操作步骤如下：

① 单击"创建"选项卡→"查询"功能区→"查询设计"按钮（见图 4-29），同时打开"显示表"对话框（默认查询类型就是"选择"）。若"显示表"对话框没有出现，则在窗口上方"查询工具"选项卡上单击"显示表"按钮。

② 在"显示表"对话框中，将"班级"表、"学生"表、"课程"表和"选课成绩"表都显示出来，每选择一个表，就单击"添加"按钮或直接双击表格，最后关闭对话框。若窗口中表的位置不合适，可以拖动调整。参见图 4-31 中显示表部分。

③ 在窗口上半部双击"班级"表中的"班级名称"字段、"学生"表中的"姓名"和"性别"字段、"课程"表中的"课程名称"和"学分"字段，以及"选课成绩"表中的"期末成绩"字段，这些字段就依次添加到窗口下半部设计网格的"字段"行。参见图 4-31 中设计网格的"字段"部分。

④ 在设计网格中单击"期末成绩"字段对应的"条件"单元格，输入">=60"（参见图 4-31

中设计网格的"期末成绩"字段对应的"条件"单元格的值）。注意添加条件时不要输入英文双引号，这不是文本类型的常数，不需要双引号。这是个运算表达式，运算符要用英文符号而不是中文符号。

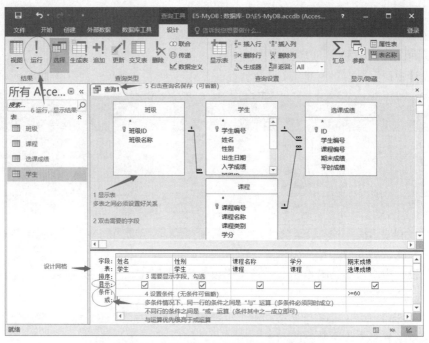

图 4-31　"选择"查询步骤和设计视图

这里只有一个条件，若是多条件，同一行的条件之间是"与"运算（即多条件必须同时达到要求），不同行的条件是"或"运算（即不同行之间任意一行条件满足即可），运算的优先级是："与"运算的优先级高于"或"运算（即同一行的条件之间先执行"与"运算，然后和不同行之间的条件执行"或"运算），参见图 4-31 中设计网格的条件部分。

⑤ 保存查询。参见图 4-31，在窗口中查询名上右击（默认名字"查询 1"），在弹出的快捷菜单中选择"保存"命令，在"另存为"对话框设置一个查询名，此后，导航窗格中就会出现已保存的查询。保存过的查询若想重新进入查询设计窗口，只要在导航窗格右击查询名，选择"设计视图"命令即可。也可单击快速访问工具栏中的"保存"按钮，或者选择"文件"→"保存"命令。

⑥ 运行查询。

方式 1：在设计视图功能区单击"运行"按钮，参见图 4-31。运行结果进入查询的数据表视图，如图 4-32 所示，数据表视图表现形式与表一致。

方式 2：在导航窗格中相应的查询名上双击，运行结果进入查询的"数据表视图"，如图 4-32 所示。

方式 3：在"数据表视图"中，右击查询名，弹出的快捷菜单中选择"设计视图"命令，再单击"运行"按钮，参见图 4-32 和图 4-31（分别是数据表视图和设计视图）。

"选择"类型查询运行后，不影响涉及的表或查询。

⑦ 更改保存的查询名。

在导航窗格中，右击"查询 1"，在弹出的快捷菜单中选择"重命名"命令，将"查询 1"更名为"选择查询 1"。重命名的前提是，涉及的查询，不管什么视图，若已打开，一律先关闭。

选择查询并不永久保存查询结果，也就是说，数据表视图中的数据临时保存在数据库中，每运行一次查询，操作执行一次。所以，生成的记录集是动态记录集，一旦关闭，记录集就不存在。查询保存的是操作，不是结果。若想看内部的操作代码，可以进入 SQL 视图。

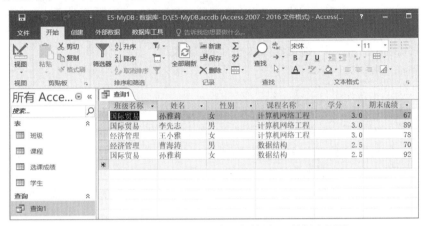

图 4-32　"选择"查询运行结果——数据表视图

4．"更新"查询（Update）

"更新"查询是根据给定的条件，对现有的表或查询中某些字段的值进行修改。修改后的数据不可撤销，所以运行"更新"查询要慎重。更新涉及多个表或查询时要先设置表间关系，并在编辑关系对话框中选中"级联更新相关字段"复选框，涉及的关系设置，参考 4.2 节中建立表间关系部分和图 4-22"编辑关系"对话框。"删除"查询也是这样。

更新查询运行后，修改了原有的表或查询，所以要慎重。

例如，将"学生"表中女生"入学成绩"提高 10%。

解析：

① 查询类型：更新。

② 更新条件：入学成绩*110%并且性别为女（*是乘号）。

③ 要显示字段：不需要，因为直接更新原表，到原表中看结果。

④ 涉及的表："学生"表

因更新操作改变原有的表，且更新操作不可撤销，所以建议练习时先复制一个学生表的副本，在副本上更新数据，没问题再回到原表操作，同时，也可打开原表和副本观察更新前后数据的改变情况。

"更新"查询步骤和"更新"设计视图参见图 4-33。

具体操作如下：

① 在导航窗格中双击"学生"表，观察"入学成绩"字段的值，然后关闭。

② 在导航窗格中右击"学生"表，在弹出的快捷菜单中选择"复制""粘贴"命令，导航窗格中就出现一个新表"学生的副本"。

③ 单击"创建"选项卡→"查询"功能区→"查询设计"按钮，打开查询设计视图，同时打开"显示表"对话框。

④ 在"显示表"对话框中，选择"学生的副本"表，单击"添加"按钮，关闭"显示表"对话框。若省略了步骤②，直接选择表"学生"，后续不再赘述。

⑤ 在"学生的副本"表(或"学生"表)中双击"入学成绩"和"性别"字段。

⑥ 单击"查询类型"功能区中的"更新"按钮,此时设计视图窗口从"选择"查询变更为"更新"查询,同时窗口下半部分设计网格改变,出现"更新到"行。

⑦ 右击查询名字,在弹出的快捷菜单中选择"保存"命令,在打开的"另存为"对话框中,将查询更名为"更新查询1"。

⑧ 在设计网格"更新到"对应空白格中加入更新条件,如图4-33所示。

添加条件详细步骤如下:

第1步,添加入学成绩条件公式到"更新到"行。

在"入学成绩"字段所对应的"更新到"行中输入更新内容。公式中如果涉及字段,字段名和表名用方括号括起来,语法格式是:"[表名]! [字段名]"或"[表名].[字段名]"。若是默认的表,可以不带表名,语法格式是:[字段名]。图4-33中就是带表名的写法。也可以不带表名,只输入"[入学成绩]*1.1",公式中用到的符号要求是英文符号而不是中文符号。

字段名和表名可以直接输入,也可以在对应的空白格中右击,在弹出的快捷菜单中选择"生成器"命令,打开"生成器"对话框,在对话框中找到对应表的字段,双击就输入了字段名,然后修改公式即可达到要求。

添加条件后,若显示不完整,可以左右拖动字段间的间隔竖线。

入学成绩的条件是算术表达式,不是文本,所以在输入公式时不要带双引号。

第2步,在"性别"字段下面的"条件"行中输入"女",不用带双引号,按【Enter】键后自动加上英文双引号。这个条件是文本,必须有双引号。

第3步,再次保存。

⑨ 单击"运行"按钮,出现更新提示对话框,如图4-34所示。更新查询运行后,修改了原有的表或查询,所以要慎重。确认后,单击"是"按钮,更新表中的记录。

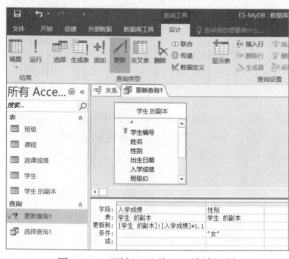

图4-33 "更新"查询——设计视图

图4-34 更新提示

⑩ 在导航窗格中打开表"学生"和"学生的副本",比较一下更新前后"入学成绩"字段的变化,然后关闭。检查没问题可以删除"学生的副本"表,然后在"学生"表中重复一遍上述操作。

5."生成表"查询(Create)

"生成表"查询是创建了一个新表,这与前面创建表是一样的,只是不是在表的设计视图中完成的,而是用查询操作的方式生成一张新表。"生成表"查询可以根据已有的表或查询,在给定条件下创建新表。

例如,将"选课成绩"表中期末成绩大于80的记录保存到名为BAK的新表中,新表中包含学生编号、姓名、课程名称、期末成绩4列。

具体操作如下:

① 单击"创建"选项卡→"查询"功能区→"查询设计"按钮,同时打开"显示表"对话框,选择"学生"表、"课程"表和"选课成绩"表,每选择一个表后要单击"添加"按钮(或直接双击表格),最后关闭对话框。

② 单击"查询工具-设计"选项卡→"查询类型"功能区→"生成表"按钮,打开"生成表"对话框,在"表名称"文本框中输入新表名称BAK,并选中"当前数据库"单选按钮,如图4-35所示。

生成表查询

③ 单击"确定"按钮,设计视图窗口从"选择"类型变为"生成表"类型。

④ 双击"学生"表中的"学生编号"和"姓名"字段、"课程"表中的"课程名称"字段、"选课成绩"表中的"期末成绩"字段(注意各表之间先建立表间关系)。

⑤ 在"期末成绩"字段对应的"条件"行中输入查询条件">80",如图4-36所示。

⑥ 再次保存本查询。

⑦ 单击"查询工具-设计"→"结果"功能区→"运行"按钮,将打开一个"生成表"提示框,单击"是"按钮,完成生成表查询,建立新表BAK。

⑧ 双击导航窗格中的表BAK,可观察新表内容。

图4-35 "生成表"对话框

图4-36 生成表查询设计视图

4.4 窗体设计实验

4.4.1 实验目的

① 掌握创建窗体的方法。
② 掌握窗体常用控件的使用。
③ 掌握使用窗体处理数据的方法。

4.4.2 实验内容

窗体就是窗口，是图形用户界面。把表或查询作为底层的数据源，过滤出最终用户需要的内容，通过窗体显示出来，最终用户可以通过窗体进行各种各样的数据库操作，最终用户不需要知道数据库中表和查询的内容，只要设计完成，一切操作都可以通过窗体进行。

窗体有4种视图：设计视图、布局视图、窗体视图和数据表视图。布局视图或设计视图中对窗体进行设计，窗体视图是最终用户显示或操作视图。数据表视图本节不涉及。

1．窗体的实现步骤

粗略分成3步：

① 进入窗体的设计视图或布局视图。通过创建新窗体或打开已保存的窗体形式进入。

② 在设计视图或布局视图下，完成窗体设计过程。

③ 切换到窗体视图，查看最终结果并执行需要的操作。

2．创建窗体的方式

在"创建"选项卡→"窗体"功能区，选择需要的创建窗体方式，如图4-37所示。

（1）"窗体"按钮创建窗体

例如，以"学生"表为数据源，建立"学生窗体1"。操作步骤如下：

① 在导航窗格中单击，选中"学生"表。

② 单击"创建"选项卡→"窗体"功能区→"窗体"按钮，则以"学生"表作为底层数据，创建一个新窗体。窗体的名字默认为"学生"，默认进入窗体的布局视图。

③ 右击窗体名"学生"，在弹出的快捷菜单选择"保存"命令，打开"另存为"对话框，将窗体的名称指定为"学生窗体1"，单击"确定"按钮，保存窗体。

④ 在窗体名"学生窗体1"上右击，切换到"窗体视图"，可以看到最终的窗体是纵向列表式窗体，如图4-38所示。默认显示"学生"表的第一个记录，可以在最底下记录工具栏中单击，切换到其他记录。

图4-37　创建窗体的方式

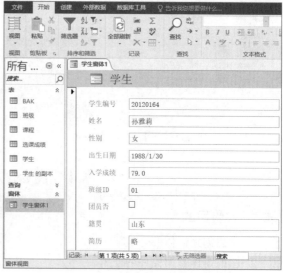

图4-38　"学生窗体1"——窗体视图

⑤ 在窗体名"学生窗体1"上右击（导航窗格中或打开的视图中都可以），可任意切换视图。窗体的设计视图是最完整不受限制的设计界面，可以实现有关窗体的一切功能。布局视图是受限制的设计界面。窗体视图是最终目的界面。

（2）"窗体向导"创建窗体

例如，以"学生"表、"课程"表、"选课成绩"表为数据源，使用"窗体向导"创建2个关联的主窗体和子窗体，其中主窗体和子窗体的名称分别为"学生主窗体1""选课成绩子窗体1"，主窗体显示学生编号、姓名、性别、籍贯和照片，子窗体以"表格"布局，显示课程名称和期末成绩。操作步骤如下：

① 单击"创建"选项卡→"窗体"功能区→"窗体向导"按钮，进入"窗体向导"的第1个对话框，在"表/查询"下拉列表中选择"表：学生"，双击"可用字段"列表框中的"学生编号""姓名""性别""籍贯""照片"字段；在"表/查询"下拉列表框中选择"表：课程"，双击"课程名称"字段；在"表/查询"下拉列表框中选择"表：选课成绩"，双击"期末成绩"字段，如图4-39所示。

② 单击"下一步"按钮，打开"窗体向导"的第2个对话框，确定在窗体中查看数据方式，在对话框左侧选择"通过 学生"选项，在对话框右下侧选中"带有子窗体的窗体"单选按钮，这时在对话框右侧可以看到主窗体和子窗体的布局效果，如图4-40所示。

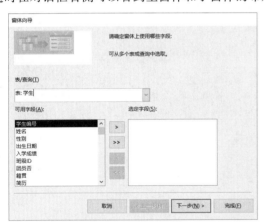

图4-39 "窗体向导"对话框-选择数据源和字段　　图4-40 "窗体向导"对话框——查看数据的方式

③ 单击"下一步"按钮，打开"窗体向导"的第3个对话框，确定子窗体使用布局方式，选中"表格"单选按钮，可以在对话框左侧看到子窗体的布局方式，如图4-41所示。

④ 单击"下一步"按钮，打开"窗体向导"的第4个对话框，为窗体指定标题，主窗体和子窗体分别指定"学生主窗体1"和"选课成绩子窗体1"标题，如图4-42所示。

⑤ 单击"完成"按钮完成窗体的创建，这时可以看到所建窗体，如图4-43所示。

⑥ 若窗体视图中的窗体不满足要求，右击窗体名，切换到设计视图，调整各个对象的布局。调整完毕再回到窗体视图看结果，最后再次保存。

（3）"窗体设计"创建窗体

这种方式直接进入设计视图，并给定一个空窗体，需要设计者自己往窗体上安排各种对象，调整对象位置，设置对象属性，添加代码等。设计过程中需要随时在设计视图、窗体视图或布局视图中切换，以便达到最终效果。

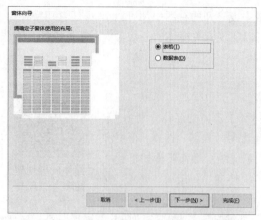
图 4-41 "窗体向导"对话框——子窗体布局

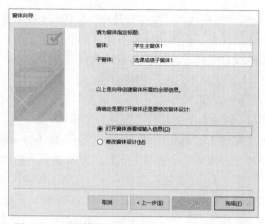
图 4-42 "窗体向导"对话框——指定窗体标题

图 4-43 使用"窗体向导"创建的窗体——窗体视图

例如,使用"窗体设计"按钮创建一个新窗体,用于显示"课程"表中的数据,然后在窗体上创建控件,并调整它们的布局方式。窗体名为"课程窗体1"。具体操作步骤如下:

① 单击"创建"选项卡→"窗体"功能区→"窗体设计"按钮,进入设计视图窗口,如图 4-44 所示。

② 单击"窗体设计工具-设计"选项卡→"工具"功能区→"添加现有字段"按钮,即可在窗体设计视图右侧显示"字段列表"窗格,然后单击"显示所有表"。

③ 右击窗体"主体"节的任意空白区或 "主体"名,在弹出的快捷菜单中选择"窗体页眉/页脚"命令,即可显示窗体的页眉页脚节。

④ 单击"窗体设计工具-设计"选项卡→"控件"功能区→"标签"控件Aa,在"窗体页眉"节拖动鼠标添加一个标签控件,并输入内容"课程信息浏览窗体"。

⑤ 选中这个标签,在"窗体设计工具-格式"选项卡→"字体"功能区中,设置字体为"微软雅黑",字号为 22 磅。字体放大后若标签不够大,可拖动边框改变大小,如图 4-45 所示。

⑥ 如图 4-46 所示,在字段列表窗口中,单击"课程"表前面的"+"号标志,即可显示该

表中的字段，双击字段名称或者用鼠标把字段拖动到窗体的主体节上，然后调整控件在窗体上的大小和对齐方式。若字段列表没显示，单击"窗体设计工具–设计"选项卡→"工具"功能区→"添加现有字段"按钮。

图 4-44　使用"窗体设计"创建空白窗体——"设计视图"

图 4-45　标签设置

⑦ 单击"保存"按钮或右击窗体名，将该窗体以"课程窗体 1"为名保存。

⑧ 右击窗体名，切换到窗体视图，查看窗体运行结果，如图 4-47 所示。若布局不合适，再切换到设计视图进行修改。

图 4-46　字段列表

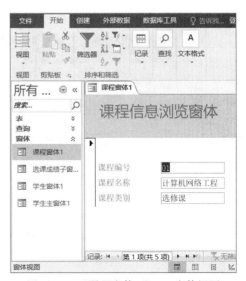

图 4-47　"课程窗体 1"——窗体视图

4.5 报表设计实验

4.5.1 实验目的
① 了解报表布局，理解报表的概念和功能。
② 掌握报表按钮和报表向导方式创建报表。

4.5.2 实验内容
报表以格式化形式向用户显示或打印输出，建立报表是为了以纸张的形式保存或输出数据，报表只能查看数据，不能修改和输入数据。报表可分为纵栏式报表、表格式报表、图表报表、标签报表等类型。

报表有 4 种视图：设计视图、布局视图、报表视图和打印预览视图。布局视图或设计视图中对报表进行设计，报表视图是最终显示结果，打印预览视图在需要打印时用。

1．报表的实现步骤

粗略分成 3 步：
① 进入报表的设计视图或布局视图。通过创建新报表或打开已保存的报表形式进入。
② 在设计视图或布局视图下，完成报表设计过程。
③ 切换到报表视图或打印预览视图。

2．创建报表的方式

单击"创建"选项卡，在"报表"功能区选择各种创建方式。本节只介绍 2 种最简单的方式，其他不涉及。

（1）"报表"按钮创建报表

例如，应用"选课成绩"表创建一个报表，名字为"选课成绩报表 1"。操作步骤如下：
① 在导航窗格中选中"选课成绩"表。
② 单击"创建"选项卡→"报表"功能区→"报表"按钮，系统自动创建报表，且自动进入报表的布局视图。
③ 保存报表，命名为"选课成绩报表 1"，如图 4-48 所示。

● 视 频
报表按钮创建报表

图 4-48 "报表"按钮创建报表——布局视图

④ 如图 4-48 所示，主窗口上多了个"报表布局工具"选项卡，使用它的"设计""排列""格式""页面设置"子选项卡，可以对报表进行简单的编辑和调整控件布局。由于生成的报表一行中显示的信息过多，可能会跨页显示，因此需要调整报表布局。调整方法是单击需要调整列宽的字段，将光标定位到分隔线上，当光标变成双向箭头后按住左键拖动鼠标，即可根据需要调整字段的列宽。更详细的设计要进入设计视图才行。

⑤ 在报表名上右击可以切换到报表视图或打印预览视图，最后保存报表。

（2）"报表向导"按钮创建报表

例如，使用"报表向导"按钮，设计包含"学生编号""姓名""性别""出生日期""班级名称""课程名称""期末成绩"这些字段的报表，将报表命名为"学生基本信息报表 1"。操作过程可参见"窗体向导"创建窗体部分，具体操作步骤如下：

① 单击"创建"选项卡→"报表"功能区→"报表向导"按钮，进入"报表向导"的第 1 个对话框，在"表/查询"下拉列表框中选择"表：学生"，双击"可用字段"列表框中的"学生编号""姓名""性别""出身日期"字段；在"表/查询"下拉列表框中选择"表：班级"，双击"班级名称"字段；在"表/查询"下拉列表框中选择"表：课程"，双击"课程名称"字段；在"表/查询"下拉列表框中选择"表：选课成绩"，双击"期末成绩"字段，如图 4-49 所示。

报表向导创建报表

图 4-49 报表向导对话框——选择字段

② 单击"下一步"按钮，打开"报表向导"的第 2 个对话框，确定在报表中查看数据的方式，在对话框左侧选择"通过 学生"选项，这时在对话框右侧可以看到报表的布局效果，如图 4-50 所示。

③ 单击"下一步"按钮，打开"报表向导"的第 3 个对话框，在该对话框中确定是否添加分组级别，如果题目中没有要求，默认即可，如图 4-51 所示。

④ 单击"下一步"按钮，打开"报表向导"的第 4 个对话框，在该对话框中确定排序次序和汇总信息，如果题目中没有要求，默认即可，如图 4-52 所示。

⑤ 单击"下一步"按钮，打开"报表向导"的第 5 个对话框，确定报表的布局方式，默认即可，如图 4-53 所示。

⑥ 单击"下一步"按钮，打开"报表向导"的第 6 个对话框，指定报表标题，在标题栏输入"学生基本信息报表 1"，如图 4-54 所示。

⑦ 单击"完成"按钮，切换至报表的打印预览视图，如图 4-55 所示。

⑧ 右击报表名切换到其他视图。如果不满意,可进入设计视图或布局视图调整。
⑨ 保存报表并关闭视图。

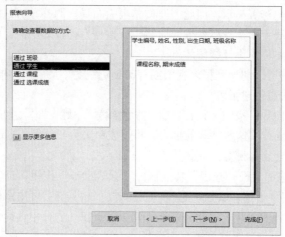

图 4-50 "报表向导"对话框——查看数据方式

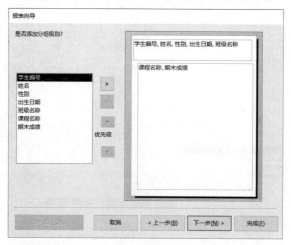

图 4-51 "报表向导"对话框——添加分组级别

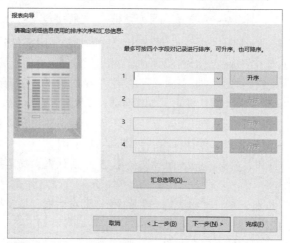

图 4-52 "报表向导"对话框——排序次序和汇总信息

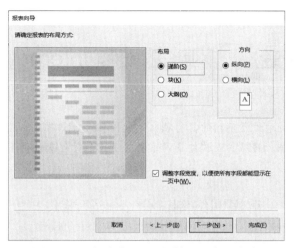

图 4-53 "报表向导"对话框——布局方式

图 4-54 "报表向导"对话框——指定标题

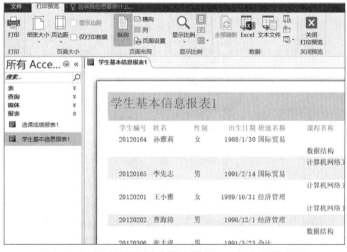

图 4-55 报表向导创建报表结果——打印预览视图

第 5 章　网络基础和 Internet 应用

计算机网络是指将地理位置不同的具有独立功能的多台计算机及其外围设备通过通信线路连接起来，在网络操作系统、网络管理软件及网络通信协议的管理和协调下，实现资源共享和信息传递的计算机系统。

5.1　常用网络测试命令及资源共享实验

5.1.1　实验目的

① 掌握网络协议 TCP/IP 的配置过程。
② 掌握常用网络测试命令 ipconfig 和 ping。
③ 掌握共享资源的设置方法。

5.1.2　实验内容

1. 本地连接中 TCP/IP 属性的设置

① 选择"开始"→"设置"命令（见图 5-1），打开"Windows 设置"窗口，如图 5-2 所示；双击"网络和 Internet"图标，打开"网络和 Internet"窗口，如图 5-3。该窗口也可以通过双击桌面上的"控制面板"选择"网络和 Internet"选项打开，如图 5-4、图 5-5 所示。

图 5-1　"设置"命令

图 5-2　"Windows 设置"窗口

图 5-3　"网络和 Internet"窗口

② 在图 5-3 中单击左边的"以太网"或者最下面的"网络和共享中心"，在打开的页面中找到并单击"更改适配器选项"，打开"网络连接"窗口（见图 5-6），单击"以太网"图标，打开"以太网属性"对话框，如图 5-7 所示。该对话框也可以通过单击图 5-5 中的"查看网络状态和

任务",选择"更改适配器设置"→"以太网"打开。

图 5-4　控制面板

图 5-5　"网络和 Internet"窗口

图 5-6　"网络连接"窗口

图 5-7　"以太网属性"窗口

③ 在"以太网属性"对话框中选中"Internet 协议版本 4（TCP/IPv4）"复选框，单击"属性"按钮，打开如图 5-8 所示的"Internet 协议版本 4（TCP/IPv4）属性"对话框。当然，如果计算机使用的是 IPv6，则选择"Internet 协议版本 6（TCP/IPv6）"，打开 IPv6 的属性对话框，如图 5-9 所示。

图 5-8　IPv4 属性对话框

图 5-9　IPv6 属性对话框

常用网络测试命令

④ 在该对话框中可以根据需要进行配置。IP 地址可以自动获取，也可以固定分配。如果是固定 IP，需要输入相应的地址信息，可以按图 5-8、图 5-9 所示地址进行设置（注：在实验计算机上不要修改 IP 地址。如果修改，会导致网络不能连接上网）。

2. 两个常用网络测试命令的使用

网络连接及协议设置等工作完成后，除了可以通过登录相应网站判断是否与网络连通外，还可以通过网络测试命令进行测试。

（1）ipconfig 命令的使用

利用 ipconfig 命令可以查看和修改网络中 TCP/IP 的有关配置，如网卡的物理地址、IP 地址、子网掩码和默认网关等，还可以查看主机的有关信息，如主机名、DNS 服务器等。

ipconfig 命令的格式为：

```
ipconfig [参数]
```

详细的命令格式可通过"ipconfig/?"命令查看。

选择"开始"→"Windows 系统"→"命令提示符"命令，打开命令提示符窗口，输入 ipconfig /all（显示的信息更多一些）或者 ipconfig，按【Enter】键，则显示本机的配置信息（注：不同计算机的配置信息不同），如图 5-10 和 5-11 所示。

图 5-10 "开始"菜单

图 5-11 ipconfig/all 命令示例

（2）ping 命令的使用

ping 命令可以测试网络的连通状况。它通过向特定的目的主机发送数据包，测试目的站是否可达并了解其有关状态。

ping 命令的格式为：

```
ping  目标IP地址或域名  [参数1]  [参数2]…
```

① 选择"开始"→"Windows 系统"→"命令提示符"命令，打开命令提示符窗口。

② 输入命令，假设为 ping 192.168.16.105，按【Enter】键。

③ 如果网络连通正常，则出现图 5-12 所示信息。

图 5-12 ping 命令示例

④ 如果结果是 Request timed out 或者 Destination is unreachable，则说明网络没有连通。

3．共享资源的设置

（1）共享本机文件夹（假设主机名为 DESKTOP-PMJHPRS）

① 确定本机文件夹允许被共享，以及其他用户使用该共享文件夹时是否需要输入密码。在图 5-3 "网络和 Internet 窗口"中单击最下面的"网络和共享中心"，在打开的页面中单击"更改高级共享设置"，打开"高级共享设置"窗口，如图 5-13 所示。在该窗口中有 3 个选项：专用（当前配置文件）（见图 5-14）、来宾或公用、所有网络 3 个选项。专用网络指可信任网络，一般是家里或工作单位的网络，一般在这个选项下启用共享。来宾或公用网络则相反，范围更广，危险因素更多，是不可信任的，一般不在这个网络上启用共享。所有网络顾名思义，包含专用和公用网络，通常需要在该选项下设置共享密码。

视频
共享资源的配置

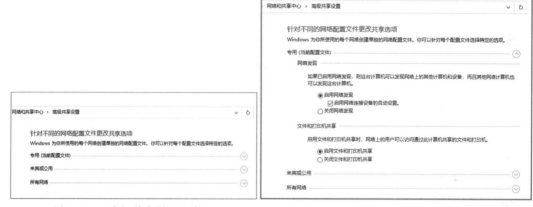

图 5-13 "高级共享设置"窗口　　　　图 5-14 "专用"选项

展开"专用"选项，确保"启用网络发现"和"启用文件和打印机共享"选项被选中。

如果希望其他用户访问共享文件夹时输入用户名和密码，可以在"所有网络"选项下选中"有密码保护的共享"单选按钮，如图 5-15 所示。为了方便别的计算机访问共享文件，一般选择"无密码保护的共享"。

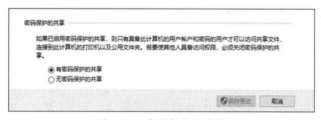

图 5-15　密码保护的共享

② 右击要共享的文件夹，选择"授予访问权限"→"特定用户"，打开"网络访问"对话框，如图 5-16 所示。单击右侧的下拉按钮，选择要与其共享的用户。为了简便，这里选择 Everyone，表示专用网络中的每一个用户都可以访问该共享文件夹。选中 Everyone 后，单击右侧的"添加"按钮，将 Everyone 添加到可共享用户中。若只对某一特定用户授权，则其他用户不能访问该文件。

默认情况下，共享用户对共享文件只有"读取"的权限，可以通过选择"读取/写入"选项赋予用户修改的权限。若要删除该共享用户，则选择"删除"选项，如图5-17所示。

③ 右击要共享的文件夹，在弹出的快捷菜单中选择"属性"命令，打开"属性"对话框。在属性对话框中选择"共享"选项卡，如图5-18所示。单击"高级共享"按钮，打开如图5-19所示的"高级共享"对话框。

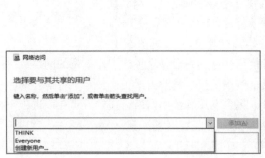

图5-16 "网络访问"对话框

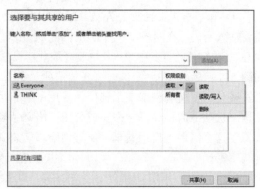

图5-17 共享权限设置

在"高级共享"对话框中，选中"共享此文件夹"复选框，该文件即可共享给授权用户。同样，若要取消共享该文件夹，则不勾选该复选框即可。单击"权限"按钮还可设置用户的访问权限为完全控制、更改或读取。

图5-18 属性对话框

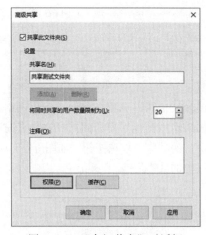

图5-19 "高级共享"对话框

④ 共享设置完成后，可以通过专用网络中的另一台主机（主机名为LAPTOP-76BQDMJQ）访问共享文件夹。在LAPTOP-76BQDMJQ主机上，单击桌面上的"网络"图标，打开"网络"窗口。窗口中会出现专用网络中已启用网络发现的计算机（启用方法见图5-14），如图5-20所示。双击已共享了文件的主机DESKTOP-PMJHPRS，打开如图5-21所示的对话框。由于前面设置了访问需要使用密码，所以需要在该对话框输入已授权的用户名和密码。这里的用户名和密码可为DESKTOP-PMJHPRS主机上任意一个合法的账户和密码（因为前面授权给Everyone）。用户名和密码输入正确即可访问共享的文件夹，如图5-22所示。

图 5-20 "网络"窗口

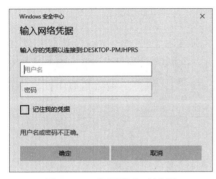

图 5-21 密码输入对话框

图 5-22 共享文件夹

（2）共享打印机

① 安装本地打印机，并且允许打印机共享，启用方法如前面图 5-14 所示。

② 通过控制面板或"开始"菜单，打开"设备和打印机"窗口，右击要共享的打印机图标，在弹出的快捷菜单中选择"打印机属性"命令，打开如图 5-23 所示的对话框。

图 5-23 设置共享打印机

③ 在打印机属性对话框中选择"共享"选项卡，选中"共享这台打印机"复选框，输入共享名称。单击"安全"选项卡，还可以设置相关用户的权限。

④ 单击"确定"按钮，共享打印机将出现一个多用户图标 。

⑤ 与本机互连的其他计算机可以通过像使用共享文件夹一样来使用该打印机。

5.2　无线局域网的配置实验

5.2.1　实验目的

掌握基本的无线局域网的配置过程。

5.2.2　实验内容

1. 认识无线路由器

配置无线路由器需要首先了解路由器背面的各个接口和前板指示灯的作用，背面接口依次包括 Reset 按钮、电源插口、WAN 接口、4 个 LAN 接口（不同的无线路由器会稍有不同，注意看路由器上的标识）。

正面各指示灯的含义分别为：

① PWR 灯恒亮绿色，表示电源连接成功。
② SYS 灯闪烁表示系统运行正常；若恒亮或不亮，则代表设备故障。
③ WLAN 灯恒亮表示无线网络已就绪；闪烁表示有资料在无线传输。
④ 1～4 号 LAN 口灯恒亮表示已正确连接计算机网络端口，闪烁表示有数据在传输。
⑤ WAN 灯恒亮表示宽带已正常接入 WAN 接口，闪烁表示有数据在传输。

2. 物理连接

① 准备好相关设备，如无线路由器、连接用的双绞线。
② 将电源接头接到无线路由器背面的电源孔，然后将另一端插入电源插座。
③ 用双绞线将宽带连接出口和无线路由器背面的 WAN 接口相连，再用双绞线将计算机网卡端口与无线路由器背面的任意一个 LAN 端口连接（如果需要）。物理连接过程如图 5-24 所示。

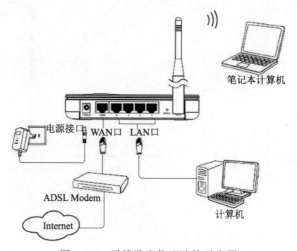

图 5-24　无线路由物理连接示意图

完成设备连接之后，无线路由器应该为：PWR 灯恒亮；SYS 灯约每秒闪烁一次；WAN 灯不定时闪烁；WLAN 灯闪烁；有接入的 LAN 指示灯闪烁。

3. 路由器参数设置

① 打开台式机浏览器，在地址栏中输入路由器地址进行连接，例如输入 192.168.1.1（该 IP 地址是路由器的管理 IP，不同路由器的管理 IP 不同，具体查看路由器的说明书），进入路由器设

置主页，在打开的登录窗口中输入用户名和密码，通常用户名和密码皆为 admin。

② 进入路由器设置界面，可以使用设置向导按步骤进行设置，主要包括：

- 上网方式的选择：上网方式有动态 IP、静态 IP 和 PPPoE 三种。很多路由器会自动检测上网方式。

家庭上网经常使用 PPPoE 这种方式。PPPoE 是指把 PPP 协议的帧封装到以太网中传输。现在我们经常使用以太网接入 Internet，但是以太网没有提供让用户输入用户名和密码来鉴别用户身份的功能。网络运营商采取的办法就是把 PPP 协议和以太网结合起来使用。PPP 协议是用户计算机和 ISP 通信时使用的数据链路层协议，它提供了用户身份鉴别功能。现在的光纤宽带接入都要使用 PPPoE。

动态 IP 指计算机连上该路由器后，会自动分配 IP 地址，一般工作单位局域网上网采用这种方式。

静态 IP 指 IP 地址是固定的，一般是专线上网采用这种方式。

- 设置上网参数：包括宽带上网的账号和密码。账号和密码由 Internet 服务提供商 ISP 提供，PPPoE 方式上网都需要提供账号和密码。

- 设置无线参数：主要包括信道、模式、安全选项、SSID 等。

SSID 是无线网络的名字，支持 Wi-Fi 功能的设备就是通过 SSID 找到无线网络的。

注意：无线名称建议设置为字母或数字，尽量不要使用中文、特殊字符，避免部分无线客户端不支持中文或特殊字符而导致搜索不到或无法连接。

模式有 11a、11b、11g、11n，不同模式提供不同的上网速率，11a 速率最低，11n 速率最高。现在大多采用 11b/g/n 混合模式。

无线安全选项提供了无线网络密码设置选项，有多种选择，现在常用的是 WPA AES。然后，输入一个足够长、足够复杂且不容易忘记的密码。

不同无线路由器配置选项会稍有不同，但上述选项大部分路由器都支持，具体可参看无线路由器的配置说明书。

注意：要开启无线路由器上的无线功能和 SSID 广播功能，这样支持 Wi-Fi 的设备就能自动搜索到该无线网络的 SSID。

4．使用无线网络

对于支持 Wi-Fi 功能的手机、PDA、笔记本计算机等设备，开机后在其网络列表中选择路由器的无线网络名称，单击"连接"按钮，如图 5-25 所示。如果路由器参数中设置了使用密码，还需要输入相应的密码，如图 5-26，验证通过后就可连接无线网络。

图 5-25　选择网络名称

图 5-26　输入密码

5.3 浏览器的使用实验

5.3.1 实验目的

① 熟练掌握浏览器的使用和相关设置。
② 熟练掌握网页信息的下载与保存。

5.3.2 实验内容

1．浏览器的使用

浏览器种类很多，比如 Internet Explorer、Firefox、360、baidu、Google Chrome 等，各种浏览器操作界面不同，下面以 Firefox103.0.2（32）浏览器为例讲述浏览器的应用。

① 双击桌面上的 Firefox 图标，或选择"开始"→"Firefox"命令，打开浏览器窗口。
② 在地址栏中输入已知的网址或 IP 地址，如 http://www.ytu.edu.cn，然后按【Enter】键，烟台大学首页就会被打开，如图 5-27 所示。

图 5-27　浏览器界面

③ 在页面中单击需要的超链接，例如"办事服务大厅"，可以跳转到相应页面。
④ 页面刷新：单击工具栏中的"刷新"按钮，可以使当前页面更新一次。
⑤ 返回主页：单击工具栏的"主页"按钮，会显示已设置好的默认网站的首页。
⑥ 页面的返回与前进：分别点击工具栏的返回←、前进→按钮，可以返回或前进到曾经查看过的上一个或下一个界面。
⑦ 书签的使用：收藏夹功能在 Firefox 浏览器中叫作"书签"功能。

• 添加：选择"书签"→"将当前标签页加入书签（Ctrl+D）"命令，打开"新建书签"对话框，在"名称"文本框中输入要保存的地址名称，例如"烟台大学"，单击"保存"按钮，即可将烟台大学主页网址添加到书签，书签收藏默认位置为"其他书签"。如果想把网址收藏到另外文件夹，可单击"新建文件夹"按钮，在提示界面的文本框里输入新建文件夹名称，如 "我的母校"，单击"保存"按钮即可创建新的书签文件夹，再单击"添加"按钮，就可将烟台大学主页网址收藏到"我的母校"文件夹，如图 5-28 所示。

（a）

（b）

图 5-28　添加到书签操作界面

• 管理书签：选择"书签"→"管理书签（Ctrl+Shift+O）"命令，打开如图 5-29 所示的操作界面，然后就可以进行新建书签、新建文件夹以及对已收藏的书签进行重命名、删除等操作。

图 5-29　"管理书签"操作界面

• 导入和备份：在"管理书签"操作页面下，选择"导入和备份"菜单，可以通过"备份"命令将当前已收藏的书签备份到指定位置；通过"恢复"命令将以前备份的书签恢复到当前书签文件夹下；当然，还可以进行书签的导入与导出操作，可根据提示进行操作。操作界面如图 5-30 所示。

⑧ Firefox 浏览器的常用设置。在浏览器窗口中选择"工具"→"设置"命令，打开如图 5-31 所示的操作界面，通过该界面可以进行浏览器"启动""标签""字体"、"颜色""缩放"等常规设

置，也可通过"主页"设置选项进行浏览器启动默认主页的设置。

图 5-30 "导入和备份"操作界面

图 5-31 Firefox 浏览器的常用设置

2．网页信息的保存与文件下载

（1）信息保存：

① 保存当前网页：选择"文件"→"另存页面为"命令，打开"保存网页"对话框。在"保存在"栏中选择保存的位置，在"文件名"文本框中输入文件名，在"文件类型"下拉列表中选择保存的类型，单击"保存"按钮。

② 保存当前网页中的图片：右击要保存的图片，在弹出的快捷菜单中选择"图片另存为"命令，打开"保存图片"对话框，进行相应设置后单击"保存"按钮。

③ 打开新窗口：右击相应的超链接，在弹出的快捷菜单中选择"新建窗口打开链接"命令，可以打开一个新的浏览器窗口显示该超链接对应的页面。

（2）文件下载：如果想下载浏览器网页上挂载的文件，可以右击此文件链接，在弹出的快捷菜单中选择"从链接另存文件为"命令实施文件下载，如图 5-32 所示。

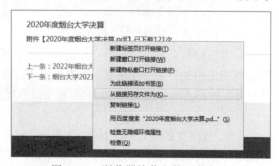

图 5-32 浏览器挂载文件下载方法

5.4 搜索引擎的应用实验

5.4.1 实验目的
① 掌握搜索引擎的打开方法。
② 掌握搜索引擎的使用方法。

5.4.2 实验内容
搜索引擎是指根据一定的策略、运用特定的计算机程序从互联网上搜集信息，在对信息进行组织和处理后，为用户提供检索服务，将用户检索相关的信息展示给用户的系统。目前国内的搜索引擎非常多，如百度、谷歌、360、搜狗等。搜索引擎是在 Internet 中执行信息搜索的专门站点，一般按关键词为用户提供搜索服务。本节以百度搜索引擎为例进行讲解。

1. 搜索引擎的打开
启动浏览器，输入搜索引擎的地址，如 https://www.baidu.com，打开网站首页。

2. 搜索引擎的使用
在搜索引擎网站的关键词文本框中输入关键词，如"计算机等级考试"，单击"百度一下"按钮即可看到搜索结果，如图 5-33 所示；最后单击搜索结果中的一项即可跳转到相应页面。为进一步缩小搜索范围，可根据需求单击音乐、图片、视频等信息及文件类型。

图 5-33　搜索引擎搜索结果

5.5 文件传输实验

5.5.1 实验目的
① 掌握文件传输服务器的打开方法。
② 掌握文件传输的使用方法。

5.5.2 实验内容

1. 文件服务器的打开

① 打开文件资源管理器，在地址栏中输入要访问的 FTP 服务器地址，例如 ftp://202.194.119.76/，如图 5-34 所示。

输入地址后，按【Enter】键，出现相应的 FTP 登录窗口，如图 5-35 所示。

② 在 FTP 登录窗口输入用户名和密码后，单击"登录"按钮，进入 FTP 访问窗口，如图 5-36 所示。在访问窗口中右击要下载的文件，在弹出的快捷菜单中选择"复制到文件夹"命令，选择保存位置和文件名，即可将文件保存到本机。

图 5-34　FTP 服务器的打开

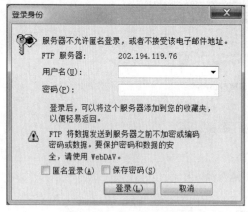

图 5-35　FTP 登录窗口

图 5-36　FTP 访问窗口

5.6　Windows 10 防火墙设置实验

5.6.1　实验目的

掌握 Windows 10 系统防火墙的配置方法。

5.6.2 实验内容

① 选择"开始"→"Windows 系统"→"控制面板",单击"系统和安全",打开防火墙设置窗口,如图 5-37 所示。

② 选择窗口左边的"打开或关闭 Windows 防火墙"选项,打开如图 5-38 所示的设置页面。

③ 在该设置页面可进行打开或关闭防火墙的设置。

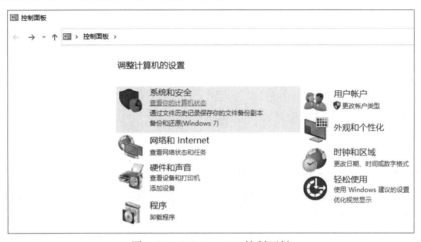

图 5-37　Windows 10 控制面板

图 5-38　防火墙自定义设置

5.7　电子邮件基本操作

5.7.1　实验目的

① 掌握 Web E-mail 电子邮件操作。

② 熟练掌握电子邮件客户端软件 Foxmail 的使用。

视频
电子邮件基本操作

5.7.2 实验内容

1. Web E-mail 电子邮件操作

（1）申请免费电子邮箱

提供免费电子邮箱的网站很多，如搜狐、新浪、网易等，本节以网易 126 邮箱为例进行介绍。

① 在浏览器地址栏中输入提供免费电子邮件服务的网站，如 https://www.126.com。

② 在打开的网站主页中单击"注册"按钮，打开图 5-39 所示的注册页面。

③ 在注册页面中填写注册信息：包括用户名（如 wanlima123456）、密码（如 123456）等信息，单击"立即注册"按钮后，系统提示邮箱申请成功（地址为 wanlima123456@126.com）。

（2）登录邮箱

① 假设电子邮件地址是 wanlima123456@126.com，启动浏览器，在地址栏中输入提供电子邮件服务的网站，如 https://www.126.com，按【Enter】键或者单击地址栏右侧的"转到"按钮，打开邮箱登录页面。

② 在邮箱登录页面中，分别输入用户名（如 wanlima123456）和密码（如 123456），单击"登录"按钮，即可进入图 5-40 所示的邮箱窗口。邮箱窗口一般都以邮件夹的形式来管理邮件，分为收件箱、草稿箱、已发送等。在用户邮箱窗口，可以进行在线收发邮件的操作以及邮件的管理。

图 5-39 电子邮箱注册

图 5-40 邮箱窗口

（3）发送电子邮件

成功登录邮箱后，在邮箱窗口中单击"写信"按钮，打开图 5-41 所示的窗口，在窗口的"收件人"栏中输入收件人的电子邮箱地址（如 tom@126.com），在"密送"栏中输入相应收件人的邮箱地址（此选项不是必需的），在"主题"栏中输入标题内容，单击"添加附件"按钮，选择本机中的一个文件作为附件（如 c:\car.png），在邮件正文区输入邮件内容，可以包括文本、图片、超链接等，还可以进行文档格式修饰。

邮件内容输入完成后，单击"发送"按钮前可以进行保留副本和要求对方发回已读回执等设置。相关设置完成后，单击"发送"按钮即可发送邮件。

（4）管理邮件

① 查看邮件：单击"收件箱"按钮可以查看收到的所有邮件，单击某一封邮件的超链接可以查看邮件的具体内容，如果邮件中包含附件，可以按照提示信息打开或下载。

图 5-41　发送邮件窗口

② 回复邮件：查看邮件时，可以单击"回复"按钮给发件人回复邮件，发件人的地址会自动填写到收件人栏，接下来的操作与发送邮件相同。邮件服务器一般都提供自动回复功能，当邮箱收到某人的信件后，服务器会立刻回复对方邮件已收到。

③ 转发邮件：查看邮件时，可以将当前邮件转发到另外一个人的邮箱里，单击"转发"按钮后，一般只需要按要求输入一个电子邮件地址即可。

④ 删除邮件：在相应文件夹中选定要删除的邮件，单击"删除"或"彻底删除"按钮，可以将邮件送到"已删除"文件夹或进行彻底删除。

⑤ 转移邮件：将选定的邮件从一个邮件夹转移到其他邮件夹中。

2. 使用电子邮件客户端软件 Foxmail

① 双击桌面上的 Foxmail 图标或选择"开始"→"所有程序"→"Foxmail"命令，启动 Foxmail。

② 在如图 5-42 所示的"向导"对话框中输入相应的信息，如电子邮件地址是 xiaoming20150903@126.com，密码是 xiaoming，账户名称为 internetexam，邮件中采用的名称为"小明"。

③ 单击"下一步"按钮，在打开的对话框中对邮件服务器地址进行设置（可使用默认值）。

④ 单击"下一步"按钮，在打开的对话框中单击"完成"按钮，即可在 Foxmail 中创建一个名为 internetexam 的账户，结果如图 5-43 所示。

 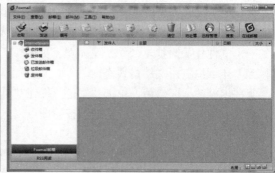

图 5-42 "向导"对话框　　　　　　　　图 5-43　Foxmail 工作窗口

⑤ 在 Foxmail 工作窗口中,单击"收取"按钮可从邮件服务器下载邮件。

⑥ 在 Foxmail 工作窗口中,单击"收件箱"按钮,可在右边窗口中看到邮件列表。双击某邮件可查看该邮件的具体内容,在邮件内容窗口中单击"回复"按钮可对邮件进行回复。

⑦ 在 Foxmail 工作窗口中,单击"撰写"按钮可打开邮件编辑窗口,在邮件编辑窗口中对收件人、主题、抄送、附件、正文内容等进行设置后,单击"发送"按钮即可发送邮件。

第 6 章　Adobe Photoshop 图像基础

图像处理技术是多媒体技术中最重要的内容之一。通过图像处理技术，可以实现对图像的编辑、合成、美化等操作。本章主要介绍目前被广泛使用的图像处理软件 Adobe Photoshop 的基本应用和操作实例。

6.1　Adobe Photoshop 简介与基本操作

6.1.1　Adobe Photoshop 简介

Photoshop 是 Adobe 公司开发的一个跨平台的平面图像处理软件，是专业设计人员的首选。1990 年 2 月，Adobe 公司推出 Photoshop1.0，目前 Photoshop 的较新版本是 Photoshop 2022，随着时间推移还会有新的版本，这里介绍 Photoshop CC2018 的基本操作和设计方法。

Photoshop CC2018 提供了简洁的工作界面和丰富实用的功能，它由菜单栏、工具箱、属性栏和选项面板等组成，如图 6-1 所示。

图 6-1　Adobe Photoshop 工作界面

1. 菜单栏

Photoshop CC2018 的菜单栏由"文件""编辑""图像""图层""文字""选择""滤镜""3D""视图""窗口""帮助"菜单项组成，提供了图像处理过程中使用的大部分操作命令。

2. 工具箱

Photoshop CC2018 工具箱中包含了所有的画图和编辑工具，功能非常强大。工具主要分为如下几大类：选取工具、着色工具、编辑工具、路径工具、切片工具、注释、文件工具和导视工具，如图 6-2 所示。

工具箱的下部是 3 组控制器：色彩控制器，可以改变着色色彩；蒙版控制器，提供了快速进入和退出蒙版的方式；屏幕模式控制器，能改变图像窗口的显示状态。

3. 选项面板

Photoshop CC2018 工具箱中的每个工具都对应一个选项面板。随着工具箱中不同工具功能的变化，选项面板上的内容各不相同。图 6-3 所示为"魔棒"工具所对应的选项面板。

图 6-2　工具箱

图 6-3　"魔棒"工具的选项面板

6.1.2　Adobe Photoshop 中的基本概念

下面介绍 Photoshop CC2018 中关于图像处理的一些基本概念。

1. 颜色模型

颜色模型是用来精确标定和生成各种颜色的一套规则和定义。某种颜色模型所标定的所有颜色构成了颜色空间。在不同应用领域，采用的颜色模型往往不同，常用的颜色模型包括 RGB 模型、CMYK 模型、HSB 模型、Lab 颜色模型等。

① RGB 模型是指基于自然界中 3 种基色光的混合原理，将红（R）、绿（G）、蓝（B）三基色按照从 0（黑）到 255（白色）的亮度值在每个色阶中分配，从而指定其色彩。该模型常用于显示器。

② CMYK［Cyan（青）、Magenta（洋红）、Yellow（黄）、Black（黑）］模型是彩色印刷使用的一种颜色模式。CMYK 模式在本质上与 RGB 模式基本一致，只是产生色彩的原理不同，CMYK 模式产生颜色的方法又称色光减色法。

③ HSB 模型是基于人对颜色的心理感受的一种颜色模式。在此模式中，所有颜色都用色相或色调、饱和度、亮度 3 个特性来描述。此颜色模型比较符合人的视觉感受。

④ Lab 颜色模型解决了同一幅图像在不同的显示器和打印设备上输出时所造成的颜色差异，具有设备无关性。Lab 颜色模型是以一个亮度分量 L 及两个颜色分量 a 和 b 来表示颜色的，其颜色范围最广，能够包含 RGB 和 CMYK 模式中所有的颜色。

2. Photoshop CC2018 的源文件格式 ".PSD"

Photoshop CC2018 用于编辑的源文件格式为 ".PSD" 文件。PSD 文件可以存储成 RGB 或 CMYK 模式，还能够自定义颜色数并加以存储；可以保存 Photoshop CC2018 的图层、通道、路径等信息，是目前唯一能够支持全部图像色彩模式的格式。

用 PSD 格式保存图像时，图像没有经过压缩。所以，当图层较多时，会占用很大的硬盘空间。图像制作完成后，一般会保存为通用的压缩格式，如 JPEG 文件。

3. 选区

在 Photoshop CC2018 中处理局部图像时，首先要选取编辑操作的有效区域，即指定选区。选区就是 Photoshop CC2018 中实际要处理的部分。选区建立后，就可以对选区内的图像进行操作处理。如果没有选区，默认是对当前整个图层进行操作。

选区的建立方法一般有以下几种：

① 选取全部图像作为选区（按【Ctrl+A】组合键）。

② 使用工具箱中的规则选框工具：矩形、椭圆、单行和单列等。

③ 使用工具箱中的套索工具组：自由套索、磁性套索、多边形套索工具。
④ 使用工具箱中的魔棒工具组：魔棒工具、快速选择工具。
⑤ 通过层、通道、路径来转换成选区。
⑥ 通过"快速蒙版"建立选区。

4．图层

图层（Layer）是 Photoshop CC2018 中非常重要的概念，通俗地讲，图层就像是含有图形等元素（点、线、面和文字）的胶片，一张张按顺序叠放在一起，组合起来形成页面的最终效果。图层中可以加入文本、图片、表格、插件，也可以在里面再嵌套图层。每个图层的内容都是独立的（如道路、水域、农田、草场、森林等），用户可以在不同的图层中进行设计、修改和编辑而不会影响其他图层。利用"图层"面板可以方便地控制图层的增加、删除、显示和顺序关系。当所有图层都编辑完成后，可以将其合成为最后的目标图像。通过使用图层的特殊功能可以创建很多复杂的图像效果。

5．蒙版

简单地说，蒙版（Mask）就是"蒙"在图像上用来保护图像的一层"板"。蒙版可以隔离和保护图像的部分区域。一般情况下，蒙版的白色部分可以让图像变得透明，黑色部分使图像不透明，灰色使图像半透明。而这 3 种颜色可以使用任何绘图工具进行绘制。

蒙版分为快速蒙版、矢量蒙版、剪切蒙版和图层蒙版 4 种。

6．通道

通道是用来存放颜色信息的。打开新图像时，系统会自动创建颜色信息通道。颜色通道的数量取决于图像的颜色模式。例如，RGB 模式具有 4 个通道：1 个复合通道（RGB 通道），分别代表红色、绿色、蓝色的通道。可以认为通道就是特殊的"选区"。

Photoshop CC2018 的通道包括复合通道、单个颜色通道、Aplha 通道、专色通道等多种类型。

7．路径

路径是由一些点、线段或曲线构成的，利用 Photoshop CC2018 中提供的路径功能，可以绘制线条或曲线，并可对绘制的线条进行填充和描边，完成一些绘画工具无法完成的工作。路径的形状是由锚点控制的，锚点标记路径段的端点。在工具箱面板中，路径工具组的图标呈现为"钢笔图标"。

路径工具按照功能可以分为三大类：
① 节点定义工具，包括"钢笔""磁性钢笔""自由钢笔"。
② 节点增删工具，包括"添加节点""删除节点"。
③ 节点调整工具，包括"节点位置调整""节点曲率调整"。

6.1.3 新建图像

首先下载素材 E6-1.zip（包括 E6-1-cat.jpg、E6-1-bird.psd 和 E6-1-back.jpg）。

① 启动 Photoshop CC2018，选择"文件"→"新建"命令（或按【Ctrl+N】组合键），打开"新建"对话框，设置新建图像文件的属性。
② 在"名称"文本框中输入 sample 为图像文件的名称。
③ 在"预设"选择框中系统提供了各种常用的文档预设选项，如默认大小、纸张类型等。

如果需要自己设置图像的属性，则在下面各个具体的属性设置框中输入自定义内容。在"宽度"和"高度"文本框中分别输入 25 和 16（单位：厘米）；在"分辨率"文本框中输入 300（单位：像素/英寸）；在"颜色模式"中选择 RGB、8 位；"背景内容"选择"白色"，如图 6-4 所示。

"高级"选项中可以设置"颜色配置文件"和"像素长宽比"。一般情况下，都应该选择"方形"像素（计算机显示器上的图像都是由方形像素组成的）。

④ 单击"好"按钮，就建立了一个名为 sample 的图像文件。

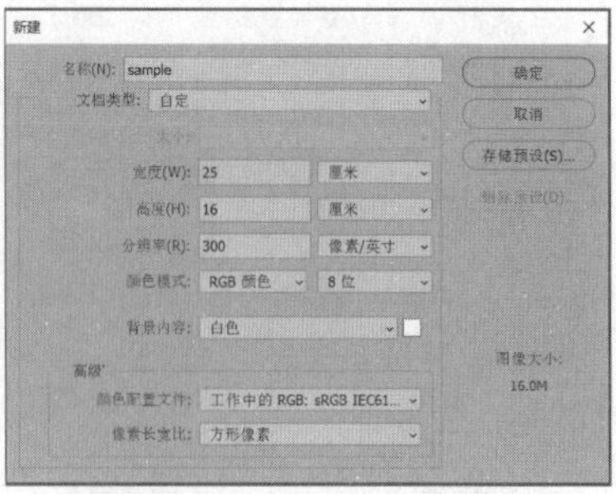

6.1.4 打开与保存图像

图 6-4 "新建"对话框

具体操作步骤如下：

① 启动 Photoshop CC2018，选择"文件"→"打开"命令，在打开的"打开"对话框（见图 6-5）中选择一个或多个文件，可以将图像文件打开，如打开素材文件 E6-1-cat.jpg。

② 对图像编辑完成后，选择"文件"→"存储为"命令，打开"存储为"对话框，如图 6-6 所示。在该对话框中，选择文件的保存路径，输入文件名称并选择文件的保存格式（系统默认为".PSD"格式）后，单击"保存"按钮即可保存图像。

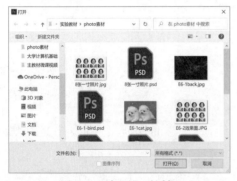

图 6-5 "打开"对话框

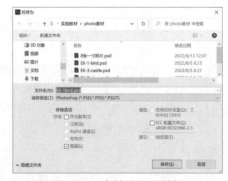

图 6-6 "存储为"对话框

注意：Photoshop CC2018 支持的文件格式很多。PSD 格式是系统默认的编辑文件格式，可以保留文档中的所有图层、蒙版、通道、路径、未栅格化的文字、图层样式等，也可以再次进行修改编辑。其他格式：如 BMP 格式，可以保存 24 位颜色的位图图像；GIF 格式，支持透明背景和动画的文件格式；EPS 格式，为打印机输出图像而开发的文件格式；PDF 格式，一种通用的便携文件格式，支持矢量图形和位图图像；PNG 格式，用于网络传输和显示的压缩图像格式，支持 24 位图像并可以产生无锯齿的透明背景。

6.1.5 图像属性的设置与修改

1. 修改图像尺寸

选择"图像"→"图像大小"命令，打开"图像大小"对话框，可以进行图像尺寸的修改。如果改变了对话框中图像像素的大小，图像文件的大小也会随着发生变化，如图 6-7 所示。

2. 画布属性的设置

画布是指整个图像文件的工作区域，默认的大小和图像尺寸相同。选择"图像"→"画布大小"命令，打开"画布大小"对话框，可以进行画布尺寸的修改，如图 6-8 所示。

图 6-7 "图像大小"对话框　　　　图 6-8 "画布大小"对话框

在"新建大小"选项组中设置新的画布尺寸数据，随着设置数据的改变，文件的大小也会随之改变。当新设置的数据小于原始图像大小时，系统会对原始图像进行一定的剪切操作。

如果选中"相对"复选框，则"宽度"和"高度"选项中的数值将代表相对于原始画布大小，增加和减少的数据量，而不是代表整个画布的宽度和高度；正值代表增大画布，负值代表减小画布。

"定位"选项可以指定修改画布尺寸后，当前图像在新画布上的位置。

"画布扩展颜色"可以用于选择新画布的填充颜色。如果原始图像的背景色是透明的，则该选项为不可用状态，新添加的画布也是透明的。

3．图像的变换与变形操作

移动、旋转、缩放、扭曲等是图像处理的基本方法。其中，移动、旋转和缩放称为变换操作；扭曲和斜切称为变形操作。这些操作都可通过选择"编辑"→"变换"命令完成。

6.1.6　实例：酷炫飞鸟的制作

① 启动 Photoshop CC2018，选择"文件"→"打开"命令，打开素材文件 E6-1-bird.psd。

② 选择"图层"→"复制图层"命令（或按【Ctrl+J】组合键）复制图层 1，如图 6-9 所示。

③ 选择"编辑"→"自由变换"命令（或按【Ctrl+T】组合键），建立变换区域，稍微缩小一下图像；选择"编辑"→"变换"→"旋转"命令，将图像稍微做旋转操作，并将中心锚点移动到图 6-10 所示位置。设置完成后按【Enter】键退出自由变换。

图 6-9　复制图层 1　　　　图 6-10　改变图像大小和锚点位置

④ 连续按【Alt+Shift+Ctrl+T】组合键，共重复 20 次，做重复自由变换操作，每按一次，就会复制出一个海鸥图像，效果如图 6-11 所示。

⑤ 在"图层"面板中可以看到 20 个图层副本，按住【Shift】键的同时单击"图层 1 副本"，将所有图层副本都选中，然后选择"图层"→"向下合并"命令（或按【Ctrl+E】组合键），将所有图层都合并为一个图层副本，如图 6-12 所示。

图 6-11 重复旋转

图 6-12 合并图层

⑥ 单击"图层"面板底部的 按钮,为该图层添加蒙版。设置蒙版前景颜色为黑色;选择工具箱中的渐变工具 ,在画面中由底部中点垂直向上单击并拖动鼠标,填充线性渐变。渐变颜色会应用到蒙版中。在"图层"面板中,将"图层 1"拖动到最上方,效果如图 6-13 所示。

图 6-13 图层的编辑:蒙版操作

⑦ 打开另外一个图像素材文件 E6-1-back.jpg,使用工具箱中的"移动工具" 将其移动到刚才编辑的图像文档中,并在"图层"面板中将其移动到底层作为背景,如图 6-14 所示。将编辑好的图像存储为需要的文件格式,如 JPEG 格式,完成操作,最终效果如图 6-14 右图所示。

图 6-14 添加背景图像,完成操作

6.2 Adobe Photoshop 图像编辑实验

6.2.1 实验目的

① 掌握 Photoshop CC2018 图像编辑的常用操作:选区、图层、证件照的处理等。
② 掌握套索等选区工具的使用;图层的基本操作;裁剪、破损修复、描边等处理过程。
③ 下载素材 E6-2.zip,其中包括 E6-2-window.jpg、E6-2-back.jpg、E6-2-person.jpg。

6.2.2 实验内容

1. 选区操作

Photoshop CC2018 中常用的制作选区的方法有：使用椭圆选框工具制作圆形选区、使用套索工具创建选区，以及使用魔棒工具快速抠图等。以下举例详细介绍使用套索工具创建选区的过程。

① 启动 Photoshop CC2018，选择"文件"→"打开"命令，打开实验素材文件 E6-2-window.jpg，为背景图层，如图 6-15 所示。选择 PS（左侧）工具箱中的"多边形套索工具"，在 PS 左上套索工具选项面板中单击"添加到新选区"按钮，在窗户图像左侧门内的一个边角上单击为起始点，光标会变为形状，然后沿着左侧门内边缘的转折处继续单击，拉出直线，确定左侧门内选区范围，直至光标起点处，单击或双击即可封闭套索选区。

采用同样的方法，将窗户图像中间和右侧门内的图像部分都套索选中，创建封闭套索选区，如图 6-15 中间和右侧所示。

② 选择背景图层，按【Ctrl+J】组合键，可见新创建的图层 1，选区图像会被复制到此图层 1 中，如图 6-16 所示。

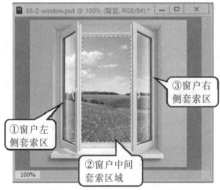

图 6-15　使用多边形套索

图 6-16　选区内容创建图层

③ 打开另外一个素材文件 E6-2-back.jpg，单击工具箱中的"移动工具"，在图像中单击左键不松开轻轻移动，然后拖动此图像至 E6-2-window.jpg 图像界面中，此时移动图像结束，位置如图 6-17 所示。

④ 按【Alt+Ctrl+G】组合键，自动创建图层 2 的剪贴蒙版，最终效果如图 6-18 所示。

图 6-17　添加外部图像为图层 2

图 6-18　图像制作效果

2. 图层基本操作

① 启动 Photoshop CC2018，选择"文件"→"新建"命令，创建一个名称为 color 的空白文档，其参数设置如图 6-19 所示。

② 选择"横排文字工具"，在"字符"面板中设置字体及大小，在画面中输入文字"Color"，

如图 6-20 所示。此时，图像文件自动创建了新的文字图层。

图 6-19　创建空白文档　　　　　　　　图 6-20　创建文字图层

③ 双击文字图层，打开"图层样式"对话框，添加"投影效果"，设置投影颜色为深蓝色。依此类推，分别添加"渐变叠加""内阴影""内发光""斜面和浮雕"等效果。其中，"投影效果"和"渐变叠加"的参数设置如图 6-21 所示。其他效果的参数自行设置。

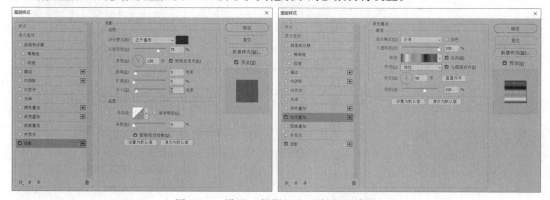

图 6-21　设置"投影"和"渐变"效果

④ 选择"移动工具" 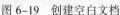，按住【Alt】键向右下方移动鼠标，复制文字，此时自动产生了"Color 副本"图层。双击该图层，修改图层中的文字字体为 WCRhesusABta（此字体需要自行从互联网下载），文字会显示成墨点，如图 6-22 所示。

图 6-22　复制文字，改变字体

⑤ 选择"背景"图层，使用"渐变工具"设置背景的渐变效果，最终效果如图 6-23 所示。

图 6-23　图层应用效果

3．数码证件照的规格转换

某考试网上报名时需要考生按规格上传电子照片。要求照片规格为 390×567 像素（宽×高）、JPG 格式，分辨率为 72 像素/英寸。

① 启动 Photoshop CC2018，选择"文件"→"打开"命令，打开实验素材文件 E6-2-person.jpg。

② 选择"裁剪工具" ，单击图"不受约束"选项，选择"大小和分辨率"命令（见图 6-24），打开"裁剪图像大小和分辨率"对话框，按如图 6-25 所示设置宽度、高度和分辨率（注意单位的选择）。拖动照片上出现的裁剪框，确定合适位置后按【Enter】键确认。

4．制作一英寸证件照

① 启动 Photoshop CC2018，选择"文件"→"打开"命令，打开实验素材文件 E6-2-person.jpg。

② 按照图 6-24 所示选择"裁剪工具" ，根据 6-25 所示设置"裁剪图像大小和分辨率"，设置宽度 2.5 厘米、高度 3.5 厘米和分辨率 300 像素/英寸（注意单位的选择）。拖动照片上出现的裁剪框，确定合适位置后在裁剪区域内双击或按【Enter】键确认。此时照片已被按照一英寸照片规格完成裁剪。

③ 选择"图像"→"画布大小"命令，打开"画布大小"对话框，按图 6-26 所示设置宽度、高度和画布扩展颜色，单击"确定"按钮。此时的效果如图 6-27 所示，在一英寸照片四周加了白边。

④ 按【Ctrl+A】组合键全选图像，选择"编辑"→"描边"命令，打开"描边"对话框，设置宽度为 1 像素，颜色为蓝色，"位置"选择"内部"（见图 6-28），单击"确定"按钮。按【Ctrl+D】组合键取消选区，完成剪切线的添加。

图 6-24　裁剪工具

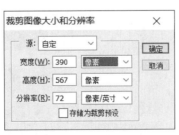

图 6-25　证件照规格转换

图 6-26　"画布大小"对话框

图 6-27 1 英寸照片四周加白边

图 6-28 描边（添加剪切线）操作

⑤ 选择"编辑"→"定义图案"命令，打开名称默认为 E6-2-person.jpg 的对话框，直接单击"确定"按钮，将带有白边的一英寸照片定义为图案备用。

⑥ 选择"文件"→"新建"命令，创建一个名称为"八张一英寸照片"的空白图像文档，其参数设置如图 6-29 所示。

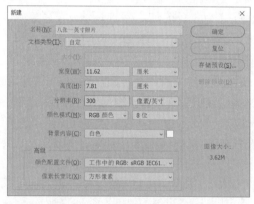
图 6-29 "新建"对话框设置

⑦ 选择"编辑"→"填充"命令，打开"填充"对话框，将"内容"栏的"使用"选为"图案"，并在"自定图案"中选中在第⑤步中定义好的带有白边的一英寸照片 E6-2-man.jpg 图案，如图 6-30 所示。单击"确定"按钮，填充效果如图 6-31 所示（八张一英寸照片之间的蓝色分隔线即为第④步中添加的剪切线）。

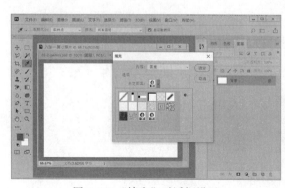
图 6-30 "填充"对话框设置

图 6-31 填充后的效果

⑧ 选择"图像"→"画布大小"命令，打开"画布大小"对话框，按图 6-32 所示设置宽度、高度和画布扩展颜色，将图像扩展为 5 英寸照片大小。单击"确定"按钮后照片最终排版效果如图 6-33 所示。

图 6-32　"画布大小"对话框设置

图 6-33　最终效果图

6.3　Photoshop 综合实验

6.3.1　实验目的

① 掌握 Photoshop CC2018 图像编辑的综合应用技术。
② 掌握图层和蒙版的高级应用；几种常用工具的设置和使用。
③ 下载素材 E6-3.zip，其中包括 E6-3-sky.psd、E6-3-land.jpg、E6-3-pineapple.psd 和 E6-3-castle.psd。

6.3.2　实验内容

1. "菠萝城堡"背景图层的建立

① 启动 Photoshop CC2018，选择"文件"→"打开"命令，打开实例素材 E6-3-sky.psd 文件，如图 6-34 所示。

图 6-34　背景图片

② 选择"图层"→"新建"命令，新建"图层 1"，选择"渐变工具"，打开渐变编辑器，设置渐变属性，在图层 1 上按住【Shift】键由上至下拖动鼠标，填充线性渐变，如图 6-35 所示。

③ 在图层 1 的"混合选项"对话框中设置图层的混合模式为"强光"，使天空画面变得明亮纯净，如图 6-36 所示。

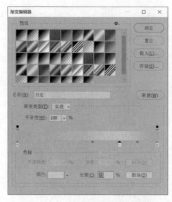

图 6-35　渐变编辑器设置　　　　图 6-36　改变后的天空背景

④ 按【Ctrl+O】组合键，打开新的素材文件 E6-3-land.jpg。使用"移动工具"将其拖动到 E6-3-sky.psd 中，系统会自动创建一个新的图层 2。按【Ctrl+T】组合键显示图像的定界框，按图 6-37 所示拖动鼠标调整沙滩图像的高度和宽度，按【Enter】键确认。

⑤ 单击该图层面板中的 按钮，创建图层蒙版，使用渐变工具填充线性渐变，注意更改渐变颜色。操作起点应该在下部的沙滩图案内，才能很好地隐藏沙滩边缘，效果如图 6-37 所示。

图 6-37　沙滩图像的处理

⑥ 新建一个图层，设置其混合模式为"叠加"，不透明度为"35%"。将前景色设置为"黑色"，在渐变工具面板中选择"前景色到透明渐变"，由画面下方向上拖动鼠标进行线性渐变填充，使沙滩颜色变浓。最后，将所有图层合并（按【Shift+Ctrl+E】组合键），最终效果如图 6-38 所示。

图 6-38　背景图像的最终效果

2. "菠萝城堡"图像的创建

① 按【Ctrl+O】组合键,打开新的素材文件 E6-4-2-pineapple.psd,使用"移动工具"将其拖动到背景图像文件中。同样,系统会为其创建一个新图层"菠萝"。选择"编辑"→"变换"→"旋转 90 度(顺时针)"命令,将菠萝图像平放在沙滩上,如图 6-39 所示。

② 单击该图层面板中的按钮,创建图层蒙版。使用"画笔工具",在"画笔工具"面板中选择"湿介质画笔—实际油画圆形混合画笔",在菠萝的底部涂抹,使其看起来是隐藏在沙滩中的。再使用"常规画笔—柔边圆画笔"在菠萝叶的边缘涂抹灰色,使其看起来比较自然。

③ 按【Ctrl+J】组合键复制该图层,创建图层"菠萝 拷贝"。选择"滤镜"→"模糊"→"高斯模糊"命令,在打开的对话框中进行模糊属性设置,如图 6-40 所示。

图 6-39　导入菠萝图像文件　　　　图 6-40　设置高斯模糊

④ 单击"菠萝 拷贝"图层的蒙版缩览图,使用"柔角画笔工具",在菠萝的中心位置涂抹黑色,隐藏中心的模糊图像,只让菠萝边缘呈现模糊效果。

⑤ 单击"菠萝"图层的蒙版缩览图,再次使用"常规画笔—柔边圆画笔"在菠萝的左侧涂抹灰色,使图像看起来更加自然。单击"菠萝 拷贝"图层,按【Ctrl+E】组合键合并这两个菠萝图层。

⑥ 按【Ctrl+B】组合键,打开"色彩平衡"对话框,按照图 6-41 分别设置相应的色彩参数。设置后的图像效果如图 6-42 所示。

⑦ 再次按【Ctrl+O】组合键,导入素材文件 E6-3-castle.psd。注意该文件中包含 2 个图层,需要使用"移动工具"分别将这 2 个图层移动至图像文件的不同位置,如图 6-43 所示。

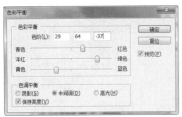

图 6-41　色彩平衡的设置

图 6-42　菠萝图像的效果图

图 6-43　导入背景素材

⑧ 在"菠萝"图层上方新建一个图层，设置其混合模式为"正片叠底"。使用"常规画笔—柔边圆画笔"设置其不透明度为 20%，绘制图像上的门、窗、草丛和路灯的投影，使画面中各种元素的合成更加自然。最终效果如图 6-44 所示。

图 6-44　"菠萝城堡"最终效果

第二部分 测试题及参考答案

第7章 计算思维导论测试题

一、填空题

1. 通用计算环境经历了冯·诺依曼机、个人计算环境、（　　）和（　　）。
2. 计算就是一种（　　）过程或（　　）过程。
3. 逻辑的本质是寻找事物的相对（　　），并用（　　）推断未知。
4. 算法是对特定问题求解（　　）和（　　）的一种描述。
5. 从现代角度来看算法，算法有3个基本要素：一是（　　）；二是（　　），主要有算术运算、逻辑运算、关系运算和数据传输；三是（　　），主要有顺序、分支、循环3种结构。
6. 周以真（Jeannette M Wing）教授2006年提出的计算思维定义给出了计算思维的三大部分，即问题（　　）、系统（　　）和工程（　　）。
7. 计算思维最根本的内容，即其本质是（　　）和（　　）化。
8. 计算思维特征为（　　）、（　　）和（　　）。
9. 二进制和传统的十进制相比，有两个突出的优点：一是物理上讲更容易实现（　　）；二是（　　）。
10. 不可求解问题也可进一步分为两类：一类如（　　）问题，的确不可求解；另一类虽然有解，但时间复杂度很高。
11. 图灵把人在计算时所做的工作分解成简单的动作，由此机器需要：①存储器；②一种语言；③（　　）；④计算意向；⑤执行下一步计算等部件和步骤。
12. 旅行商问题是确定最短路线，使其旅行费用最少的最优化思想。当要去的城市不断增加时，会出现所谓（　　）问题。目前计算机还没有确定的高效算法来求解它。
13. 物质、能源和（　　）是人类生存和社会发展的三大基本资源。
14. 信息既是各种事物的（　　）的反映，也是事物之间相互作用和联系的表征。
15. 算法可分为（　　）计算类、（　　）计算类。

二、单选题

1. 计算中存在的关系包括（　　）的关系。
   A. 数据与数据的关系　　　　B. 数据与计算符的关系
   C. 计算符与计算符　　　　　D. 以上都是
2. 算法有3个基本要素（　　）。
   A. 数据对象　　B. 基本运算和操作　　C. 控制结构　　D. 以上都是

3. 算法是对特定问题（　　）。
   A. 计算和运行　　　　　　　　　　　B. 设计和执行
   C. 求解步骤和方案的一种描述　　　　D. 分析和设计
4. 程序=（　　）。
   A. 逻辑+算法　　B. 逻辑+数据结构　　C. 算法+控制　　D. 算法+数据结构
5. 算法=（　　）。
   A. 算法+数据结构　　　　　　　　　B. 逻辑+算法
   C. 逻辑+控制　　　　　　　　　　　D. 逻辑+数据结构
6. 人类的思维活动通常分为（　　）等类型。
   A. 形象思维　　B. 逻辑思维　　C. 灵感　　D. 以上 3 种都是
7. 科学思维包括理论思维、实践思维和（　　）3 种，可分别对应于理论科学、实践科学和计算机科学。
   A. 计算思维　　B. 形象思维　　C. 逻辑思维　　D. 灵感
8. 理论思维又称逻辑思维，是指通过（　　）和建立描述事物本质的（　　），应用科学的方法探寻概念之间联系的一种思维方法。
   A. 概念、统计　　B. 抽象、概念　　C. 抽象、实验　　D. 观察、推理
9. 实践思维又称实证思维，是通过（　　）获取自然规律法则的一种思维方法。
   A. 观察和统计　　B. 抽象和观察　　C. 抽象和实验　　D. 观察和实验
10. 计算思维是指从具体的（　　）设计规范入手，通过算法过程的（　　）来解决给定问题的一种思维方法。
    A. 观察、抽象和实施　　　　　　　B. 实施、算法和抽象
    C. 算法、构造与实施　　　　　　　D. 计算、构造与实施
11. 数是量化事物（　　）的概念。
    A. 多少　　B. 几个　　C. 很多　　D. 很少
12. 早期先民对数和数量的认识，最大数是多少（　　）。
    A. 2　　B. 3 和"多"　　C. 4　　D. 2 和很多
13. 对数刻度计算尺，计算尺上的刻度（距离）对应的是对数值 $x=\log(N)$，即对数刻度，标的数值是（　　）值。
    A. x　　B. $\log(x)$　　C. $\log(N)$　　D. N
14. （　　）等理论研究的不断深入，科学家从理论上证明了计算自动化的可行性，这为未来现代电子计算机的物理实现奠定了理论基础。
    A. 电子管、晶体管　　　　　　　　B. 二进制、数理逻辑、布尔代数
    C. 十六进制、数学　　　　　　　　D. 二进制、数学、布尔代数
15. 现代计算机之所以采用（　　）元器件实现二进制是因为它具有非常重要的一些特点。
    A. 继电器　　B. 电子管　　C. 晶体管　　D. 开关
16. 冯·诺依曼就两大设计思想做了论证。设计思想之一是计算机使用（　　），二是采用（　　）工作原理。
    A. 晶体管、数理逻辑　　　　　　　B. 二进制、数理逻辑
    C. 晶体管、"存储程序和程序控制"　D. 二进制、"存储程序和程序控制"

17. 现代超级计算机是指计算机的运算速度能达到每秒运算（　　）次（每秒的浮点运算速度）。
    A. 十亿   B. 千亿   C. 万亿   D. 1亿

18. 在电子商务领域，企业对消费者销售产品和服务的电子商务是（　　）。
    A. B2B（Business To Business）   B. C2C（Customer To Customer）
    C. O2O（Online To Offline）   D. B2C（Business To Customer）

19. 可计算性特征之一：可用数学术语对计算过程进行精确描述，将计算过程中的运算最终解释为（　　）。
    A. 算术运算   B. 集合运算   C. 几何运算   D. 函数运算

20. 可计算性具有如下几个特征（　　）。
    A. 确定性、有限性
    B. 设备无关性
    C. 可用数学术语对计算过程进行精确描述，将计算过程中的运算最终解释为算术运算
    D. 以上都是

21. 在计算上，算法的复杂度包括算法的时间复杂度和（　　），选择准确的描述。
    A. 求解问题的难易程度   B. 空间复杂度
    C. 问题的固有难度   D. 所需要的时间资源

22. 通用图灵机的思想如果要具体到每一步计算，则分成：①改变数字和符号；②扫描区改变；③改变（　　）意向等。
    A. 结构   B. 模型   C. 计算   D. 输入

23. 利用计算机求解问题的过程一般包括问题的抽象、问题的（　　）、设计问题求解算法、问题求解的实现等过程。
    A. 映射   B. 求解   C. 编程   D. 设计

24. 在问题抽象的思维过程中，建立数学模型的一般步骤和阶段如下：模型准备、（　　）、构成、确定等阶段。
    A. 设计   B. 分析   C. 实施   D. 假设

25. 排序是给定的数据集合中的元素按照一定的标准来安排先后次序的过程。目前已经有十几种排序算法，其中冒泡排序算法由一个（　　）循环控制。
    A. 1层   B. 2层   C. 3层   D. 4层

26. 冒泡排序算法由一个双层循环控制时间复杂度是规模 n 的多项式函数，为（　　）问题。
    A. NP   B. P   C. P 或 NP   D. Q

27. 汉诺塔问题是一个典型的递归求解问题。计算过程，n 个盘子，移动次数是 $f(n)$，有 $f(1)=1$，$f(2)=3$，$f(3)=7$，且 $f(n)=2\times f(n-1)+1$（此就是递归函数，自己调用自己），当 $n=5$ 时，移动次数是 $f(5)$，为（　　）。
    A. 30   B. 32   C. 31   D. 33

28. 国王婚姻故事是一个并行计算，国王采用了（　　）方式（一人计算），所耗费的计算资源少，但需要更多的计算时间，而宰相孔唤石的方法则采用了并行计算方式（多人计算），耗费的计算资源多，效率大幅提高。
    A. 串行计算   B. 并行计算   C. 除法计算   D. 网格计算

29. 并行处理技术的形式为（　　）。
    A. 时间并行：指时间重叠
    B. 空间并行：指资源重复
    C. 时间并行+空间并行：指时间重叠和资源重复的综合应用
    D. 以上三者

30. 并行处理技术的核心概念是并行性，并行性准确的描述是（　　）。
    A. 在时间上为同一时刻或同一时间间隔内
    B. 在工作上，两种或两种以上性质相同或不相同的工作进行
    C. 在同一时间段完成两种或两种以上的工作，都存在并行性
    D. 以上三者描述都对

31. （　　）是计算机最基本的应用，是其他应用的基础。
    A. 数值处理和数据处理　　　　B. 信息处理和知识处理
    C. 智能处理和网络处理　　　　D. 知识处理和智能处理

32. 信息科学（或信息论）是研究信息的获取、表达、存储、识别、编码、处理等（　　）中各种信息问题的科学。
    A. 传输过程和处理阶段　　　　B. 存储和识别过程
    C. 编码过程和处理阶段　　　　D. 获取和表达过程

33. 在计算机发展史上占有重要地位，并被称为计算机之父的两位科学家是（　　）。
    A. 布尔和图灵　　　　　　　　B. 帕斯卡和巴贝奇
    C. 图灵和冯·诺依曼　　　　　D. 巴贝奇和冯·诺依曼

三、多选题

1. 计算思维与多学科思维深度融合的发展方向包括（　　）。
    A. 计算+　　　B. 计算机硬件+　　　C. 互联网+
    D. 计算机软件+　　　E. 智能+

2. 思维是人的大脑利用已有知识和经验对具体事物进行（　　）等认识活动的过程。
    A. 认识　　　B. 分析　　　C. 综合
    D. 判断　　　E. 推理

3. 科学思维的方式包括（　　）等。
    A. 由此及彼、删繁就简　　　　B. 归纳分类、正反比较
    C. 联想推测、由此及彼　　　　D. 删繁就简、启发借用
    E. 正反比较、联想推测

4. 科学思维能力应包括（　　）等。
    A. 判误能力、浮想能力　　　　B. 审视能力、判误能力
    C. 综合能力、归纳能力　　　　D. 浮想能力、综合能力
    E. 归纳能力

5. 计算思维最根本的内容，即其本质是（　　）；其特征为（　　）。
    A. 抽象和自动化　　　　　　　B. 抽象和构造性
    C. 能行性和确定性　　　　　　D. 自动化和确定性
    E. 能行性、构造性和确定性

6. 计算的自动化是指设备、系统在没有人或较少人的直接参与下，按照人的程序设计要求，（　　），完全是自动化的过程。
   A. 自动运行　　B. 分析　　　　C. 求解问题
   D. 设计　　　　E. 给出结论

7. 依据计算机采用的主要元器件和性能，以及软件和应用综合考虑，一般将计算机的发展分为4个阶段，其中4个阶段的软件发展为（　　）。
   A. 二进制机器语言、汇编语言　　　B. 高级语言
   C. 操作系统　　　　　　　　　　　D. 数据库、网络等
   E. Windows 操作系统

8. 依据计算机采用的主要元器件，可将计算机的发展分为4个阶段，其中4个阶段的元器件发展为（　　）。
   A. 电子管　　B. 晶体管　　C. 集成电路
   D. 电路　　　E. 大规模和超大规模集成电路

9. 计算机的特点有（　　）。
   A. 运算速度快　　B. 存储容量大　　C. 计算精确度高
   D. 逻辑判断能力　　　　　　　　　E. 自动工作的能力

10. 图灵把人在计算时所做的工作分解成简单的动作，机器需要：①（　　），用于存储计算结果；②（　　），表示运算和数字；③扫描；④（　　），即在计算过程中下一步打算做什么；⑤（　　）下一步计算。
    A. 一种语言　　B. 存储器　　C. 计算意向
    D. 执行　　　　E. 控制

11. 问题抽象的思维过程中，建立数学模型的一般步骤如下：①模型（　　）；②模型（　　）；③模型（　　）；④模型（　　）等4个阶段。
    A. 设计　　B. 准备　　C. 假设
    D. 构成　　E. 确定

12. （　　）是人类生存和社会发展的基本资源。
    A. 机器　　B. 物质　　C. 能源
    D. 信息　　E. 环境

13. 信息科学（或信息论）是由（　　）等科学组成。
    A. 计算机科学　　　　　　B. 电子与信息系统科学
    C. 半导体　　D. 光电　　E. 自动化科学

四、判断题
1. 计算的根本问题是求解社会、自然问题。（　　）
2. 逻辑是探索、阐述和确立有效推理原则的学科。（　　）
3. 算筹和算盘都属于硬件，而摆法和算盘的使用规则就是它们的软件。（　　）
4. 算术和算法的区别，例如：10－3＝7 和 10＋(－3)＝7，前者为算法，后者为算术。（　　）
5. 计算的过程就是执行算法的过程。（　　）
6. 算法是对特定问题求解步骤和方案的一种描述。（　　）
7. 一般认为，计算是执行算法的过程，与算法的问题求解步骤没什么区别。（　　）

8. 思维是人类的高级心理活动。（　　）

9. 科学思维是关于人们在科学探索活动中形成的、符合科学探索活动规律与需要的思维方法及其合理性原则的理论体系。（　　）

10. 科学思维通常是指人脑对科学信息的加工活动，它是主体对客体理性的、逻辑的、系统的认识过程。（　　）

11. 计算思维是指从具体的算法设计规范入手，通过算法过程的构造与实施来解决给定问题的一种思维方法。（　　）

12. 周以真（Jeannette M Wing）教授2006年提出的：计算思维是运用计算机科学的基础概念进行问题求解、系统设计以及人类行为的理解等涵盖计算机科学之广度的一系列思维活动。（　　）

13. 计算机采用晶体管实现二进制，其功能是：变换、逻辑运算和加法运算。（　　）

14. 计算机就是具有自动控制的电子设备，其工作基于电子脉冲电路原理，因此，它的功能也取决于电子设备的功能，基础性功能就是加法运算、逻辑运算和变换。（　　）

15. 计算机就是具有自动控制的电子设备，其工作基于电子脉冲电路原理，因此，它的特点也取决于电子设备的特点，如运算速度快、计算精确度高和存储容量大，以及具有复杂的逻辑判断能力和按程序自动工作的能力。（　　）

16. 计算理论是计算机科学理论基础之一，它是研究计算的计算过程与功效的数学理论。（　　）

17. 从计算思维的角度来看，计算理论是了解如何计算和过程（计算模型），并知道可计算性与计算复杂性，从而评价算法或估算计算实现后的运行效果。（　　）

18. "图灵机"不是抽象计算机模型。（　　）

19. 图灵机是将人们使用纸笔进行数学运算的过程进行抽象，由一个虚拟的机器替代人们进行数学运算，最终解决由真实的机器代替人进行计算的问题。（　　）

20. 因为空间复杂度不重要，人们对算法空间复杂度的分析的重视程度要小于时间复杂度的分析。（　　）

21. 随着计算机技术的快速发展，时间复杂性和空间复杂性的问题在有些情况下显得不再那么重要。（　　）

22. 计算机科学中的递归算法是把问题转化为规模缩小了的同类问题的子问题的求解。（　　）

23. 虽然计算思维正在或已经渗透到各个学科、各个领域，并正在潜移默化地影响和推动着各领域的发展，但还不是一种发展趋势。（　　）

24. 信息科学（或信息论）是由计算机科学、电子与信息系统科学、半导体、光电和自动化科学等组成。（　　）

25. 数据处理的基本目的是从大量的、可能是杂乱无章的、难以理解的数据中为特定目的获取有一定价值、意义的数据。利用数据库系统进行数据管理和查询是数据处理的主要方式。（　　）

26. 知识处理就是利用已有的知识或知识库，进行推理、判断、分析和解决问题，并能将定量的问题，给出定性的解释和处理。（　　）

27. 基本的信息素养，目前还不能成为大学生毕业后适应信息社会的基本条件。（　　）

28. 算法并不给出问题的具体解，只是说明按什么样的操作才能得到问题的解。（　　）

第8章 计算信息表示测试题

一、填空题

1. 进行下列数值的数制转换。
   ① 213D = (　　) B = (　　) H = (　　) O；② 69.625D = (　　) B = (　　) H = (　　) O；
   ③ 3E1H = (　　) B = (　　) D；④ 10AH = (　　) B = (　　) D；
   ⑤ 10110101101011B = (　　) H；⑥ 111111111000011B = (　　) H。

2. 在$(123.45)_8$中，各位的权值分别是(　　)。
3. 在进位计数制中，如果某个数为基R数制，则R称为该数值的(　　)。
4. 二进制数转换成八进制数时，以小数点为界，向两边每(　　)为一组分组计算。
5. 二进制数的逻辑运算主要有(　　)、(　　)、(　　)和(　　)4种。
6. 数值数据在计算机中表示时，经常用到(　　)和数值精度两个概念。
7. 通常，把在计算机中存储的正负号数码化的数称为(　　)。
8. 根据小数点的位置是否固定，数的表示方法可以分为(　　)和(　　)。
9. 在计算机系统中对有符号的数字，通常采用原码、反码和(　　)表示。
10. 计算机对汉字的国标码通常使用(　　)个字节进行存储。
11. 静止的图像是一个矩阵，由一些排成行列的点组成，这些点称为(　　)，这种图像称为(　　)。
12. 在数字音频文件 MP3、WAV、WMA 中，占据存储空间最大的是(　　)。
13. 声音的质量要求越高，则量化位数和采样频率就(　　)。
14. 常见的声音、图像、视频的压缩方法是(　　)。
15. 在计算机中，根据图像记录方式的不同，图像文件可分为(　　)和(　　)。

二、单选题

1. 一个浮点数由两部分组成，它们是阶码和(　　)。
   A. 尾数　　　　B. 基数　　　　C. 整数　　　　D. 小数
2. 在进位计数制中，组成某数A的每一位数码K_i都对应一个固定的权值R^i，则相邻位的权相差的倍数是(　　)。
   A. R^{i-2}　　　B. R^{i-1}　　　C. R^i　　　D. R
3. 在一台字长为8位的计算机中，十进制数-123的原码表示为(　　)。
   A. 11111011　　B. 10000100　　C. 1000010　　D. 01111011
4. 下列描述中，正确的是(　　)。
   A. 1 MB=1 000 B　B. 1 MB=1 000 KB　C. 1 MB=1 024 B　D. 1 MB=1 024 KB
5. 若一台计算机的字长为4字节，这意味着它(　　)。
   A. 能处理的数值最大为4位十进制数 9999
   B. 能处理的字符串最多为4个英文字母组成
   C. 数据在 CPU 中作为一个整体加以传送处理的代码为32位

D. 在 CPU 中运行的结果最大为 2 的 32 次方

6. 执行下列逻辑加运算（即逻辑或运算）10101010∨01001010 其结果是（　　）。
　　A. 11110100　　B. 11101010　　C. 10001010　　D. 11100000

7. 十进制数 27 对应的二进制数为（　　）。
　　A. 10110　　B. 11001　　C. 10111　　D. 11011

8. 计算机字长取决于（　　）的宽度。
　　A. 控制总线　　B. 数据总线　　C. 地址总线　　D. 通信总线

9. （　　）称为 1 MB。
　　A. 10 KB　　B. 100 KB　　C. 1 024 KB　　D. 10 000 KB

10. 将十进制整数转换为二进制整数，采用的方法是（　　）。
　　A. 乘以 2 取余法　　　　　　　B. 除以 2 取余法
　　C. 乘以 10 取余法　　　　　　 D. 除以 10 取余法

11. 8 位二进制数用十六进制数表示的范围是（　　）。
　　A. 07H～7FFH　　B. 00H～FFH　　C. 10H～FFH　　D. 20H～200H

12. 将十进制小数转换为二进制小数，采用的方法是（　　）。
　　A. 乘以 2 取整法　　　　　　　B. 除以 2 取整法
　　C. 乘以 10 取整法　　　　　　 D. 除以 10 取整法

13. 将二进制数转换为十进制数，采用的方法是（　　）。
　　A. 按权相加法　　B. 按权相减法　　C. 按权相乘法　　D. 按权相除法

14. 十进制数 25 的 BCD 编码值是（　　）。
　　A. 00101000　　B. 01011000　　C. 00100101　　D. 28

15. 计算机中的所有信息在计算机内部都是以（　　）表示的。
　　A. 十进制编码　　B. 二进制编码　　C. BCD 编码　　D. ASCII 编码

16. Unicode 字符集采用（　　）个字节来表示一个字符。
　　A. 16　　B. 2　　C. 8　　D. 1

17. 在一个无符号二进制整数的最右边添加一个 0，所形成的数是原数的（　　）倍。
　　A. 4　　B. 2　　C. 8　　D. 16

18. 汉字的拼音输入码属于汉字的（　　）。
　　A. 外码　　B. 内码　　C. ASCII 码　　D. BCD 码

19. 要存放 10 个 24×24 点阵的汉字字模，需要（　　）存储空间。
　　A. 74 B　　B. 320 B　　C. 720 B　　D. 72 KB

20. 计算机能直接执行的是（　　）程序。
　　A. 机器语言　　B. 汇编语言　　C. 智能语言　　D. 高级语言

21. 二进制数 110011 和二进制数 101100 进行逻辑"与"运算的结果是（　　）。
　　A. 1000011　　B. 110011　　C. 100000　　D. 101100

22. 计算机中为了方便计算正负数的运算，不用考虑符号位的影响，通常采用（　　）运算。
　　A. 原码　　B. 反码　　C. 补码　　D. 以上都可以

23. 在微机中，西文字符所采用的编码是（　　）。
　　A. EBCDIC 码　　B. ASCII 码　　C. 国标码　　D. BCD 码

24. 7位基本ASCII码最多可以表示的字符个数是（   ）。
    A. 127 B. 128 C. 255 D. 256
25. 大写字母A的ASCII码为十进制数65，ASCII码为十进制数68的字母是（   ）。
    A. B B. C C. D D. E
26. 在下列字符中，其ASCII码值最大的一个是（   ）。
    A. 8 B. 3 C. a D. B
27. 十进制数-17的补码是（   ）。
    A. 010001 B. 110001 C. 101111 D. 101110
28. 二进制数转换成十六进制数时，以小数点为界，向两边每（   ）为一组分组计算。
    A. 1位 B. 2位 C. 3位 D. 4位
29. 计算机中的数值精度是指实数的（   ）。
    A. 有效小数位数   B. 有效整数位数
    C. 有效数字位数   D. 有效数字长度
30. 通常，计算机中用真值表示的数是指（   ）。
    A. 正负号表示的数   B. 正负号数码化的数
    C. 删除正负号的数   D. 删除小数点的数
31. 下列选项不属于二进制数逻辑运算的是（   ）。
    A. 逻辑与 B. 逻辑或 C. 算术加 D. 逻辑非
32. 在汉字国标码字符集中，汉字和图形符号的总个数是（   ）。
    A. 3 755 B. 3 008 C. 7 445 D. 6 763
33. 一个8位字长的无符号二进制整数的表示范围是（   ）。
    A. 1~255 B. 1~256 C. 0~255 D. 0~256
34. 计算机系统中，"位（bit）"的描述性定义是（   ）。
    A. 进位计数制中的"位"也就是"凑够"多少个"1"，就进一位的意思
    B. 通常用8位二进制位组成，可代表一个数字、一个字母或一个特殊符号，也常用来
       度量计算机存储容量的大小
    C. 度量信息的最小单位，是1位二进制位所包含的信息量
    D. 计算机系统中，在存储、传送或操作时，作为一个单元的一组字符或一组二进制位
35. 计算机系统中，"字节（Byte）"的描述性定义是（   ）。
    A. 度量信息的最小单位，是一位二进制位所包含的信息量
    B. 通常用8位二进制位组成，可代表一个数字、一个字母或一个特殊符号，也常用来
       量度计算机存储容量的大小
    C. 计算机系统中，在存储、传送或操作时，作为一个单元的一组字符或一组二进制位
    D. 把计算机中的每一个汉字或英文单词分成几个部分，其中的每一部分称为一个字节
36. 在计算机中，组成一个字节的二进制位数是（   ）。
    A. 1 B. 2 C. 4 D. 8
37. 用一个字节最多能输出（   ）个不同的码。
    A. 8 B. 16 C. 128 D. 256
38. 在计算机内，多媒体数据最终是以（   ）形式存在的。
    A. 二进制代码 B. 特殊的压缩码 C. 模拟数据 D. 图形

39. 对同一幅照片采用以下格式存储时，占用存储空间最大的格式是（   ）。
    A. JPG   B. TIF   C. BMP   D. GIF
40. 扩展名为.MOV 的文件通常是一个（   ）。
    A. 音频文件   B. 视频文件   C. 图片文件   D. 文本文件
41. 小丽的手机还剩余 6 GB 的存储空间，如果每个视频文件为 280 MB，他可以下载到手机中的视频文件数量为（   ）。
    A. 60   B. 21   C. 15   D. 32
42. 关于矢量图，以下说法不正确的是（   ）。
    A. 是由一组指令集合来描述图形内容   B. 占用的存储空间比较小
    C. 清晰度与分辨率无关   D. 主要用于表示复杂图像
43. 关于点阵图，以下说法不正确的是（   ）。
    A. 由许多像素点组成的画面
    B. 所占的空间相对较大
    C. 图像质量主要由图像的分辨率和色彩位数决定
    D. 点阵图放大不会失真
44. 关于计算机声音处理中的采样频率，以下说法正确的是（   ）。
    A. 采样的时间间隔越短，采样频率越低，所需存储空间越小
    B. 采样的时间间隔越长，采样频率越高，所需存储空间越大
    C. 采样的时间间隔越短，采样频率越高，所需存储空间越大
    D. 采样的时间间隔与所需的存储空间大小无关
45. 关于计算机声音处理中的量化位数，以下说法正确的是（   ）。
    A. 采样后的数据位数越多，数字化精度就越高，音质越好
    B. 采样后的数据位数越少，数字化精度就越高，音质越好
    C. 采样后的数据位数越多，数字化精度就越低，音质越差
    D. 量化位数与音质无关
46. 关于声音文件参数，以下说法正确的是（   ）。
    A. 音质与采样频率无关，与量化位数有关
    B. 声音文件的大小与采样频率无关，与量化位数有关
    C. 音质与采样频率和量化位数均相关
    D. 音质取决于声道数
47. 2 min 双声道，16 位采样位数，22.05 kHz 采样频率声音的不压缩的数据量是（   ）。
    A. 5.05 MB   B. 10.58 MB   C. 10.35 MB   D. 10.09 MB
48. 以下文件类型中，不属于声音文件格式的是（   ）。
    A. MP3   B. JPG   C. MIDI   D. WAV
49. 下列采集的波形声音质量最好的是（   ）。
    A. 单声道、8 位量化、22.05 kHz 采样频率
    B. 双声道、8 位量化、44.1 kHz 采样频率
    C. 单声道、16 位量化、22.05 kHz 采样频率
    D. 双声道、16 位量化、44.1 kHz 采样频率

50. 以 PAL 制式，25 帧/秒为例，已知一帧彩色静态图像（RGB）的分辨率为 256×256 像素，每一种颜色用 8 bit 表示，则该视频每秒的数据量为（　　）。
  A. 256×25×16×25 bit/s；   B. 512×512×3×8×25 bit/s。
  C. 256×256×3×8×25 bit/s；   D. 512×512×3×16×25 bit/s。

三、多选题

1. 对于十进制数 456，下面各种表示方法中，正确的是（　　）。
  A. 456   B. 456D   C. 456H
  D. 456B   E. 456O

2. 在浮点数表示法中，小数点的位置是浮动的，相应的阶码取（　　）。
  A. 不同的值 B. 相同的值 C. 固定的值
  D. 不变的值 E. 可变的值

3. 在有关计算机存储单位的描述中，下面正确的是（　　）。
  A. 位是计算机存储数据的最小单元 B. 字节是计算机存储数据的基本单元
  C. 1 KB=1 024 B   D. 位是计算机存储数据的基本单元
  E. 字长是计算机存储数据的基本单元

4. 在 16×16 点阵的汉字字库中，存储一个汉字的字模信息需要的字节数（　　）是不正确的。
  A. 128   B. 16   C. 256
  D. 64   E. 32

5. 二进制数的主要特点有（　　）。
  A. 逻辑性 B. 稳定性 C. 规则简单
  D. 实现容易 E. 可以任意制造

6. 下列有关机器数编码，说法错误的有（　　）。
  A. 机器数中正数的原码和反码的表示相同
  B. 机器数中正数的原码和反码表示不同
  C. 机器数中正数的原码和补码表示相同
  D. 机器数中正数的原码和补码表示不同
  E. 以上的说法都可以

7. 下列属于二进制数算术运算的有（　　）。
  A. 与运算 B. 加法运算 C. 减法运算
  D. 或运算 E. 乘法运算

8. 下列属于汉字编码的有（　　）。
  A. 输入码 B. 交换码 C. 机内码
  D. 字形码 E. ASCII 码

9. 下列有关机器数编码，说法正确的有（　　）。
  A. 机器数中负数的原码和反码表示相同
  B. 机器数中负数的原码和反码表示不同
  C. 机器数中负数的原码和补码表示相同
  D. 机器数中负数的原码和补码表示不同

E. 以上的说法都可以
10. 下面有关 ASCII 编码，说法正确的有（　　）。
    A. 基本 ASCII 码的最高位是 0
    B. ASCII 码为单字节编码
    C. ASCII 码最多可表示 256 种不同的符号
    D. ASCII 码最少可表示 256 种不同的符号
    E. 扩充的 ASCII 码的最高位是 1
11. 以下文件格式中，属于图像文件格式的有（　　）。
    A. EXE　　　　B. GIF　　　　C. PNG
    D. JPG　　　　E. MP3
12. 以下文件格式中，属于视频文件格式的有（　　）。
    A. MPEG　　　B. JPEG　　　C. AVI
    D. RM　　　　E. MP4
13. 多媒体数据能够压缩的原因有（　　）。
    A. 多媒体数据具有空间冗余　　　B. 多媒体数据具有时间冗余
    C. 多媒体数据具有结构冗余　　　D. 数字图像压缩后不影响显示效果
    E. 多媒体数据反复压缩也不会影响其质量
14. 关于矢量图，以下说法正确的是（　　）。
    A. 由一组指令集合来描述图形内容　　　B. 占用的存储空间比较小
    C. 清晰度与分辨率无关　　　　　　　　D. 主要用于表示复杂图像
    E. 矢量图在显示的时候要经过一定的计算过程
15. 关于点阵图，以下说法正确的是（　　）。
    A. 由许多像素点组成的画面
    B. 所占的空间相对较大
    C. 图像质量主要由图像的分辨率和色彩位数决定
    D. 点阵图放大不会失真
    E. 相对于矢量图，点阵图显示速度比较快

四、判断题

1. 在计算机的电路运算中，二进制数、八进制数和十六进制数都可以直接运算。（　　）
2. 逻辑异或运算能够实现按位加的功能，只有当两个逻辑值不相同时，结果才为 1。
（　　）
3. 数字计算机只能处理数字。（　　）
4. 在浮点数表示中，阶码只能是一个整数。（　　）
5. 记录汉字字形通常有点阵法和矢量法两种，分别对应点阵码和矢量码两种字形编码。
（　　）
6. 在浮点数表示中，尾数只能是一个整数。（　　）
7. 执行二进制数算术加法运算 10101010+00101010 的结果是 11010100。（　　）

8. 根据是否有小数，可以将计算机中的数分为定点数和浮点数。（ ）
9. 0～9 这 10 个数字不用编码就可以直接被计算机处理。（ ）
10. 在定点数表示中，小数点的位置固定不变。（ ）
11. 在计算机中，对有符号的机器数常用原码、反码和补码 3 种方式来表示，其主要目的是解决减法运算的问题。（ ）
12. 计算机多媒体中的"媒体"种类包括文本。（ ）
13. 矢量图可以直接在浏览器的网页中显示。（ ）
14. 从数码照相机获取的图像文件可以转换为矢量图。（ ）
15. MIDI 格式的声音文件，不需要生成所需要的乐器声音波形，就可以直接播放。
（ ）
16. MPEG 是一种技术标准，也是一个组织的简称，以及一种视频文件的类型。（ ）
17. MP3 文件和 WMA 文件相比，MP3 的压缩比更高，音质更好。（ ）
18. 位图图片的限制在于较大的文件尺寸和不能在保持图像质量的前提下方便地进行图像的缩放。（ ）

第9章 计算机硬件系统测试题

一、填空题

1. 计算机系统由（　　）和（　　）两部分组成。
2. 未配置任何软件的计算机硬件整体称为（　　），它是计算机完成工作的物质基础。
3. 计算机系统由（　　）、（　　）、（　　）、（　　）和（　　）5个基本部件组成。
4. （　　）是一块超大规模的集成电路，是一台计算机的运算核心和控制核心。
5. 将（　　）和（　　）合称为中央处理器。
6. （　　）是能被计算机识别并执行的二进制代码，规定了计算机能完成的某一种操作，也是对计算机进行程序控制的最小单位。
7. （　　）是为完成一项特定任务而用某种语言编写的一组指令序列。
8. 一条指令通常由两部分组成：（　　）和（　　）。
9. 计算机工作时，有两种信息在执行指令的过程中流动：（　　）和（　　）。
10. （　　）的出现主要是为了解决CPU运算速度与内存读写速度不匹配的矛盾。

二、单选题

1. 现代计算机的基本元器件是（　　），并由其组成的数字电路来实现二进制运算。
   A. 集成电路　　B. 晶体管　　C. 电子管　　D. 电容
2. 整个计算机的控制指挥中心是（　　）。
   A. 运算器　　B. 控制器　　C. 存储器　　D. 输入设备
3. 指令的执行过程分为（　　）个步骤。
   A. 3　　B. 4　　C. 5　　D. 6
4. 存储在能永久保存信息的器件（如ROM）中的程序，具有软件功能的硬件是（　　）。
   A. 晶体管　　B. 固件　　C. 软件　　D. 电子管
5. 每过18个月，芯片上可以集成的晶体管数目将增加一倍，这是（　　）。
   A. 楞次定律　　B. 二进制　　C. 摩尔定律　　D. 高斯定律
6. 微机是通过（　　）将CPU等各种功能部件和外围设备有机地结合在一起而形成的一套完整的系统。
   A. 键盘　　B. 内存　　C. 电源　　D. 主板
7. 主板（　　）几乎决定着主板的全部功能，其中包括CPU的类型，主板的系统总线频率，内存类型、容量和性能。
   A. 类型　　B. 芯片组　　C. 内存　　D. 显示卡
8. （　　）是一组固化到计算机内主板上一个ROM芯片（只读存储器）上的程序，它保存着计算机最重要的基本输入/输出的程序、开机后自检程序和系统自启动程序。
   A. BIOS　　B. ROM　　C. RAM　　D. COMS
9. SATA 3.0可以达到每秒（　　）MB的数据传输速率。

　　　　A. 133　　　　B. 150　　　　C. 300　　　　D. 750
10.（　　）是计算机的主存，CPU 对其既可读出数据又可写入数据。一旦关机断电，其中的信息将全部消失。
　　　　A. BIOS　　　B. ROM　　　C. RAM　　　D. COMS
11.（　　）是一种内容只能读出而不能写入和修改的存储器。CPU 对它只取不存，其中存储的信息一般由主板制造商写入并固化处理，普通用户是无法修改的，即使断电其中的信息也不会丢失。
　　　　A. BIOS　　　B. ROM　　　C. RAM　　　D. COMS
12.（　　）没有机械结构。
　　　　A. 传统硬盘　　B. 混合硬盘　　C. 固态硬盘　　D. 光驱和光盘
13.（　　）具备刻录功能。
　　　　A. CD-ROM　　B. DVD　　　C. EVD　　　D. DVD-RW
14. 下列存储系统中最快的是（　　）。
　　　　A. L2 级缓存　B. 内存　　　C. 硬盘　　　D. CPU 寄存器
15.（　　）是指将信息从一个或多个源部件传送到一个或多个目的部件的一组传输线，是计算机中传输数据的公共通道。
　　　　A. CD-ROM　　B. 接口　　　C. 总线　　　D. CPU
16.（　　）总线基于通用连接技术，实现外设的简单快速连接，达到方便用户、降低成本、扩展 PC 外设范围的目的。
　　　　A. PCI　　　　B. IEEE　　　C. 局部　　　D. USB
17. USB 总线最高可以连接（　　）个设备。
　　　　A. 8　　　　　B. 16　　　　C. 32　　　　D. 127
18.（　　）总线采用了目前业内流行的点对点串行连接，比起 PCI 以及更早期的计算机总线的共享并行架构，每个设备都有自己的专用连接，不需要向整个总线请求带宽，而且可以把数据传输速率提高到一个很高的频率，达到 PCI 所不能提供的高带宽。
　　　　A. USB　　　　B. PCI　　　C. ROM　　　D. PCI Express
19. 下面不是输入设备的是（　　）。
　　　　A. 键盘　　　　B. 鼠标　　　C. 扫描仪　　　D. 打印机
20. 目前大多数扫描仪采用的光电转换部件是（　　），该器件可以将照射在其上的光信号转换为对应的电信号，然后由电路对这些信号进行 A/D 转换及处理，产生对应的数字信号输送给计算机。
　　　　A. CCD　　　　B. ROM　　　C. RAM　　　D. COMS
21. 下面不是输出设备的是（　　）。
　　　　A. 键盘　　　　B. 显示器　　C. 绘图仪　　　D. 打印机
22. 要使用外存储器中的信息，应先将其调入（　　）。
　　　　A. 控制器　　　B. 运算器　　C. 微处理器　　D. 内存储器
23. 计算机的指令由操作码和（　　）组成。
　　　　A. 操作地址　　B. 操作数　　C. 操作指令　　D. 操作内存
24. 外设是通过机箱后面的（　　）与主机相连的。
　　　　A. 接口　　　　B. 螺钉　　　C. 开关　　　　D. 指示灯

25. 几乎所有的计算机部件都是直接或间接连接到（　　）上的。
    A. 主板　　　　B. 显示器　　　　C. 显示卡　　　　D. 电源
26. 下列存储器中，属于高速缓存的是（　　）。
    A. EPROM　　　B. Cache　　　　C. DRAM　　　　D. CD-ROM
27. 52 倍速光驱每秒传输数据是（　　）。
    A. 2 000 KB　　B. 7 800 KB　　　C. 6 000 KB　　　D. 2 400 KB
28. 生产 CPU 的主要公司厂商有（　　）。
    A. 华硕和升技　B. 精英和爱国者　C. Intel 和 AMD　D. 三星和日立
29. 下面关于主板芯片组叙述不正确的是（　　）。
    A. 芯片组是区分主板的重要标志
    B. 芯片组一般由南北桥芯片组成
    C. 芯片组决定主板支持何种类型的 CPU
    D. 南桥芯片控制总线
30. 下列关于存储器读/写速度的排列选项，正确的是（　　）。
    A. 硬盘>光盘>内存>Cache　　　B. Cache>内存>硬盘>光盘
    C. 光盘>内存>Cache>硬盘　　　D. 内存>硬盘>光盘> Cache

三、多选题

1. 计算机系统由（　　）部件组成。
   A. 运算器　　　B. 控制器　　　　C. 存储器
   D. 输入设备　　E. 输出设备
2. 常见的输入设备包括（　　）。
   A. 键盘　　　　B. 鼠标　　　　　C. 扫描仪
   D. 辅助存储器（磁盘、磁带）　　　E. 显示器
3. 常见输出设备的包括（　　）。
   A. 键盘　　　　B. 鼠标　　　　　C. 打印机
   D. 辅助存储器（磁盘、磁带）　　　E. 显示器
4. 无论哪种类型的计算机，指令系统都应具有（　　）功能的指令。
   A. 数据传送　　B. 数据处理　　　C. 程序控制
   D. 输入/输出　　E. 其他
5. CPU 性能指标包括（　　）。
   A. 外频　　　　B. 主频　　　　　C. 制造工艺
   D. 缓存　　　　E. 字长
6. 能生产 CPU 的公司有（　　）。
   A. 海尔公司　　B. Intel 公司　　　C. AMD 公司
   D. 联想公司　　E. 百度公司
7. 在计算机指令系统的优化发展过程中，出现过两个截然不同的优化方向（　　）。
   A. CISC　　　　B. RISC　　　　　C. ADSL
   D. HDSL　　　　E. RTSL
8. 下列属于外存储器的有（　　）。

A. 硬盘　　　　　B. U 盘　　　　　C. 光盘
D. 内存　　　　　E. 移动硬盘

四、判断题

1. 不同类型的计算机，指令系统的指令条数有所不同。　　　　　　　　　（　　）
2. 微机是一种"开放式""积木式"的体系结构。　　　　　　　　　　　（　　）
3. 运算器是对信息进行处理和运算的部件。　　　　　　　　　　　　　（　　）
4. 操作数在大多数情况下是地址码。　　　　　　　　　　　　　　　　（　　）
5. 指令周期越短，指令执行越快。　　　　　　　　　　　　　　　　　（　　）
6. 通常所说的 CPU 主频就反映了指令执行周期的长短。　　　　　　　　（　　）
7. 存储器（Memory）是计算机系统中的记忆设备，用来存放程序和数据。（　　）
8. 外存通常是磁性介质、半导体电子介质或光盘等，相对内存速度快、价格低、容量大，并能长期保存信息。　　　　　　　　　　　　　　　　　　　　　　　　　　（　　）
9. 高速缓冲存储器（Cache），是位于 CPU 和外存之间，规模较小，但速度很高的存储器，通常由 SRAM（静态存储器）组成。　　　　　　　　　　　　　　　　　　（　　）
10. 硬盘在使用前，不需要进行格式化。　　　　　　　　　　　　　　　（　　）
11. 闪存是电可擦编程只读存储器（EEPROM）的变种，闪存与 EEPROM 不同的是，EEPROM 能在字节水平上进行删除和重写而不是整个芯片擦写，而闪存的大部分芯片需要块擦除。
　　　　　　　　　　　　　　　　　　　　　　　　　　　　　　　　（　　）
12. 激光打印机是 20 世纪 60 年代末由惠普公司发明的，采用电子照相技术。（　　）

第10章 计算机操作系统测试题

一、填空题

1. 程序是计算机任务的处理对象和处理规则的描述，是一系列按照特定顺序组织的计算机（   ）的集合。

2. 系统软件主要是对计算机（   ）进行管理，发挥硬件作用，支持其他软件开发和运行，方便用户使用。

3. 计算机程序的工作机制就是将用高级语言编写的源程序，通过解释器或者编译器，翻译成（   ）可以理解和执行的指令代码，而后在计算机中运行。

4. 将高级语言编写的源程序转换成等价的目标程序的过程称为（   ）。

5. 当创建一个进程时，操作系统将为新进程分配资源并将进程放入（   ）。

6. 计算机硬件是物理设备和器件的总称，主要用来完成信息（   ）、信息（   ）、信息（   ）和信息（   ）。

7. 计算机软件是计算机程序及相关文档的总称，主要用来描述实现数据处理的（   ）、（   ）和（   ）。

8. 操作系统是一组控制和管理计算机的（   ）资源，为用户提供便捷使用的计算机程序集合。

9. 个人计算机上的操作系统，主要有单用户单任务操作系统、（   ）操作系统和多用户多任务操作系统三类。

10. I/O设备的控制方式有程序控制方式、（   ）方式、（   ）方式 和I/O通道方式。

11. 设备驱动程序是操作系统（   ）和（   ）设备的程序。

12. 操作系统中对于设备的分类，按照传输速度来分，分为（   ）、（   ）和（   ）三类。

13. 操作系统设备管理的主要任务之一是控制不同设备和（   ）之间的数据传送方式的正确选择。

14. 操作系统用来存储和管理信息的基本单位是（   ）。

15. 一个文件的绝对路径名是从（   ）开始，逐步沿着每一级子目录向下，最后到达指定文件的整个通路上所有子目录名组成的一个字符串。

16. Windows有管理、服务、注册表3种管理机制。其中（   ）是存放了计算机系统和（   ）信息的一个表。通过执行（   ）命令可以打开注册表。

二、单选题

1. 自由软件是一种可以不受限制地自由（   ）的软件。
   A. 使用、复制   B. 研究   C. 修改和分发   D. 以上都是

2. 计算机软件和硬件是一个完整的计算机系统互相依存的两大部分，硬件是软件运行的（   ），软件是对硬件功能的（   ）。

  A. 扩充/完善   B. 基础和平台/扩充和完善
  C. 基础/平台   D. 平台/完善

3. 系统软件的主要功能是（　　）。
  A. 管理、监控和维护计算机软件、硬件资源
  B. 为用户提供友好的交互界面，支持用户运行应用软件
  C. 提高计算机的使用效率
  D. 以上都是

4. 下面几种操作系统中，（　　）不是网络操作系统。
  A. MS-DOS   B. Windows 10   C. Linux   D. UNIX

5. 飞机订票系统处理来自各个终端的服务请求，处理后通过终端回答用户，所以它是（　　）。
  A. 分时系统   B. 多道批处理系统   C. 计算机网络   D. 实时处理系统

6. 操作系统的功能主要是管理计算机的所有资源。一般认为，操作系统对以下几方面进行管理（　　）。
  A. 处理器、存储器、控制器、输入/输出
  B. 处理器、存储器、输入/输出和数据
  C. 处理器、存储器、输入/输出和进程
  D. 处理器、存储器、输入/输出和计算机文件

7. Windows 10 是图形界面的操作系统，它的特点之一是（　　）。
  A. 支持单用户、单任务，面向 PC   B. 支持多用户、单任务，面向 PC
  C. 面向 PC，支持多任务和单用户   D. 面向 PC，支持多任务和多用户

8. Windows 10 操作系统是（　　）。
  A. 单用户单任务操作系统   B. 多用户单任务操作系统
  C. 多用户多任务操作系统   D. 单用户多任务操作系统

9. 下面关于操作系统的叙述中正确的是（　　）。
  A. 批处理作业允许用户将多个作业提交给计算机集中处理
  B. 分时系统不一定都具有人机交互功能
  C. 从响应时间的角度看，实时系统与分时系统差不多
  D. 由于采用了分时技术，用户可以独占计算机的资源

10. 下面有关计算机操作系统的叙述中，（　　）是不正确的。
  A. 操作系统属于系统软件
  B. 操作系统只管理内存，而不管理外存
  C. UNIX、Windows 都属于操作系统
  D. 计算机的内存、I/O 设备等硬件资源也由操作系统管理

11. 操作系统的层次结构，可被划分为内核和外壳两个层次，其中，外壳是（　　）。
  A. 在计算机和用户之间提供接口   B. 在操作系统内核和用户之间提供接口
  C. 在计算机和用户/程序之间提供接口   D. 在操作系统和用户/程序之间提供接口

12. 在操作系统中引入"进程"概念的主要目的是（　　）。
  A. 改善用户编程环境   B. 描述程序动态执行过程的状态
  C. 使程序与计算过程一一对应   D. 提高程序的运行速度

13. 下列进程的状态变化中，（　　）变化是不可能发生的。

A. 运行到就绪　　B. 运行到等待　　C. 等待到运行　　D. 等待到就绪

14. 关于程序、进程和作业之间的关系，下列说法正确的是（　　）。
    A. 所有作业都是进程
    B. 只要被提交给处理器等待运行，程序就成为进程
    C. 被运行的程序结束后再次成为程序的过程是进程
    D. 只有程序成为作业并被运行时才成为进程

15. 作业是计算机操作系统中进行处理器管理的一个重要概念。下面不正确的说法是（　　）。
    A. 作业是程序从被选中到运行结束的整个过程
    B. 计算机中所有程序都是作业
    C. 进程是作业，但作业不一定是进程
    D. 所有作业都是程序，但不是所有程序都是作业

16. 多任务操作系统运行时，内存中有多个进程。如果某个进程可以在分配给它的时间片中运行，那么这个进程处于（　　）状态。
    A. 运行　　　B. 等待　　　C. 就绪　　　D. 空闲

17. 存储器是计算机的关键资源之一。操作系统存储器管理中，可分为两大类，准确的是（　　）。
    A. 内存和U盘　　　　　　B. 内存储器和辅助存储器
    C. 磁盘和U盘　　　　　　D. 光盘和内存

18. 虚拟存储器是（　　）。
    A. 提高运算速度的设备　　　B. 容量扩大了的内存
    C. 实际不存在的存储器　　　D. 进程的地址空间及内存扩大的方法

19. 多道程序在内存中，允许轮流使用（　　），交替执行，共享各种软硬件资源。
    A. 磁盘　　　B. CPU　　　C. 外设　　　D. CD-ROM

20. 操作系统对设备的管理按照输入/输出方式来分，将设备分为（　　）两种类型。
    A. 输入设备和输出设备　　　B. 块设备和字符设备
    C. 存储设备和非存储设备　　D. 打印机设备和显示设备

21. 不同设备数据传送方式不同，其功能和操作也不同。从操作系统来看，其重要特性指标有（　　）等属性。
    A. 数据传输速度率　　　　　B. 数据传输方式
    C. 共享性　　　　　　　　　D. 以上都是

22. 下列描述中，不是设备管理功能的是（　　）。
    A. 实现外围设备的分配和回收　　B. 实现虚拟设备
    C. 实现"按名存取"　　　　　　　D. 实现对磁盘的驱动调度

23. 文件是一个存储在存储器上的数据有序集合并（　　）。
    A. 标记为扩展名　　　　　　B. 标记为程序名
    C. 标记为文件名　　　　　　D. 标记为用户定义的名字

24. 文件中包括的内容，主要是文件所包含的（　　）。
    A. 数据　　　　　　　　　　B. 数据和属性信息
    C. 文件本身的属性信息　　　D. 数据和操作信息

25. 文件系统的主要目的是（　　）。

A. 实现对文件的"按名存取"　　　B. 实现虚拟存取
C. 提高外存的读/写速度　　　　D. 用于存储系统文件

26. 在文件系统中，检索文件有两个非常有用的符号"*"和"?"，称为通配符，若设"F?.???"和"F*.*"分别查找文件，查到的文件（　　）。
A. 都有 F1.123　　　　　　　B. 都没有 F1.1234
C. 都没有 F.123　　　　　　　D. 都有 F1.234 和 F.123

27. 文件的逻辑结构是依照文件内容的逻辑关系组织文件结构，它们的结构分为（　　）。
A. 流式文件和索引结构　　　B. 记录文件和链接结构
C. 顺序结构和链接结构　　　D. 流式文件和记录文件

28. NTFS 是 Windows 高版本使用的文件系统，如果一台机器有多个硬盘分区，那么 NTFS 可安装到 Windows 的（　　）。
A. C 盘　　　B. D 盘　　　C. E 盘　　　D. 任何一个盘

29. 文件的物理结构的特点，叙述正确的是（　　）。
A. 顺序结构是逻辑和物理记录顺序完全一致的结构
B. 索引结构由索引表建立了文件的逻辑块号和物理块号的关联
C. 链接结构的连接指针关系是分散在各物理块中的
D. 以上都对

30. 文件路径有绝对路径、相对路径和基准路径 3 个概念，以下为相对路径的是（　　）。
A. "C:\g\h\m.txt"　B. "..\h \m.txt"　C. "C:\g\"　D. "D:\g\m.txt"

三、多选题

1. 程序是计算机任务的（　　）的描述，它是按照一定的设计思想、要求、功能和语法规则编写的程序文档。
A. 处理对象　　B. 处理语句　　C. 处理时间
D. 处理规则　　E. 处理地点

2. 根据操作系统的功能组成来看，主要分为 4 个模块：（　　）模块，其他模块作为辅助功能。
A. 进程管理　　B. 内存管理　　C. 设备管理
D. 文件管理　　E. 用户界面

3. 在下列关于操作系统特征的说法中，正确的是（　　）。
A. 共享性　　B. 虚拟性　　C. 不确定性
D. 随机性　　E. 并发性

4. 进程具有（　　）等特征。
A. 动态性、独立性　　　　　B. 静态性
C. 独立性　　D. 异步性　　E. 并发性

5. 不同设备数据传送方式不同，它的功能和操作也不同。从操作系统来看，其重要特性指标有（　　）等属性，由此设备可分为三大类。
A. 低、中和高速设备　　　　B. 数据传输速率
C. 数据传输方式　　　　　　D. 独占、共享和虚拟设备
E. 共享性

6. 从操作系统管理资源的角度来看，文件系统应具有（　　）。

A. 实现用户要求的各种文件管理功能　　B. 实现浏览器功能
C. 解决如何组织和管理文件　　D. 提供文件共享功能及保护和安全措施
E. 实现文件的"按名存取"操作机制

7. 下面 5 个系统中,必须是实时操作系统的有(　　)。
A. 航空订票系统　B. 过程控制系统　C. 机器口语翻译系统
D. 办公自动化系统　　E. 计算机激光照排系统

8. 以下(　　)是 Microsoft Office 办公系列软件的扩展名。
A. swf　　B. docm　　C. pptx
D. docx　　E. xlsx

9. Windows 10 中"开始"菜单中的主要内容有(　　)。
A. 程序　　B. 设置　　C. "创建"模块
D. "娱乐"模块　　E. "浏览"模块

四、判断题

1. 操作系统是控制和管理计算机的资源,合理组织计算机工作流程以及方便用户使用的程序的集合。(　　)
2. 现代操作系统的两个基本特征是中断处理和资源共享。(　　)
3. 应用软件或程序都是基于操作系统的。任何操作系统,应用程序都能运行。(　　)
4. 操作系统是包裹在裸机上的第一层软件,屏蔽了复杂的硬件配置与操作,使得应用软件减少了对硬件的依赖,应用软件适应操作系统即可运行。(　　)
5. 操作系统是计算机系统资源的管理者、用户和计算机之间的接口,同时扩充了计算机硬件的功能。(　　)
6. 实时操作系统的"实时性"是限定在一定时间范围完成任务,响应时间的长短依据应用领域及应用对象而不同。(　　)
7. 要求在规定的时间内对外界的请求必须给予及时响应 OS 是分时操作系统。(　　)
8. 进程是操作系统的重要概念,它是指程序的一次执行过程。进程经历多次执行、等待、就绪状态的转换,任务完成,进入终止状态。(　　)
9. 在操作系统的存储管理中,必须为作业准备足够的内存空间,以便将整个作业装入内存,否则作业就无法运行。办法是内存空间大于作业需要的空间,或内存空间少时,可以采用虚拟存储器的方式。(　　)
10. 即使在有虚拟存储器的系统中,也不能运行比主存容量大的程序。(　　)
11. 添加新设备,必须安装设备驱动程序。即插即用和通用即插即用是指不用手动或自动安装设备驱动程序。(　　)
12. 在计算机系统中,标准的设备如键盘、鼠标、显示器等操作系统自动安装驱动程序。(　　)
13. 操作系统的设备管理采用分层结构,使得应用程序只涉及"虚拟设备"或抽象的设备,而真实设备由硬件生产者开发和提供设备驱动程序操作。(　　)
14. 在操作系统的设备管理中,由于外围设备与 CPU 速度极不匹配的问题,采用了设置缓冲区的方法解决。(　　)
15. 在操作系统的设备管理中,采用虚拟技术可以将低速的独占设备虚拟成一种可共享的多

台逻辑设备，供多个进程同时使用，这种虚拟化的设备称为虚拟设备。　　　　　(　　)

16. 文件系统是指由被管理的文件、操作系统中管理文件的软件组成的系统。(　　)

17. 操作系统中提供文件系统的"按名存取"机制，故用户使用的文件必须有不同的名字。
(　　)

18. 配置文件是扩展名为".lnk"的文件。　　　　　　　　　　　　　　　(　　)

19. 在文件系统中，文件类型是通过扩展名表现出来的，同时扩展名也表现一种文件的逻辑标准或规则。　　　　　　　　　　　　　　　　　　　　　　　　　　　(　　)

20. 文件的存储设备中，磁带是一种最典型的顺序存取设备，也适合随机存储。(　　)

21. 设备的独立性是指设备由用户独占使用。　　　　　　　　　　　　　(　　)

22. 文件的存储方法有顺序存取法和随机存取法两种，文件的逻辑结构有流式文件和记录式文件，这两种结构对两种存取方法都适合。　　　　　　　　　　　　　　(　　)

23. 出于文件安全上的全面考虑，备份文件不一定是最佳方案。　　　　　(　　)

24. 在 Windows 的资源管理器中，同时选定多个不连续的文件应按【Ctrl】键+单击鼠标左键。
(　　)

第 11 章　办公软件基础知识与应用设计测试题

一、填空题

1. 办公软件一般主要包括（　　　）、数据统计分析的电子表格应用、幻灯片制作和演示软件、桌面排版等。
2. 文字处理软件是指在计算机上（　　　）人们制作文档的计算机应用程序。
3. 在 Word 中，表格是有表头的数据行列有序排列，由行列形成的（　　　）组成。
4. 在 Word 中，对象是融合了一种或多种程序中的（　　　）而形成的独立操作单元。
5. 从理论上看，在 Word 中域是文档中具有唯一名字的（　　　）。
6. 在 Word 中，视图是指具有专属显示内容所对应的特定操作（　　　）的人机交互界面。
7. 在 Word 中，布局可分成整体文档的（　　　）布局和局部的（　　　）布局。
8. 在 Word 中，标记外表看上去是符号，实际上它是一种功能或效果或将被进一步操作的（　　　）。
9. 在 Word 中，标题的标记为（　　　）。标题被系统标识，系统便可识别，或自动生成目录。
10. 在 Word 2016 中，自建文档的扩展名为（　　　）。
11. 在 Word 2016 中，共设计有 14 个类别的主选项卡，默认显示为其中的（　　　）个主选项卡。
12. 使用 Word 编辑完一篇文档后，要想知道打印后的结果，可以使用（　　　）视图。
13. 如果有一长篇 Word 文档设置了 3 级标题，可以选中（　　　）复选框，打开"导航"窗格，实现快速定位进行浏览编辑。
14. 在 Word 中，将文字分左右两个版面的功能称为（　　　），将段落的第一个字放大突出显示的是（　　　）功能。
15. 在 Word 中，"插入"选项卡中"表格"下拉列表中的（　　　）命令可以建立一个规则的表格。
16. 使用 Word 输入汉字或者英文时，如果希望系统能够自动进行语法和拼写检查，并给出错误标记，应设置（　　　）。
17. 在 Word 中，脚注出现在文档页面的（　　　），尾注出现在文档的（　　　）。
18. 在 Word 中，如果希望在文档的某个段落之后另起一页，应当使用强制分页功能，即单击"插入"选项卡中（　　　）按钮。
19. Word 将整篇文档作为一个节，如果希望把文档分成 2 个节，应当单击"布局"选项卡中的（　　　）按钮。
20. 在 Excel 中输入数据时，如果输入的数据具有某种内在规律，则可以利用它的（　　　）功能。
21. 在 Excel 中，单元格地址的引用有相对引用、（　　　）和（　　　）3 种形式。
22. 在 Excel 中，假定存在一个数据表，内含有院系、奖学金、成绩等项目，现要求出各院系发放的奖学金总和，则应先对院系进行（　　），然后执行"分类汇总"命令。

23. Excel 2016 文档以文件形式存放于磁盘中，其文件默认扩展名为（　　）。
24. 在 Excel 工作表中，选择整列可单击（　　）。
25. （　　）是在 Excel 中根据实际需要对一些复杂的公式或者某些特殊单元格中的数据添加相应的注释。
26. 如果在 Excel 某单元格内输入公式"=4=5"，则得到结果为（　　）。
27. 在 Excel 的单元格中以文本形式输入电话号码 053186678888 的方法是（　　）。
28. 在 Excel 中，单元格区域"A1:C3,C4:E5"包含（　　）个单元格。
29. 电子表格软件是指能够将数据表格化显示，并且对数据进行计算与统计分析以及（　　）的计算机应用软件。
30. 表格的构成：一般由表的标题（表的名称）、表头（行标题、列标题）、（　　）和单元格内的数据 4 个主要部分组成。
31. Excel 电子表格中的并集运算符是（　　）。
32. Excel 电子表格中的公式标识为（　　）。
33. 从理论上看，Excel 电子表格中的一个完整的函数由三部分组成：（　　）、参数和结果。
34. Excel 电子表格中，所谓绝对引用是指当前单元格中所引用单元格地址始终（　　）。
35. Excel 电子表格中，所谓相对引用是指当前单元格相对于引用单元格的位置差（　　）。
36. PowerPoint 产生的文档称为（　　），它由若干个（　　）组成。
37. （　　）是一类特殊的幻灯片，用于统一控制幻灯片的背景、文本样式等属性。
38. （　　）是指创建新幻灯片时出现的虚线方框。
39. 每张幻灯片是（　　）的组合体，每张幻灯片上可以存放许多（　　）。
40. 在演示文稿放映过程中，可以通过两种方法实现跳转：（　　）和（　　）。
41. 可以对幻灯片进行移动、删除、复制、设置动画效果，但不能对单独的幻灯片的内容进行编辑的视图是（　　）。
42. 通过对演示文稿进行（　　）可以为每张幻灯片记录放映时所需要的时间。
43. 单击"幻灯片放映视图"按钮可以从（　　）开始放映文稿，按【F5】键可以从（　　）开始放映。

二、单选题

1. 办公软件包是为办公自动化服务的系列套装软件，很多功能整合在一起使得包中各软件之间能够共享，并且都是应用于（　　）。
   A. 工作任务　　B. 企业任务　　C. 单位任务　　D. 办公任务
2. 现代文字处理软件是集文字、表格、图形、图像、声音处理于一体的软件，能够制作出（　　）的文档或书籍。
   A. 符合文字标准　　B. 符合书籍标准　　C. 符合专业标准　　D. 符合语言标准
3. 开本指整张印刷用纸裁开的若干等份的（　　）做标准来表示书刊幅面的规格大小。
   A. 大小　　B. 规格　　C. 幅面　　D. 数目
4. 开本标准中 A4（　　）16 开。
   A. 小于　　B. 等于　　C. 大于　　D. 小于或等于
5. 在 Word 中编辑和操作的内容抽象为三大类：文本、表格和（　　）等，不同的内容编辑和操作方式不同。

  A. 图形   B. 页眉   C. 对象   D. 目录

6. 在 Word 中，动态对象是遵循自有规范的（　　），并能运行生成的对象，也称域。

  A. 部件   B. 代码   C. 组件   D. 构件

7. 在 Word 中，文本内容可分为正文和标题。正文是对问题的描述；标题是对问题描述的概括，同时是生成（　　）的重要内容。

  A. 索引   B. 关键字   C. 目录   D. 超链接

8. 在 Office 中的文档（Word）或工作簿（Excel）中，如果有限定选择的内容，此处可以插入（　　）来选择。

  A. 特殊对象   B. 常规对象

  C. 动态对象   D. 窗体控件或 ActiveX 窗体控件

9. 在 Word 中，大纲视图可以方便地折叠和展开各种层次的标题和对应的正文，进行文档的整体（　　）设计和编排。

  A. 正文结构   B. 目录结构   C. 文档结构   D. 大纲结构

10. 在 Word 中，样式是具有命名的应用于文档中的一组（　　）命令组合（集合）。

  A. 对齐方式   B. 格式   C. 字体   D. 字号

11. 在 Word 中，布局是指各种内容在平面上分布的几何排列（　　），从文字编辑来看称为版面排版。这里的版面是指文档中每一页上文字图画的编排方式。

  A. 对齐方式   B. 组合方式   C. 位置和关系   D. 叠加关系

12. 在 Word 中，标记外表看上去是（　　），实际上它是一种功能或效果或将被进一步操作的必需标志。

  A. 字母   B. 符号   C. 代码   D. 标识

13. 在 Word 中，分节符是将文档内容分成可以独立格式设置的以节为单元的标识，并以横向贯穿屏幕的双虚线加有"分节符"标注，分节符这个标识可操作，更重要的它是（　　），许多地方都用到。

  A. 概念   B. 操作   C. 功能   D. 结果

14. 在 Word 中，功能界面设计分为两种：一是面向（　　）划分功能类别，即抽象功能，按相近的功能归为同一类；二是面向（　　）划分功能类别，即基于任务流程归纳和划分功能类别。

  A. "功能""操作"   B. "操作""服务"

  C. "服务""功能"   D. "功能""服务"

15. 在 Word 2016 中，采用将功能以面向"服务"划分类别，以（　　）为功能区的方式设计。

  A. 面板   B. 菜单项

  C. "主选项卡"类别和"面板"   D. "菜单"和"菜单项"

16. 在 Word 2003 以前的版本中，都采用将（　　）归为一类，并设置于菜单中形成工具菜单项，以菜单方式的树状结构和工具栏方式构成。

  A. 相近的功能   B. 相近的服务   C. 相近的菜单   D. 相近的菜单项

17. 在 Word 的文档窗口进行最小化操作（　　）。

  A. 会将指定的文档关闭   B. 会关闭文档及其窗口

  C. 文档的窗口和文档都没关闭   D. 会将指定的文档从外存中读入，并显示出来

18. 用 Word 进行编辑时，要将选定区域的内容放到剪贴板上，可单击工具栏上的（　　）按钮。
    A. 剪切或替换　　B. 粘贴　　　　　C. 复制或剪切　　D. 剪切或粘贴

19. 在 Word 中，设置字符格式用"开始"选项卡中的（　　）操作。
    A. "字体"功能区的相关按钮　　　　B. "段落"功能区的相关按钮
    C. "样式"功能区的相关按钮　　　　D. "编辑"功能区的相关按钮

20. 在使用 Word 进行文字编辑时，下面叙述中（　　）是错误的。
    A. Word 可将正在编辑的文档另存为一个纯文本（TXT）文件
    B. 使用"文件"选项卡中的"打开"命令可以打开一个已存在的 Word 文档
    C. 打印预览时，打印机必须是已经开启的
    D. Word 允许同时打开多个文档

21. 在 Word 中，使图片按比例缩放应选用（　　）。
    A. 拖动中间的句柄　　　　　　　　B. 拖动四角的句柄
    C. 拖动图片边框线　　　　　　　　D. 拖动边框线的句柄

22. 在 Word 中，能显示页眉/页脚的方式是（　　）。
    A. 页面视图　　B. 阅读版式视图　　C. Web 版式视图　　D. 大纲视图

23. 在 Word 中，调整页边距可以通过（　　）操作。
    A. "页面视图"下的标尺　　　　　　B. "开始"选项卡中"段落"的相关按钮
    C. "文件"选项卡中"选项"　　　　　D. "页面布局"选项卡中"页面设置"相关按钮

24. 在 Word 编辑状态，要想删除光标前面的字符，可以按（　　）键。
    A. Backspace　　B. Delete　　　　C. Ctrl+P　　　　D. Shift+A

25. 在 Word 的"字体"对话框中，不可设置文字的（　　）。
    A. 字间距　　　　B. 字号　　　　　C. 删除线　　　　D. 行距

26. Word 具有分栏功能，下列关于分栏的说法中正确的是（　　）。
    A. 最低可以设 4 栏　　　　　　　　B. 各栏的宽度必须相同
    C. 各栏的宽度可以不同　　　　　　D. 各栏之间的间距是固定的

27. Word 中打印页码"3-5,10,12"表示打印的页面是（　　）。
    A. 3,4,5,10,12　　B. 5,5,5,10,12　　C. 3,3,30,12　　　D. 10,10,10,10,12,12

28. 在 Word 编辑状态下，选择了整个表格（包括每行最后的回车符），执行了表格命令"删除行"，则（　　）。
    A. 整个表格被删除　　　　　　　　B. 表格中的一行被删除
    C. 表格中的一列被删除　　　　　　D. 表格中没有被删除的内容

29. 在 Word 文档中插入图片后，可以进行的操作是（　　）。
    A. 删除　　　　　　　　　　　　　B. 剪裁
    C. 缩放　　　　　　　　　　　　　D. 以上选项都可以操作

30. 在 Word 中，什么情况下一定要分节（　　）。
    A. 多人协作处理一篇长文档
    B. 几个大段落组成的文档
    C. 由若干个章节组成的文档
    D. 由相对独立的且版面格式互不相同的文章组成的文档

31. 在 Excel 中，假设打开的某工作簿中包含 4 个工作表，那么活动工作表有（　　）个。
    A. 1　　　　　　B. 2　　　　　　C. 3　　　　　　D. 4
32. 在 Excel 中，下列说法中正确的是（　　）。
    A. Excel 中，工作表是不能单独存盘的，只有工作簿才能以文件的形式存盘
    B. Excel 不允许同时打开多个工作簿
    C. Excel 工作表最多可由 250 列和 65 536 行构成
    D. Excel 文件的扩展名为.xslx
33. 在 Excel 中，单元格区域 A1:B3 B2:E5 包含（　　）个单元格。
    A. 22　　　　　 B. 2　　　　　　C. 20　　　　　 D. 25
34. Excel 中，输入公式时必须以（　　）开头。
    A. ;　　　　　　B. !　　　　　　C. -　　　　　　D. =
35. 关于 Excel，以下说法中错误的是（　　）。
    A. 当单元格中显示"#DIV/0!"时表示公式被 0（零）除
    B. 在 Excel 中使用系统内置函数时，必须事先全部知道其使用方法，因为系统并不提供其使用说明方面的帮助
    C. 当单元格中显示"#####"时表示单元格所含的数字、日期或时间可能比单元格宽
    D. 在 Excel 中的函数由函数名、括号和参数组成
36. 假设要在工作表的单元格内输入学号"201203541001"，正确的输入是（　　）。
    A. 直接输入 201203541001
    B. 先输入中文逗号"，"，然后输入 201203541001
    C. 先输入中文标点一撇"'"，然后输入 201203541001
    D. 先输入英文一撇"'"，然后输入 201203541001
37. 下列关于 Excel 工作表操作的描述不正确的是（　　）。
    A. 工作簿中的工作表排列顺序是允许改变的
    B. 工作表只属于创建时所属的工作簿，无法移动到其他的工作簿中
    C. 工作表名显示在工作表最下面一行的工作表标签上
    D. 可以在一个工作簿中同时插入多张工作表
38. 在 Excel 中，格式化工作表的主要功能是（　　）。
    A. 改变数据格式
    B. 改变文本颜色
    C. 改变对齐方式
    D. 改变工作表的外观，使其符合日常习惯并变得美观
39. 在 Excel 中，当用户希望标题文字能够相对于表格居中时，以下操作正确的是（　　）。
    A. 居中　　　　　B. 分散对齐　　　C. 合并及居中　　D. 填充
40. 在 Excel 中，关于"批注"的作用，下面叙述错误的是（　　）。
    A. 可以对一些复杂的公式或者某些特殊单元格中的数据添加相应的注释
    B. 添加了批注的单元格右上角会出现一个小绿三角
    C. 添加了批注的单元格右上角会出现一个小红三角
    D. 添加的批注内容可以显示也可以隐藏
41. Excel 中，数据的筛选是（　　）。

A. 根据给定的条件，从数据清单中找出满足条件的记录，不满足条件的记录直接被删除

B. 把数据清单中的数据分门别类地进行统计处理，可自动进行多种计算

C. 根据给定的条件，从数据清单中找出并显示满足条件的记录，不满足条件的记录被隐藏

D. 把数据清单中的数据分门别类地进行统计处理，可通过公式的方式进行多种计算

42. 关于 Excel 的"高级筛选"，下面（　　）叙述是错误的。

A. 高级筛选的"条件区域"一定要位于数据清单的外面

B. 高级筛选的"条件区域"至少包含两行

C. 高级筛选"条件区域"的第一行一定是标题行

D. 高级筛选"条件区域"的标题行可以与数据清单标题名称不同

43. 在 Excel 中要实现打印工作表时每页数据表上方自动显示标题行字样，需要进行的操作是（　　）。

A. 设置页眉和页脚　　　　　　　B. 设置分页预览

C. 设置顶端标题行　　　　　　　D. 设置页边距

44. 在 Excel 中要实现打印工作表时，每页数据表下方自动显示"第几页"字样，需要进行的操作是（　　）。

A. 设置页边距　　B. 设置页眉和页脚　　C. 设置打印区域　　D. 设置分页预览

45. 关于 Excel，以下说法中错误的是（　　）。

A. 应用自动套用格式时，只能完全套用格式，不能部分套用

B. 在分类汇总时，数据清单必须先要对分类汇总的列排序

C. Excel 提供了两种筛选清单命令：自动筛选和高级筛选

D. 对已设置的条件格式可以通过"删除"按钮删除

46. Excel 电子表格的交集运算符是（　　）。

A. 冒号"："　　B. 逗号"，"　　C. 空格"□"　　D. 单引号"'"

47. Excel 电子表格中，所谓相对引用是指当前单元格相对于引用单元格的（　　）不变。

A. 位置　　B. 位置差　　C. 单元格　　D. 单元格区域

48. Excel 2016 默认的保存文件类型是（　　），启用宏的为.xlsm，被称为工作簿。

A. .xltx　　B. .xls　　C. .xlsx　　D. .xlt

49. 要使每张幻灯片的标题具有相同的字体格式和相同的图标，可通过（　　）快速实现。

A. 幻灯片母版　　B. 设置背景样式　　C. 设置字体　　D. 格式刷

50. 在 PowerPoint 中，（　　）是指预先设计了外观、标题、文本图形格式、位置、颜色及演播动画的幻灯片的待用文档。

A. 模板　　B. 主题　　C. 母版　　D. 以上都不可以

51. 下列视图方式中，不属于 PowerPoint 视图的是（　　）。

A. 幻灯片浏览　　B. 备注页　　C. 普通视图　　D. 页面视图

52. 在 PowerPoint 中，（　　）是一组统一的设计元素，可以作为一套独立的选择方案应用于文件中，是颜色、字体和图形背景效果三者的组合。

A. 模板　　B. 主题　　C. 母版　　D. 幻灯片版式

53. 如果要从第 3 张幻灯片跳转到第 8 张幻灯片，需要在第 3 张幻灯片上插入一个对象并设置其（　　）。

A. 超链接 　　　B. 预设动画 　　　C. 幻灯片放映 　　　D. 自定义动画

54. 以下（　　）不属于对幻灯片外观进行格式化的操作。
   A. 主题设置 　　　　　　　　　B. 文本大纲级别设置
   C. 幻灯片版式设置 　　　　　　D. 母版设置

55. 以下说法正确的是（　　）。
   A. 一旦选择了幻灯片版式就不能再更改
   B. 在"幻灯片浏览"视图中不可以对幻灯片中进行切换效果设置
   C. PowerPoint 2016 与 PowerPoint 2003 在软件界面和使用方式上没有太大的改变
   D. 任何文本或对象都可以被设置超链接

56. 演示文稿与幻灯片的关系是（　　）。
   A. 演示文稿和幻灯片是同一个对象 　　B. 幻灯片是由若干演示文稿组成的
   C. 演示文稿是由若干幻灯片组成的 　　D. 演示文稿和幻灯片没有关系

57. 在 PowerPoint 中，下列说法正确的是（　　）。
   A. 不可以在幻灯片中插入剪贴画和自定义图像
   B. 可以在幻灯片中插入音频和视频
   C. 不可以在幻灯片中插入艺术字
   D. 不可以在幻灯片中插入超链接

58. 幻灯片模板文件的默认扩展名是（　　）。
   A. ppsx 　　　B. pptx 　　　C. potx 　　　D. dotx

59. 在没有 PowerPoint 软件条件下，也能够放映的演示文稿文件格式的扩展名是（　　）。
   A. pptx 　　　B. ppsx 　　　C. ppax 　　　D. png

60. PowerPoint 可以处理的音频格式有（　　）。
   A. MPG、WAV 等 　　　　　　B. CD、WAV、MP3 等
   C. AVI、WAV、MP3 等 　　　　D. CD、WAV、AVI 等

61. 控制幻灯片外观的方法中，不包括（　　）。
   A. 动画设置 　　B. 设计模板 　　C. 配色方案 　　D. 母版

62. 如果在母版的"页脚"中覆盖输入 ABCDE，字体是宋体，字号 20 磅，关闭母版返回幻灯片编辑状态，则（　　）。
   A. 所有幻灯片的页脚都是 ABCDE，字体是宋体，字号 20 磅
   B. 所有幻灯片的页脚都是 ABCDE，字体保持不变
   C. 所有幻灯片的页脚内容不变，字体是宋体，字号 20 磅
   D. 所有幻灯片的页脚内容不变，字体也保持不变

63. 演示文稿中每张幻灯片都是基于某种（　　）创建的，它预定了新建幻灯片的各种占位符的布局情况。
   A. 视图 　　　B. 母版 　　　C. 模板 　　　D. 版式

64. 下列关于 PowerPoint 中动画的说法正确的是（　　）。
   A. 一个对象可以使用多种动画效果 　　B. 对象的动画播放顺序可以随意更改
   C. 可以同时为多个对象设置动画效果 　　D. 以上全部正确

65. 演示文稿中超链接的连接目标不能是（　　）。
   A. 幻灯片中的某个对象 　　　　B. 同一演示文稿中的某张幻灯片

C. 另一个演示文稿   D. 某应用程序

66. 对象的超链接可以链接到（   ）。
    A. 另一张幻灯片
    B. 本地计算机系统中的文档
    C. 任何一个在 Internet 上可以访问到的 IP 地址
    D. 以上都可以

67. "演讲者放映"方式和"展台浏览"方式的共同特点是（   ）。
    A. 全屏显示   B. 都可以在放映的同时进行打印
    C. 不能使用鼠标控制   D. 都可以直接删除一张幻灯片

68. 在放映演示文稿时，若使用绘图笔则（   ）。
    A. 不能对幻灯片进行修改，也不能改变显示图像
    B. 可以对幻灯片进行修改
    C. 可以改变显示图像，但不会影响到幻灯片本身
    D. 不仅仅是对放映图像的标注

三、多选题

1. 办公软件一般主要包括（   ）、数据统计分析的（   ）、（   ）的演示软件、桌面排版等。
    A. 图像处理   B. 文字处理   C. 电子表格
    D. 幻灯片制作   E. 浏览器软件

2. 在 Word 中，依据对象的性质、产生的方式不同可分为 4 类：常规对象、特殊对象、动态对象和 ActiveX 控件。其中特殊对象包括（   ）。
    A. 页脚   B. 脚注   C. 页眉
    D. 尾注   E. 批注

3. 从理论上看，域是文档中具有唯一的名字的代码，有三要素：（   ）。
    A. 域编号   B. 域名字   C. 域特征字符
    D. 域指令   E. 域结果

4. 在 Word 中，设计的视图有（   ）等。
    A. 草稿视图或普通视图   B. Web 版式视图
    C. 页面视图   D. 阅读版式视图
    E. 大纲视图

5. 在 Word 中，格式（装饰）是指对内容进行统一的装饰或修饰的规范管理方式，分为（   ）等方式。
    A. 母版   B. 模板   C. 样板
    D. 样式   E. 格式化

6. 在 Word 中，从文本和文档的标记来看，段落、标题和节等具有（   ），也都具有（   ），而其他仅仅是一种操作式功能（换行、分页效果）。
    A. 可操作性   B. 效果   C. 标注
    D. 概念   E. 功能

7. 在 Word 中，文档内容的设计上包括基本内容和控件、如（   ），以及 ActiveX 控件。

A. 文本　　　　B. 表格　　　　C. 常规对象

D. 特殊对象　　E. 动态对象（域）

8. 在 Word 中，下列说法正确的是（　　）。

   A. 文档的页边距可以通过标尺来改变

   B. 使用"目录和索引"功能，可以自动将文档中使用的内部样式抽取到目录中

   C. Word 文档中，一节中（以分节符区分的节）的页眉页脚总是相同的

   D. 文档分为左右两栏，显示的视图方式是页面视图

   E. 在文档中插入的页码，总是从第一页开始

9. 下列视图方式中，（　　）是 Word 2016 中的视图。

   A. 普通视图　　B. 页面视图　　C. Web 版式视图

   D. 大纲视图　　E. 草稿

10. 在 Word 表格中可使插入点在单元格间移动的操作是（　　）。

    A. Shift+Tab　　B. Tab　　C. Ctrl+Home

    D. Backspace　　E. →

11. 下列叙述（　　）是正确的。

    A. 艺术字是把文字作为图形来处理的

    B. 文本框中不能放置图形

    C. 文本框有横排文本框和竖排文本框

    D. 多个图形可以组合在一起变成一个图形

    E. 多个图形不可以层叠

12. 以下关于 Word 文本行的说法中，不正确的是（　　）。

    A. 输入文本内容到达版心右边界时，只有按【Enter】键才能换行

    B. Word 文本行的宽度与页面设置有关

    C. Word 文本行的宽度就是显示器的宽度

    D. Word 文本行的宽度用户无法控制

    E. 输入文本内容到达版心右边界时，系统自动插入一个软回车并自动换行，如果按【Enter】键换行是强制换行，此时系统插入一个硬回车

13. 关于 Word 查找操作的正确说法是（　　）。

    A. 可以从插入点当前位置开始向上查找

    B. 无论什么情况下，查找操作都是在整个文档范围内进行

    C. Word 可以查找带格式的文本内容

    D. Word 可以查找一些特殊的格式符号，如分页线

    E. Word 查找可以使用通配符"*"或者"?"

14. 在 Word 字处理软件中，有关光标和鼠标位置的说法错误的是（　　）。

    A. 光标和鼠标的位置始终保持一致

    B. 光标是不动的，鼠标是可以动的

    C. 光标代表当前文字输入的位置，而鼠标则可以用来确定光标的位置

    D. 光标和鼠标的位置可以不一致

    E. 没有光标和鼠标之分

15. 在 Word 文档中，插入表格的操作时，以下说法错误的是（　　）。

A. 可以调整每列的宽度，但不能调整高度

B. 可以调整每行和列的宽度和高度，但不能随意修改表格线

C. 不能画斜线

D. 可以画斜线

E. 可以将文字转换成表格

16. 要选定一个段落，正确操作是（　　）。

A. 将插入点定位于该段落的任何位置，然后按【Ctrl+A】组合键

B. 将鼠标指针拖过整个段落

C. 将鼠标指针移到该段落左侧的选定区双击

D. 将鼠标指针在选定区纵向拖动，经过该段落的所有行

E. 先选定段落开头几个字，然后按住【Shift】键，在段落的最后单击

17. 设 Windows 为系统默认状态，在 Word 编辑状态下，移动鼠标至文档行首空白处（文本选定区）单击左键三下，结果选择的文档不是（　　）。

A. 一句话　　　B. 一行　　　　C. 一段

D. 全文　　　　E. 三行

18. 在 Word 中，页眉和页脚的作用范围不是（　　）。

A. 全文　　　　B. 节　　　　　C. 页

D. 段　　　　　E. 整篇文档

19. 在 Word 的编辑状态，选择了一个段落并设置段落的"首行缩进"为 1 厘米，则说法不正确的是（　　）。

A. 该段落的首行起始位置距页面的左边距 1 厘米

B. 文档中各段落的首行只由"首行缩进"确定位置

C. 该段落的首行起始位置距段落的"左缩进"位置的右边 1 厘米

D. 该段落的首行起始位置在段落"左缩进"位置的左边 1 厘米

E. 该段落的首行起始位置与段落"左缩进"的位置重合

20. 在 Word 中，通过"表格工具–布局"选项卡中的"公式"按钮，选择所需的函数对表格单元格的内容进行统计，以下叙述（　　）是不正确的。

A. 当被统计的数据改变时，统计的结果不会自动更新

B. 当被统计的数据改变时，统计的结果会自动更新

C. 当被统计的数据改变时，统计的结果根据操作者决定是否更新

D. 在结果数据上右击，在弹出的快捷菜单中可以查看使用的公式

E. 以上叙述均不正确

21. 选取 Excel 当前工作表中的所有单元格的方法是（　　）。

A. 单击"全选"按钮

B. 单击第 1 列行号与第 1 行列标交叉的按钮

C. 按【Ctrl+A】组合键

D. 按【Ctrl+Shift + A】组合键

E. 按【Alt+A】组合键

22. Excel 的默认状态下，（　　）型数据在单元格中的对齐方式是右对齐。

A. 时间　　　　B. 数字　　　　C. 图片

D. 文本　　　　E. 日期
23. 下面关于单元格引用的说法正确的是（　　　）。
　　A. 相对引用是指公式中的单元格引用地址随公式所在位置的变化而改变
　　B. 绝对引用是指公式中的单元格引用地址不随公式所在位置的变化而改变
　　C. 单元格引用中，行标识是相对引用而列标识是绝对引用的属于混合引用
　　D. 只能引用同一工作表的单元格，不能引用不同工作表的单元格
　　E. 不同工作表中的单元格可以相互引用，但是不同工作簿中的单元格不可以相互引用
24. Excel 中分类汇总可以进行的计算有（　　　）。
　　A. 最小值　　B. 最大值　　C. 求和
　　D. 计数值　　E. 平均值
25. Excel 中最终生成的图表类型有（　　　）。
　　A. 浮动式图表　　B. 二维图表　　C. 嵌入式图表
　　D. 三维图表　　　E. 独立图表
26. Excel 中，使用"图表向导"创建图表过程中可以设置（　　　）。
　　A. 图表选型　　B. 图表类型　　C. 图表数据源
　　D. 图表位置　　E. 图表大小
27. Excel 电子表格的内容主要是（　　　）等。
　　A. 表格　　B. 公式　　C. 数据
　　D. 函数　　E. 批注
28. Excel 电子表格的运算符，有以下几类：（　　　）。
　　A. 公式符　　B. 算术运算符　　C. 比较运算符
　　D. 文本运算符　E. 引用运算符
29. 常用的制作演示文稿的软件主要有（　　　）。
　　A. 微软公司的 PowerPoint　　　　B. 金山公司的 WPS 演示
　　C. 永中 Office 的简报制作　　　　D. Adobe 公司的 Dreamweaver
　　E. Adobe 公司的 Photoshop
30. 演示文稿一般可应用于（　　　）。
　　A. 工作汇报　　B. 产品推介　　C. 婚礼庆典
　　D. 学术交流　　E. 课件制作
31. 对幻灯片进行排版或格式化操作，主要包括（　　　）。
　　A. 字符格式化　　B. 段落格式化　　C. 幻灯片格式化
　　D. 对象格式化　　E. 动画设置
32. PowerPoint 2016 提供了多种视图，包括（　　　）。
　　A. 普通视图　　B. 幻灯片浏览　　C. 阅读视图
　　D. 备注页　　　E. 大纲视图

四、判断题

1. 办公软件包是为办公自动化服务的系列套装软件，很多功能整合在一起使得包中各软件之间能够共享，并且都是应用于办公任务的。　　　　　　　　　　　　　　　　　　（　　）
2. 文字处理软件是指在计算机上代替人们制作文档的计算机应用程序。　　　（　　）

3. 记事本、EditPlus 等功能有限，不是文字处理软件。（   ）
4. 开本指拿整张印刷用纸裁开的若干等分的数目做标准来表示书刊幅面的规格大小。
（   ）
5. 书刊或文档页面的版心和版面是同一个概念的不同说法。（   ）
6. 文本内容可分为标题和正文，标题又分为多级，其实这样分是多余的，因为标题和正文都是文本。（   ）
7. 在 Word 中，标题和正文都以段落方式存在。（   ）
8. 在 Word 中，依据对象的性质、产生的方式不同可分为 4 类：常规对象、特殊对象、动态对象和 ActiveX 控件。（   ）
9. 在 Word 中，视图是指具有专属显示内容所对应的特定操作功能和任务的人机交互界面。
（   ）
10. 在 Word 中，页面视图不适用于概览整个文章的总体效果。（   ）
11. 在 Word 中，格式（装饰）是指对内容进行统一的编辑的方式，分为模板、样式和格式化 3 种。（   ）
12. 在 Word 中，布局是指各种内容在平面上分布的几何排列位置和关系。从文字编辑来看，它不是版面排版。（   ）
13. 在 Word 中，回车符是用来标记段落的，没有回车符就不是段落，有回车符没有内容也不是段落。（   ）
14. 在 Word 中，换行符是指人为插入将文字强行换入下一行显示的标识，并以向下的箭头标注，它就是段落符。（   ）
15. 在 Word 中，由键盘直接输入的花括号"{ }"就是域，系统认可。（   ）
16. 在 Word 中，修改字体格式之前，必须选定该文字。（   ）
17. 在 Word 中，可以同时打开多个文档窗口，但活动窗口只有一个。（   ）
18. 在 Word 中，现有前后两个段落且段落格式不同的文字格式，若删除前一个段落末尾的结束标记，则两个段落会合并为一段，原来格式都不会丢失。（   ）
19. 在 Word 文档中，可以进行横向选定文字，不能选定"列"字块，即纵向跨行选定部分文字。（   ）
20. Word 字处理软件不仅可以进行文字处理，还可以插入图片、声音等，但不能输入数学公式。（   ）
21. 在 Word 中，要使一个文本框中的文本由横排改为竖排，选定文本单击"绘图工具-格式"选项卡中的"文字方向"按钮。（   ）
22. 在 Word 中文字的输入过程中按一次【Enter】键，则输入一个段落结束符。（   ）
23. 在进行 Word 中的字体格式设置时，可以分别设置中文字体和英文字体。（   ）
24. 在 Word 中，删除"页码"的正确方法是双击页码，进入"页眉和页脚"编辑状态，选中页码，按【Del】键删除，最后在正文的任意位置双击。（   ）
25. 在 Word 文档中插入的剪贴画可以剪裁，用形状绘制的图形不能进行剪裁。（   ）
26. 在 Word 中，表格拆分是指将原来的表格从某两列之间分为左、右两个表格。（   ）
27. 在 Word 中可以将编辑的文档以多种格式保存，wri 文件、bmp 文件、docx 文件都是 Word 所支持的格式。（   ）
28. 在 Excel 中，若要修改单元格中的数据或公式，可以在"编辑栏"修改，也可以双击单

元格后修改。( )

29. Excel 公式或函数中某个数字有问题时，单元格内会显示"#NUM!"。( )
30. Excel 公式中，比较运算符的运算优先级最低。( )
31. Excel 函数的参数中对单元格的引用只能手工输入，无法用鼠标选定。( )
32. Excel 中当用户调整某行的高度时，双击该行的行按钮上边界就可以实现，双击行按钮下边界无效。( )
33. Excel 中的计数函数 Count 可以统计字符型数据，也可以统计数值型数据。( )
34. 在 Excel 中，清除和删除不是一回事。( )
35. 在 Excel 中条件格式设置好的前提下，某单元格内的值发生了改变，改变后不再满足该条件，此时该单元格将继续按照变动前条件格式的规定突出显示。( )
36. 在 Excel 中，在单元格中输入"=5+3"和"'=5+3"，得到的结果是一样的。( )
37. 在 Excel 中，一个单元格地址引用中若出现"$D3"和"D$3"，它们的含义是一样的。( )
38. 在 Excel 中，创建了"柱形图表"后，若要改变图表类型为"折线型"，必须将原来的图表删除，然后重新创建。( )
39. 在 Excel 中，数据与它对应的图表存在关联关系，即改变数据，图表会发生改变，反之也是这样。( )
40. 在 Excel 中，数据透视表不但能够在每一行上汇总，而且还能够在每一列上汇总。( )
41. 在 Excel 中，自动筛选和高级筛选都能根据给定的条件，从数据清单中找出并显示满足条件的记录，不满足条件的记录被隐藏。( )
42. 电子表格本质上是一系列行与列构成的单元格网格。而通过行列标记来使用单元格中数据是关键。( )
43. Excel 电子表格中的函数本身也可以作为参数使用。( )
44. Excel 中的图表化工具 MS-Graph 不是一个 ActiveX 控件。( )
45. 在 Excel 中工作表是一个固定行列数的，即不能增加行列数的超大表格。因此，制表不要超过工作表的列数量。( )
46. 在 Excel 中三维地址引用是指的工作簿、工作表和单元格等三级地址引用。( )
47. 在 Excel 中，通过三维地址引用，可以引用其他工作簿中工作表单元格中的数据。( )
48. 一个演示文稿文档由若干张幻灯片组成，每张幻灯片是背景与对象的组合体，每张幻灯片上可以存放许多对象元素。( )
49. 占位符中的提示文本在放映和打印过程中能显示出来。( )
50. 在"幻灯片浏览"视图中不可以对幻灯片中的内容进行动画设置。( )
51. 在"幻灯片母版"视图中可以设置幻灯片编号的显示格式和位置。( )
52. 当演示文稿保存为放映格式（.ppsx）时，就不能再对其进行内容进行编辑和修改。( )
53. 放映演示文稿时不会显示被设置为隐藏状态的幻灯片。( )
54. 在 PowerPoint 2016 中，将功能以面向"服务"划分类别，以"主选项卡"类别和"面板"为功能区的方式。( )
55. 通过"超链接"可以实现在放映时从一张幻灯片跳转到另一张幻灯片。( )

56. "自定义放映"是指将演示文稿中的某些幻灯片组合起来，形成一个放映单元，同一演示文稿可以按需要形成多个放映单元。（   ）
57. 演示文稿文档可直接转换为 PDF 格式的文档。（   ）
58. 为了达到层次分明的效果，把文本占位符或文本框中的文本划分为 5 个等级。（   ）
59. 在幻灯片中插入声音对象后，在放映时只有单击声音图标才可播放。（   ）
60. 在页眉和页脚中插入的日期和时间可以进行自动更新。（   ）
61. 演示文稿在放映过程中不可以从当前幻灯片跳转到任意幻灯片。（   ）
62. 在制作幻灯片时，可以插入旁白。（   ）
63. 在普通视图下，可以改变幻灯片的顺序。（   ）
64. 在幻灯片放映视图下，也可以编辑幻灯片。（   ）

第12章 数据库技术基础测试题

一、填空题

1. 现实世界中事物每一个特性，在信息世界中称为（　　）。
2. 数据库系统的核心是（　　）。
3. 构成数据模型的三大要素分别是数据结构、数据操作与（　　）。
4. 关系数据库中，一个关系表的行称为（　　）。
5. 关系数据库中，将两个关系连接成一个新的关系，生成的新关系中包含满足条件的元组，这种操作称为（　　）。
6. 关系数据库中，在学生表中要查找年龄小于 20 岁且姓李的男生，应采用的关系运算是（　　）。
7. 关系数据库中，在学生表中有若干个属性，现只要求显示姓名和性别，应采用的关系运算是（　　）。
8. 关系数据库中，假设一个书店用（书号，书名，作者，出版社，出版日期，库存量）一组属性来描述图书，可以作为"关键字"的是（　　）。
9. 在数据库的 E-R 图中，用来表示实体的图形是（　　）。
10. 关系数据库中，关系模型中有三类完整性约束，分别是（　　）、参照完整性和（　　）。
11. 数据结构包括数据的（　　）结构和数据的存储结构。
12. 关系数据库中，函数依赖是指关系中（　　）之间取值的依赖情况。
13. 关系数据库中，如果关系模式 R 满足第二范式（2NF），并且不存在非主属性对主键的（　　），则称该关系模式 R 属于第三范式（3NF）关系。
14. 数据模型按不同的应用层次分为 3 种类型，分别是（　　）数据模型、逻辑数据模型和物理数据模型。

二、单选题

1. SQL 语言是（　　）的简称。
    A. 结构化定义语言　　　　　　　　B. 结构化控制语言
    C. 结构化查询语言　　　　　　　　D. 结构化操纵语言
2. 简称 DBMS 的是（　　）。
    A. 数据库管理系统　　　　　　　　B. 数据库
    C. 数据库系统　　　　　　　　　　D. 数据
3. 数据库技术的根本目标是解决数据的（　　）。
    A. 存储问题　　B. 共享问题　　C. 安全问题　　D. 保护问题
4. 数据管理技术发展中的数据库系统阶段，数据的最小存取单位是（　　）。
    A. 数据项　　　B. 一组记录　　C. 文件　　　　D. 记录
5. 下列关于数据库的概念，说法错误的是（　　）。

A. 二维表中每个水平方向的行称为属性
B. 一个属性的取值范围称为一个域
C. 一个关系就是一张二维表
D. 候选码是关系的一个或一组属性,它的值能唯一地标识一个元组

6. 在数据管理中数据共享性高,冗余度小的是（ ）。
A. 人工管理阶段 B. 数据库系统阶段
C. 信息管理阶段 D. 文件系统阶段

7. 数据库系统的三级模式不包括（ ）。
A. 外模式 B. 概念模式 C. 内模式 D. 数据模式

8. 在下列模式中,能够给出数据库物理存储结构与物理存取方法的是（ ）。
A. 外模式 B. 概念模式 C. 内模式 D. 逻辑模式

9. 数据操作包括对数据库数据的（ ）、插入、修改（更新）和删除等基本操作。
A. 输入 B. 输出 C. 检索 D. 替换

10. 常见的数据模型有3种,分别是（ ）。
A. 网状、关系、语义 B. 层次、关系、网状
C. 环状、层次、关系 D. 属性、元组、记录

11. 在下列说法中正确的是（ ）。
A. 两个实体之间只能是一对一联系
B. 两个实体之间只能是一对多联系
C. 两个实体之间只能是多对多联系
D. 两个实体之间可以是一对一联系、一对多联系或多对多联系

12. 用二维表来表示实体与实体之间联系的数据模型是（ ）。
A. 实体-联系模型 B. 层次模型
C. 网状模型 D. 关系模型

13. 在满足实体完整性约束的条件下,（ ）。
A. 一个关系中应该有一个或多个候选关键字
B. 一个关系中只能有一个候选关键字
C. 一个关系中必须有多个候选关键字
D. 一个关系中可以没有候选关键字

14. 下列实体的联系中,属于多对多联系的是（ ）。
A. 学生和课程 B. 学校和校长 C. 住院的病人和病床 D. 职工与工资

15. 假定学生关系是S（学号,姓名,性别,年龄,班级,专业）,课程关系是C（课程号,课程名,教师名,院系）,学生选课关系是SC（学号,课程号,年级）,要查找必修课"大学计算机基础"课程的男生的姓名,将涉及的关系是（ ）。
A. SC B. S,SC C. C,SC,S D. C,S

16. 在数据库中,能够唯一地标识一个元组的属性或属性组合的是（ ）。
A. 记录 B. 字段 C. 域 D. 关键字

17. 不允许在关系中出现重复记录的约束是通过（ ）实现的。
A. 外关键字 B. 索引 C. 主关键字 D. 唯一索引

18. 关系数据库是以数据的（ ）为基础设计的数据管理系统。

A. 数据模型　　　B. 关系模型　　　C. 关系代数　　　D. 数据表

19. 在关系型数据库中，每一个关系都是一个（　　）维表。
    A. 一　　　　　B. 二　　　　　C. 三　　　　　D. 四
20. 在关系数据库中，关于关键字，下列说法不正确的是（　　）。
    A. 主关键字是被挑选出来做表中行的唯一标识的候选关键字
    B. 外关键字要求能够唯一标识表的一行
    C. 如果两个关系中具有相同或相容的属性或属性组，那么这个属性或属性组称为这两个关系的公共关键字
    D. 对于一个关系来讲，主关键字只能有一个
21. 在数据库中，一个关系就是一张二维表，二维表中垂直方向的列称为（　　）。
    A. 元组　　　　B. 域　　　　　C. 属性　　　　D. 分量
22. 在数据库中，一个属性的域是指（　　）。
    A. 一个表的取值范围　　　　　B. 元组的取值范围
    C. 记录的取值范围　　　　　　D. 一个属性的取值范围
23. 数据库中表和数据库的关系是（　　）。
    A. 一个数据库可以包含多个表　　　　B. 一个表只能包含一两个数据库
    C. 一个表可以包含多个数据库　　　　D. 一个数据库只能包含一个表
24. 在数据库中，将"员工"表中的"姓名"与"工资标准"表中的"姓名"建立联系，且两个表中的记录都是唯一的，则这两个表之间的联系是（　　）。
    A. 一对一　　　B. 一对多　　　C. 多对一　　　D. 多对多
25. 学校图书馆规定，一名旁听生只能借1本书，一名在校生同时可以借5本书，一名教师同时可以借10本书，在这种情况下，读者与图书之间形成了借阅关系，这种借阅关系是（　　）。
    A. 一对一联系　B. 一对五联系　C. 一对十联系　D. 一对多联系
26. 传统的集合运算包括并（∪）、交（∩）、差（－）和（　　）等4种。
    A. 括号运算　　　　　　　　　B. 广义笛卡儿积（×）
    C. 大于等于　　　　　　　　　D. 不等于
27. 如果要改变一个关系中属性的排列顺序，应使用的关系运算是（　　）。
    A. 更新　　　　B. 选择　　　　C. 连接　　　　D. 投影
28. 关系 R 和 S 进行自然连接时，要求 R 和 S 含有一个或多个公共（　　）。
    A. 元组或记录　B. 关系　　　　C. 属性或字段　D. 域
29. 在数据库的关系运算中，选择满足某些条件的元组的运算称为（　　）。
    A. 投影　　　　B. 选择　　　　C. 连接　　　　D. 并
30. 关系 R(A, B) 和 S(B, C) 中分别有 10 个和 15 个元组，属性 B 是 R 的主码，则 R 与 S 的自然连接（R⋈S）运算中元组个数的范围是（　　）。
    A. (10, 15)　　B. (10, 25)　　C. (0, 15)　　　D. (15, 25)
31. Access 数据库使用（　　）作为扩展名。
    A. .mbf　　　　B. .db　　　　　C. .accdb　　　D. .dbf
32. Access 数据库的数据模型是（　　）。
    A. 层次模型　　B. 网状模型　　C. 面向对象模型　D. 关系模型
33. Access 数据库中包含（　　）种对象。

A. 5　　　　　　B. 6　　　　　　C. 7　　　　　　D. 9

34. Access 数据库最基础的对象是（　　）。
    A. 表　　　　　B. 查询　　　　C. 报表　　　　D. 窗体

35. 在 Access 数据库中，表结构的设计及维护是在（　　）中完成的。
    A. 表的数据浏览界面　　　　　　B. 表的设计视图
    C. 表向导　　　　　　　　　　　D. 查询视图

36. 下列叙述中正确的是（　　）。
    A. 数据库设计是指设计数据库管理系统
    B. 数据库是一个独立的系统，不需要操作系统的支持
    C. 数据库系统中，数据的物理结构必须与逻辑结构一致
    D. 数据库技术的根本目标是要解决数据共享的问题

37. 下述关于数据库系统的叙述中正确的是（　　）。
    A. 数据库系统比文件系统能管理更多的数据
    B. 数据库系统避免了一切冗余
    C. 数据库系统减少了数据冗余
    D. 数据库系统中数据的一致性是指数据类型的一致

38. 关系表中的每一行称为一个（　　）。
    A. 元组　　　　B. 字段　　　　C. 属性　　　　D. 码

39. 数据库设计包括两方面的设计内容，分别是（　　）。
    A. 概念设计和逻辑设计　　　　　B. 内模式设计和物理设计
    C. 模式设计和内模式设计　　　　D. 结构特性设计和行为特性设计

40. 用树状结构来表示实体之间联系的模型称为（　　）。
    A. 数据模型　　B. 层次模型　　C. 网状模型　　D. 关系模型

41. 在关系数据库中，用来表示实体之间联系的是（　　）。
    A. 线性表　　　B. 二维表　　　C. 树结构　　　D. 网结构

42. 将 E-R 图转换到关系模式时，实体与联系都可以表示成（　　）。
    A. 关系　　　　B. 键　　　　　C. 属性　　　　D. 域

43. 下列有关数据库的描述，正确的是（　　）。
    A. 数据库是一个 DBF 文件　　　　B. 数据库是一个关系
    C. 数据库是一组文件　　　　　　　D. 数据库是一个结构化的数据集合

44. 单个用户使用的数据视图的描述称为（　　）。
    A. 外模式　　　B. 概念模式　　C. 内模式　　　D. 存储模式

45. 如果一个工人可管理多台设备，而一台设备只被一个工人管理，则实体"工人"与实体"设备"之间存在（　　）联系。
    A. 一对一　　　B. 一对多　　　C. 多对一　　　D. 多对多

46. 要控制两个表中数据的完整性和一致性可以设置"参照完整性"，要求这两个表（　　）。
    A. 是同一个数据库中的两个表　　B. 不同数据库中的两个表
    C. 两个自由表　　　　　　　　　D. 一个是数据库表另一个是自由表

47. 在 SQL 语言中，插入一条新记录的命令是（　　）。
    A. SELECT　　　B. CREATE　　　C. INSERT　　　D. UPDATE

48. 数据库系统的三级模式结构和二层映像功能提供了数据的逻辑独立性和物理独立性。下列提供逻辑独立性的是（　　）。
   A. 外模式到概念模式的映射　　　B. 概念模式到内模式的映射
   C. 内模式到外模式的映射　　　　D. 外模式到存储模式的映射

49. 关系模型是数据库系统常用的一种数据模型。下列关于关系模型的说法，错误的是（　　）。
   A. 关系模型是建立在集合论的基础上的，关系模型中数据存取对用户是透明的
   B. 关系模型中的关系是一个二维表
   C. 按照一定规则可以将 E-R 模型转换为关系模型中的关系模式
   D. 关系模型中的关系模式描述关系的数据结构，其内容随用户对数据库的操作而变化

50. 设有关系模式：作者(作者编号，姓名，身份证号，职业，出生日期)，能够作为该关系模式候选码的是（　　）。
   A. 作者编号，姓名
   B. 作者编号，身份证号
   C. 身份证号，职业
   D. 姓名，出生日期

51. 下列关于函数依赖概念的说法，正确的是（　　）。
   A. 函数依赖研究一个关系中属性之间的依赖关系
   B. 函数依赖研究一个关系中主键与外键之间的依赖关系
   C. 函数依赖研究一个关系中记录之间的依赖关系
   D. 函数依赖研究一个关系中某列不同行之间取值的依赖关系

52. 下列有关三级模式结构和数据独立性的说法，正确的是（　　）。
   A. 外模式是用户与数据库系统的接口，用户可通过外模式来访问数据，在一个数据库中只能定义一个外模式
   B. 在一个数据库中可以定义多个内模式，可利用不同的内模式来描述特定用户对数据的物理存储需求
   C. 数据独立性使得数据的定义和描述与应用程序相分离，简化了数据库应用程序的开发，但增加了用户维护数据的代价
   D. 三级模式结构提供了数据独立性，即当数据的逻辑结构和存储结构发生变化时，应用程序不受影响

53. 概念模型是现实世界的第一层抽象，这一类模型中最著名的模型是（　　）。
   A. E-R 模型　　　B. 层次模型　　　C. 网状模型　　　D. 关系模型

54. 存储在计算机外部存储介质上的结构变化的数据集合，其英文名称是（　　）。
   A. Data Base Management System（简写 DBMS）
   B. Data Base System（简写 DBS）
   C. Data Base（简写 DB）
   D. Data Dictionary（简写 DD）

55. 关系数据模型（　　）。
   A. 只能表示实体间的 1∶1 联系
   B. 只能表示实体间的 1∶n 联系

C. 只能表示实体间的 $m:n$ 联系

D. 可以表示实体间的 $1:1$、$1:n$ 和 $m:n$ 三种关系

56. 现有如下关系：患者（患者编号，患者姓名，性别，出生日期，所在单位），医疗（患者编号，医生编号，医生姓名，诊断日期，诊断结果）；其中，"医疗"关系中的外键是（　　）。

　　A. 医生编号　　B. 医生姓名　　C. 患者编号　　D. 诊断结果

57. 规范化理论是关系数据库进行逻辑设计的理论依据，根据这个理论，关系数据库中的关系必须满足：其每一个属性都是（　　）。

　　A. 互相关联的　　B. 互不相关的　　C. 长度可变得　　D. 不可分解的

58. 关系表 A 的属性个数为 2，元组个数为 10；关系表 B 的属性个数为 3，元组个数为 20，则 A 与 B 的笛卡儿积 A×B 的属性个数和元组个数分别为（　　）。

　　A. 5，20　　B. 5，30　　C. 5，200　　D. 6，200

59. 父亲和子女的亲生关系属于（　　）的关系。

　　A. $1:1$　　B. $1:n$　　C. $m:n$　　D. 不一定

60. 在 SQL 语言中，删除关系表中的一个属性列，要用命令（　　）。

　　A. DELETE　　B. DROP　　C. REVOKE　　D. ALTER

61. 在 SQL 语言中，删除关系表中的一行或多行元组，要用命令（　　）。

　　A. DELETE　　B. DROP　　C. REVOKE　　D. ALTER

62. 在关系数据库中，表之间一对多联系是指（　　）。

　　A. 一张表与多张表之间的关系

　　B. 一张表中的一个记录对应另一张表中的多个记录

　　C. 一张表中的一个记录对应多张表中的一个记录

　　D. 一张表中的一个记录对应多张表中的多个记录

63. 下述（　　）不在 DBA(数据库管理员)职责范围内。

　　A. 监督和控制数据库的运行　　B. 参与数据库及应用程序设计

　　C. 设计数据库的存储策略　　D. 设计数据库管理系统（DBMS）

64. 取出关系中的某些列，并消去重复元组关系运算称为（　　）。

　　A. 取列运算　　B. 投影运算　　C. 连接运算　　D. 选择运算

三、多选题

1. 计算机对数据的管理是指如何对数据进行（　　）。

　　A. 分类、组织　　B. 编码、存储　　C. 检索、维护

　　D. 分类、排序　　E. 存储、查询

2. 数据库系统由（　　）部分组成。

　　A. 硬件系统　　B. 数据库　　C. 数据库管理系统及相关软件

　　D. 数据库管理员　　E. 用户

3. 数据库系统的主要特点是（　　）。

　　A. 数据集合　　B. 实现数据共享，减少数据冗余

　　C. 数据结构化　　D. 具有较高的数据独立性

　　E. 有统一的数据控制功能

4. 数据操作包括对数据库数据的（　　）等基本操作。

A. 插入 　　　B. 修改（更新）　　C. 检索
D. 替换 　　　E. 删除

5. 目前，流行的 DBMS 主要有（　　）。
   A. Oracle 　　　B. SYBASE 　　　C. SQL Server
   D. DB2 　　　　E. MySQL

6. 人工管理计算机数据的特点是（　　）。
   A. 数据不保存于机器 　　　　B. 数据不能修改
   C. 数据没有相应的软件系统管理 　　D. 数据不共享
   E. 数据不独立

7. 数据库管理系统的主要功能包括（　　）。
   A. 数据定义 　　　　　　　　B. 数据操纵
   C. 数据库的建立和维护 　　　D. 数据库的运行管理
   E. 网络连接

8. 下面的（　　）是关系模型的术语。
   A. 元组 　　　B. 变量 　　　C. 属性
   D. 域 　　　　E. 关系

9. 在关系数据库中允许定义的数据约束包括（　　）。
   A. 取值约束 　　　B. 实体完整性约束 　　C. 参照完整性约束
   D. 用户定义的完整性约束 　　　　　　　　E. 身份约束

10. 传统的集合运算包括（　　）等 4 种。
    A. 并（∪） 　　　B. 交（∩） 　　　C. 不等式
    D. 差（-） 　　　E. 广义笛卡儿积（×）

11. Access 数据库的对象包括（　　）。
    A. 表 　　　　B. 查询 　　　C. 窗体
    D. 报表 　　　E. 宏

12. 数据字典是各类数据描述的集合，它通常包括以下（　　）部分。
    A. 数据项 　　　B. 数据结构 　　　C. 数据流
    D. 数据存储 　　E. 处理过程

13. 在概念模型中，属性用于描述事物的特征或性质。下列关于属性的说法，正确的是（　　）。
    A. 一个实体集中的属性名要唯一
    B. 一个属性的值可以取自不同的域
    C. 属性一般用名词或名词短语命名
    D. 实体集的标识属性能够唯一识别实体集中每一个实体
    E. 标识属性的取值不能重复，但可以为空

四、判断题

1. 数据库技术发展中的文件系统阶段支持并发访问。　　　　　　　　　　　　（　　）
2. 在数据库中数据的独立性指的是数据与程序相互独立存在。　　　　　　　　（　　）
3. 数据库管理系统都是基于某种数据模型的，因此数据模型是数据库系统的核心和基础。

(   )

4. 在数据库的关系模型中，实体之间的关系中一对多的联系和多对一的联系是一样的。

(   )

5. 在数据库中，多对多联系实际上是使用第三个表的两个一对多关系。 (   )

6. 在数据库的关系模型中，元组个数具有有限性。 (   )

7. 表是数据库的基础，数据库中不允许一个数据库中包含多个表。 (   )

8. 在数据库中，记录是表的基本存储单元。 (   )

9. SQL Server、Access、Oracle 等 DBMS，都是面向对象的数据库管理系统。 (   )

10. 数据库不允许存在数据冗余。 (   )

11. 数据库管理系统管理并且控制数据资源的使用。 (   )

12. 对于一个基本关系表来说，列的顺序无所谓，即改变属性的排列顺序不会改变该关系的本质结构。 (   )

13. 主键字段允许为空。 (   )

14. E-R 模型是概念结构设计的工具。

15. 数据操作包括对数据库数据的检索、插入、修改（更新）和删除等基本操作。 (   )

16. 数据库中逻辑数据模型就是数据模型，是一种面向数据库系统的模型。 (   )

17. 数据模型是数据库管理系统用来表示实体及实体之间联系的方法，和数据库中的表无关。

(   )

18. 数据库中数据模型三大要素是数据结构、数据操作与数据约束。 (   )

19. 数据库中数据结构主要描述数据的大小、内容、性质以及数据间的联系等。 (   )

20. 数据库中专门的关系运算有 3~4 个，包括选择、投影和连接及自然连接。 (   )

21. 数据库中的一个关系没有经过规范化，则可能会出现数据冗余、数据更新不一致、数据插入异常和删除异常。 (   )

22. 数据库满足一定条件的关系模式称为范式。 (   )

23. 数据库中的范式，根据满足规范条件的不同分为 5 个，常用的是一、二、三范式。

(   )

24. 数据库中的范式级别越高，满足的要求越低，规范化程度越低。 (   )

25. 数据库设计是数据库应用的核心，所以数据库设计就是设计数据库中的表。 (   )

26. 数据库管理是由数据库管理员来完成的，一般情况下，数据库管理员可以不要。

(   )

27. Access 是一种关系数据库管理系统。 (   )

28. 对于一个基本关系表来说，行的顺序无所谓，即将一条记录插入在第一行和插入在第五行没有本质上的不同。 (   )

第13章 计算机网络基础测试题

一、填空题

1. 计算机网络按照覆盖地域范围分，可以分为（　　）、（　　）和（　　）3种网络。
2. 在OSI参考模型中，提供建立、维护和拆除物理链路的层是（　　）；为数据分组提供在网络中路由功能的层是（　　）；在单个链路的结点间以帧为单位进行发送和接收数据的层是（　　）。
3. 现在局域网常采用的网络拓扑结构是（　　）。
4. 数据经历的总时延就是（　　）、（　　）、处理时延和排队时延之和。
5. 计算机网络端系统的两种基本工作模式为（　　）和（　　）。
6. （　　）是为进行网络中的数据交换而建立的规则。
7. Internet通过（　　）协议将世界各地的网络连接起来实现资源共享。
8. 在OSI参考模型中，（　　）层涉及网络接口及其电器性能的标准化。
9. OSI模型中的七层结构自下而上分别是（　　）、（　　）、（　　）、（　　）、（　　）、（　　）和（　　）。
10. 数据传输速率为 6×10^7 bit/s，还可以记为（　　）Mbit/s。
11. 根据信号中参数的取值方式，通常将信号分为（　　）信号和（　　）信号。
12. 交换技术分为（　　）、（　　）和报文交换3种，其中报文交换现在已经被淘汰。
13. 使用双绞线连接两台路由器，一般采用（　　）双绞线。
14. 最常用的两种多路复用技术为（　　）和（　　）。其中，前者是同一时间同时传送多路信号，而后者是将一条物理信道按时间分成若干个时间片轮流分配给多个信号使用。
15. 把数字信号转换成模拟信号称为（　　）；而把模拟信号转换成数字信号称为（　　）；能完成上述功能的设备称为信号变换器，最常见的信号变换器就是（　　）。

二、单选题

1. 计算机网络的基本功能是（　　）。
   A. 运算速度快　　　　　　　　B. 提高计算机的可靠性
   C. 远程控制其他的计算机　　　D. 共享资源
2. 以下属于物理层设备的是（　　）。
   A. 中继器　　B. 网关　　C. 网卡　　D. 网桥
3. 在以太网中，是根据（　　）地址来区分不同的设备的。
   A. MAC　　B. LAC　　C. IP　　D. IPX
4. OSI参考模型的最低层是（　　）。
   A. 数据链路层　　B. 网络层　　C. 物理层　　D. 应用层
5. 以下属于网络操作系统的是（　　）。
   A. DOS　　B. Windows 10　　C. UNIX　　D. Windows 8

6. 在一座大楼内的一个计算机网络系统属于（   ）。
   A. PAN　　　　B. LAN　　　　C. MAN　　　　D. WAN
7. 计算机网络各层次结构模型及其协议的集合称为（   ）。
   A. 网络系统　　B. 网络概念框架　　C. 网络体系结构　　D. 网络结构描述
8. 计算机网络中可以共享的资源包括（   ）。
   A. 客户机和服务器　　　　　　B. 硬件、软件和信息
   C. 主机、CPU、内存和外部设备　　D. 计算机和传输媒体
9. 在 OSI 参考模型的网络层中，数据以（   ）为单位进行传输。
   A. 帧　　　　　B. 比特流　　　　C. 报文　　　　D. 分组
10. Internet 使用的协议是（   ）。
    A. IPX/SPX　　B. NCP　　　　C. TCP/IP　　　D. NETBIOS
11. 最早出现的计算机网络是（   ）。
    A. ARPANET　　B. EtherNet　　C. Internet　　　D. CERNET
12. 一座办公大楼内各个办公室中的计算机进行联网，这个网络属于（   ）。
    A. WAN　　　　B. LAN　　　　C. MAN　　　　D. VPN
13. 双绞线可以分为（   ）双绞线和（   ）双绞线两类。
    A. 基带、频带　　B. 宽带、窄带　　C. 粗、细　　D. 屏蔽、非屏蔽
14. TCP/IP 是 Internet 中使用的一组通信协议，构成 TCP/IP 体系结构的 4 个层次是（   ）。
    A. 网络接口层，网际层，传输层，应用层
    B. 物理层，数据链路层，传输层，应用层
    C. 数据链路层，传输层，会话层，应用层
    D. 网络接口层，网络层，会话层，应用层
15. （   ）是实现同一网络中不同网段互联的设备。
    A. 网桥　　　　B. 网关　　　　C. 集线器　　　　D. 路由器
16. （   ）是实现不同网络互联的设备。
    A. 网桥　　　　B. 网卡　　　　C. 集线器　　　　D. 路由器
17. 以下关于计算机网络定义的描述中，错误的是（   ）。
    A. 以能够相互共享资源的方式互联起来的自治计算机系统的集合
    B. 网络共享的资源主要指计算机的 CPU、内存与操作系统
    C. 互联的计算机既可以联网工作，也可以脱网单机工作
    D. 联网计算机之间的通信必须遵循共同的网络协议
18. 传输速率为 10 Gbit/s 的局域网每秒可以发送的比特数为（   ）。
    A. 1×10^6　　B. 1×10^8　　C. 1×10^{10}　　D. 1×10^{12}
19. 在同一信道上同一时刻，可进行双向数据传输的通信方式是（   ）。
    A. 单工通信　　B. 半双工通信　　C. 全双工通信　　D. 以上都不是
20. 在数据通信的过程中，将模拟信号还原成数字信号的过程称为（   ）。
    A. 调制　　　　B. 解调　　　　C. 加密　　　　D. 解密
21. 在下列传输介质中，（   ）是迄今为止最好的传输介质。
    A. 同轴电缆　　B. 光缆　　　　C. 微波　　　　D. 双绞线
22. 采用半双工通信方式，数据传输的方向性为（   ）。

A. 可以在两个方向上同时传输
B. 只能在一个方向上传输
C. 可以在两个方向上传输，但不能同时进行
D. 以上均不对

23. 586B 的标准线序是（ ）。
A. 白橙、橙、白绿、蓝、白蓝、绿、白棕、棕
B. 白绿、绿、白橙、蓝、白蓝、橙、白棕、棕
C. 白绿、蓝、白橙、绿、白蓝、橙、白棕、棕
D. 白绿、橙、白橙、蓝、白蓝、绿、白棕、棕

24. 在下列网络拓扑结构中，一旦中心节点损坏，则整个网络便趋于瘫痪的结构是（ ）。
A. 总线网络   B. 星状网络   C. 网状网络   D. 环状网络

25. 信道容量是带宽与信噪比的函数，以下（ ）术语用来描述这种关系。
A. 香农公式   B. 带宽   C. 奈奎斯特准则   D. 傅里叶原理

26. 下列交换技术中，节点不采用"存储—转发"方式的是（ ）。
A. 电路交换技术 B. 报文交换技术 C. 分组交换技术 D. 包交换技术

27. 在 OSI 的七层模型中，集线器工作在（ ）。
A. 物理层   B. 数据链路层   C. 网络层   D. 传输层

28. 当一台主机从一个网络移到另一个网络时，以下说法正确的是（ ）。
A. 必须改变它的 IP 地址和 MAC 地址
B. 必须改变它的 MAC 地址，但不需改动 IP 地址
C. IP 地址和 MAC 地址都不用改变
D. 必须改变它的 IP 地址，但不需改动 MAC 地址

29. 计算机网络的构成中传输介质是不可缺少的，不同的应用要求不同性能的传输介质，以下是对双绞线、同轴电缆、光纤和无线传输介质的简要描述。选项表中按编号表示的表述顺序完全正确的是（ ）。
① 传输速率最高、安装困难、费用昂贵，传输距离很远，抗电磁干扰性高；
② 传输速率低，安装简易，费用便宜，传输距离在 100 m 内；
③ 传输速率低，安装简易，费用适中，传输距离大于 150 m，抗电磁干扰性较差；
④ 传输速率最低，免布线安装，费用昂贵，传输距离很远，抗电磁干扰性差。
A. ①光纤②同轴电缆③双绞线④无线传输介质
B. ①双绞线②同轴电缆③光纤④无线传输介质
C. ①无线传输介质②同轴电缆③双绞线④光纤
D. ①光纤②双绞线③同轴电缆④无线传输介质

30. 目前计算机网络应用系统采用的主要工作模式是（ ）。
A. 离散的个人计算模式   B. 客户机/服务器模式
C. 主机计算模式   D. 以上都不是

三、多选题

1. 计算机网络协议的要素包括（ ）。
A. 语法   B. 文档   C. 语义   D. 时序   E. 结构

2. 常见的网络拓扑结构有（   ）。
   A. 总线　　　　　　B. 星状　　　　　　C. 令牌环　　　　　　D. 网状
   E. 混合型
3. 以下（   ）不是数据链路层的数据传输单位。
   A. 比特　　　　　　B. 字节　　　　　　C. 帧　　　　　　D. 分组　　　　E. 包
4. 常见的数据交换技术有（   ）。
   A. 流交换　　　　　B. 电路交换　　　　C. 报文交换　　　　D. 分组交换
5. 以下协议中，工作在应用层的有（   ）。
   A. TCP　　　　　　B. HTTP　　　　　C. FTP　　　　　　D. SMTP　　　E. Telnet
6. 三网融合中的"三网"指的是（   ）。
   A. 移动网络　　　　B. 电信网络　　　　C. 联通网络　　　　D. 计算机网络
   E. 广播电视网络
7. 以下关于客户机／服务器模式特点的描述中，正确的是（   ）。
   A. 安装服务器程序的主机作为服务器，为客户提供服务
   B. 安装客户程序的主机作为客户端，是用户访问网络服务的用户界面
   C. 在 C/S 工作模式中，服务器程序与客户程序是协同工作的两个部分
   D. 服务器的功能比较强大、资源丰富；而客户机功能比较简单
8. 常用的复用技术有（   ）。
   A. 码分复用　　　　B. 空分复用　　　　C. 频分复用　　　　D. 时分复用
9. 有关局域网拓扑结构的说法，以下正确的是（   ）。
   A. 星状结构的中心计算机发生故障，整个网络将停止工作
   B. 环状网络中任何一台计算机出现故障，都将导致全网瘫痪
   C. 总线网络中若某台计算机出现故障，一般不影响全网工作
   D. 环状结构的网络中信息的传输方向是双向的。
10. 路由器是网络层的产品，它的主要功能是（   ）。
    A. 路由选择　　　　B. 差错检测　　　　C. 分组转发　　　　D. 信号放大
11. 一个通信系统最少包括（   ）。
    A. 信源　　　　　　B. 信宿　　　　　　C. 信道　　　　　　D. 信号
12. 以下网络设备属于数据链路层产品的有（   ）。
    A. 路由器　　　　　B. 交换机　　　　　C. 网桥　　　　　　D. 网关　　　E. 中继器
13. 微波是最常用的无线通信介质，可以分为（   ）两种。
    A. 红外线　　　　　B. 地面微波通信　　C. 卫星通信　　　　D. 无线电
14. 从物理连接上讲，计算机网络由（   ）组成。
    A. 终端设备　　　　B. 通信链路　　　　C. 网络操作系统　　D. 网络互联设备
15. 关于局域网的叙述正确的是（   ）。
    A. 覆盖范围有限、距离短　　　　　　B. 数据传输速率高、误码率低
    C. 光纤是局域网最适合的传输介质　　D. 局域网使用最多的传输介质是双绞线

四、判断题

1. 目前使用的局域网基本都采用星状拓扑结构。　　　　　　　　　　　　　（   ）

2. TCP/IP 协议是一个完整的体系结构，由 TCP 协议和 IP 协议组成。   (   )
3. 路由器属于数据链路层的互联设备。   (   )
4. TCP/IP 属于低层协议，它定义了网络接口层。   (   )
5. 网络层处于传输层和应用层之间。   (   )
6. 计算机网络按通信距离分为广域网、城域网、局域网。   (   )
7. 网络组建好后，必须安装 TCP/IP 协议组件计算机之间才能通信。   (   )
8. 双绞线不仅可以传输数字信号，也可以传输模拟信号。   (   )
9. TCP/IP 有 100 多个协议，其中 TCP 负责信息的实际传送，而 IP 保证所传送的信息是正确的。   (   )
10. 红外通信具有成本较低，传输距离短、直线传输、不能透射不透明物的特点。   (   )
11. 在常用的传输介质中，抗干扰能力最强、安全性最好的一种传输介质是光纤。   (   )
12. 近距离的通信一般使用串行方式，而计算机网络通常使用并行方式。   (   )
13. 在半双工通信的网络上，每个设备能够同时发送和接收数据。   (   )
14. 为了提高信道的利用率，一般采用复用技术。   (   )
15. 每个以太网网卡都有一个固定的全球唯一的网卡地址，它由 24 位二进制数组成。
                                                                           (   )
16. 计算机网络中的数据传输速率单位是 bit/s，含义是 byte per second。   (   )
17. 国际标准化组织（ISO）提出了开放系统互连参考模型（OSI），这是一个国际标准，共分为 7 层结构。   (   )
18. 带宽本来是指某个信号具有的频带宽度，单位为 Hz，现在常用来描述网速。   (   )
19. 在计算机网络中，LAN 网是指广域网。   (   )
20. 协议分层有助于网络的实现和维护。   (   )

第 14 章 网络的网络：因特网

一、填空题

1. Internet 上文件传输服务采用的通信协议是（　　　）。
2. HTTP 的中文名称是（　　　）。
3. IP 地址 21.96.8.125 属于（　　　）类 IP 地址。
4. IP 地址的长度是 4 个字节，每个字节应该是一个 0 至（　　　）之间的十进制数据，字节之间用句点分隔。
5. 在 IPv6 中，一个 IP 地址由（　　　）位二进制数组成。
6. IP 地址分为（　　　）和（　　　）两大部分。
7. B 类网络的默认子网掩码是（　　　）。
8. 为了对 IP 地址进行有效管理和充分利用，国际上对 IP 地址进行了分类，共分为（　　　）类。
9. 在因特网域名中，大学等教育机构网站通常用（　　　）英文缩写表示。
10. Internet 在 IP 地址的基础上提供了一种面向用户的字符型主机地址命名机制，这就是（　　　）。
11. 中国互联网络的域名体系顶层域名是（　　　）。
12. 网络命令 Ping 的主要功能是（　　　）。
13. 如果采用 ADSL 方式拨号接入 Internet，用户所需要的硬件设备有一台计算机、一条电话线、一根 RS232 电缆和一台（　　　）。
14. 在浏览器中输入一个网站地址（不包括文件名）并回车后，出现的第一个网页称为（　　　）。
15. 把连续的影视和声音信息经过压缩后，放到网络媒体服务器上，让用户边下载边收看，这种技术称为（　　　）技术。

二、单选题

1. 在 Internet 中，用户通过 FTP 可以（　　　）。
   A. 浏览远程计算机上的资源　　　　B. 上传和下载文件
   C. 发送和接收电子邮件　　　　　　D. 进行远程登录
2. Internet 的雏形（前身）是（　　　）。
   A. Ethernet　　B. MTLNET　　C. 剑桥环网　　D. ARPANET
3. （　　　）在全国第一个实现了与下一代高速网 Internet 2 的互联。
   A. CERNet　　B. ChinaNet　　C. CSTNet　　D. ChinaGBN
4. 以下说法不正确的是（　　　）。
   A. Internet 是计算机技术和通信技术相结合的产物，近年来得到了飞速发展
   B. 我国对 Internet 的最早应用是收发电子邮件
   C. Internet 是一个全球范围内的广域网，可以将其看成是一个由无数局域网连接而成的网络

D. Internet 通过 OSI 将世界各地的物理网络的信息和服务连接在一起

5. Internet 使用的 IP 地址由小数点隔开的 4 个十进制数组成，下列属于合法 IP 地址的是（   ）。
   A. 302.123.234.0   B. 10.123.456.11   C. 12.123.1.168   D. 256.255.20.31

6. 使用（   ）网络命令，可以查看系统的 TCP/IP 协议配置。
   A. ping   B. ipconfig   C. list   D. telnet

7. 搜索引擎分为全文搜索、（   ）搜索和元搜索 3 种。
   A. 目录   B. 关键字   C. 摘要   D. 引用

8. 在 TCP/IP（IPv4）协议下，每台主机设定一个唯一的（   ）位二进制的 IP 地址。
   A. 4   B. 8   C. 16   D. 32

9. DNS 的含义是（   ）。
   A. 邮件系统   B. 网络定位系统   C. 域名系统   D. 服务器

10. 下面（   ）是接收 E-mail 所用的网络协议。
    A. SMTP   B. POP3   C. HTTP   D. FTP

11. 下列属于 C 类 IP 地址范围的是（   ）。
    A. 192.0.0.0~223.255.255.255   B. 128.0.0.0~191.255.255.255
    C. 0.0.0.0~127.255.255.255   D. 0.0.0.0~255.255.255.255

12. IP 地址具有固定的格式，分成四段，其中每（   ）位构成一段。
    A. 32   B. 16   C. 8   D. 3

13. 下面关于域名系统的说法错误的是（   ）。
    A. 域名是唯一的
    B. 域名服务器 DNS 用于实现域名地址和 IP 地址的转换
    C. 网址与域名没有关系
    D. 域名系统的结构是层次型的

14. Internet 网站域名地址中的.gov 表示（   ）。
    A. 教育机构   B. 政府机构   C. 商业机构   D. 非营利机构

15. 北京市政府要建立 WWW 网站，按规定其域名的后缀应该是（   ）。
    A. com.cn   B. mil.cn   C. gov.cn   D. edu.cn

16. ADSL 设备的非对称数字用户环路，非对称是指（   ）。
    A. 上行速率快，下行速率慢   B. 上行速率慢，下行速率快
    C. 上、下行速率一样快   D. 上、下行速率一样慢

17. 在电子邮件中所包含的信息（   ）。
    A. 只能是文字   B. 文字和图像
    C. 文字和音频   D. 可以是文字、音频和图形图像信息

18. 要使用电话线上网，计算机系统中必须要有（   ）。
    A. 声卡   B. 网卡   C. 电话机   D. Modem

19. 以下（   ）不是顶级域名。
    A. www   B. US   C. CN   D. JP

20. OutLook Express 是一个（   ），专门帮助用户处理有关电子邮件和电子新闻事务。
    A. 电子邮件搜索软件   B. 电子邮件客户端软件

C. 电子邮件撰写软件 D. 电子邮件服务器软件
21. Modem 的作用是（   ）。
    A. 实现计算机的远程联网
    B. 在计算机之间传送二进制信号
    C. 实现数字信号与模拟信号之间的转换
    D. 提高计算机之间的通信速度
22. 域名系统（DNS）的主要作用是（   ）。
    A. 存放主机域名　　　　　　　B. 存放 IP 地址
    C. 存放邮件地址　　　　　　　D. 将域名转换成 IP 地址
23. 文件传输协议是 TCP/IP 模型中（   ）的协议。
    A. 数据链路层　B. 网络层　　　C. 传输层　　　D. 应用层
24. Intranet 技术主要由一系列的组件和技术构成，Intranet 的网络核心协议是（   ）。
    A. IPS/SPX　　B. TCP/IP　　　C. NetBEUI　　D. HTTP
25. 下面协议中，用于 WWW 传输控制的是（   ）。
    A. HTTP　　　B. SMTP　　　C. FTP　　　　D. URL
26. IP 地址 191.29.6.20 属于（   ）类地址。
    A. A　　　　　B. B　　　　　C. C　　　　　D. D
27. 当用户准备接收电子邮件时，用户的电子邮件是保存在（   ）。
    A. 用户的计算机　　　　　　　B. 发送方的计算机
    C. 用户的 POP3 或者 IMAP 服务器　　D. 发送方的 POP3 或者 IMAP 服务器
28. 下列正确的电子邮件地址是（   ）。
    A. cn@163.com　B. cn#163.com　C. cn.163.com　D. cn%163.com
29. 地址 255.255.255.224 可能代表的是（   ）。
    A. 1 个 B 类地址　B. 1 个 C 类网络　C. 1 个子网掩码　D. 以上都不是
30. 某公司要通过网络向其客户传送一个大图片，最好的方法是借助（   ）。
    A. BBS　　　　　　　　　　　B. 电子邮件中的附件功能
    C. WWW　　　　　　　　　　D. Telnet
31. 下列（   ）不是常用的下载软件。
    A. NetAnts　　B. FlashGet　　C. CuteFtp　　D. ACDSee
32. 以下有关浏览器与 WWW 的说法正确的是（   ）。
    A. 用户上网只能使用 IE 浏览器
    B. 浏览器是典型的客户端软件，用户可以运行此类软件访问各网站
    C. WWW 是一个基于纯文本的信息检索工具，它将全世界 Internet 上的不同地点的信息连接在一起
    D. WWW 服务器上的第一个页面称为主站点，可以引导用户访问其他网站
33. 为了能够在 Internet 上方便地找到所需网站及其各种资源，人们采用了（   ）来唯一标识某个网络资源。
    A. IP 地址　　B. MAC 地址　　C. URL 地址　　D. USB 地址
34. 在 Internet 上浏览网页时，浏览器和 Web 服务器之间传输网页使用的协议是（   ）。
    A. IP　　　　　B. FTP　　　　C. HTTP　　　D. Telnet

35. 统一资源定位符由四部分组成，它的一般格式是（　　）。
    A. 协议://超链接/应用软件/信息　　　B. 协议.主机名.路径.文件名
    C. 协议://主机名/路径/文件名　　　　D. 协议.超级链接.应用软件.信息
36. 在浏览网页的过程中，当鼠标移动到已设置了超链接的区域时，鼠标指针形状一般变为（　　）。
    A. 小手形状　　B. 停止图标　　C. 刷新图标　　D. 下拉按钮
37. （　　）是一组相关网页和有关文件的集合，由主页作为浏览的起始点。
    A. 网名　　　　B. 域名　　　　C. 网址　　　　D. 网站
38. 中国自行研制的全球卫星导航系统是（　　）。
    A. GPS　　　　B. 伽利略　　　C. GLONASS　　D. 北斗
39. （　　）是 Web 2.0 开始的标志。
    A. 微信　　　　B. 博客　　　　C. QQ　　　　　D. 社交网站
40. 用户通过（　　）可以从万维网大量的信息中快速找到想要的信息。
    A. 搜索引擎　　B. 浏览器　　　C. 电子邮件　　D. 社交网站

三、多选题

1. 下列哪些协议可以用于电子邮件系统（　　）。
    A. Telnet　　　B. SMTP　　　C. POP3　　　D. IMAP　　　E. IP
2. 关于因特网的认识，正确的是（　　）。
    A. 因特网是一个用于与其他人有效交流的媒介
    B. 因特网是一种用于研究支持和信息检索的机制
    C. 因特网并不为任何政府、公司和大学做拥有
    D. 因特网就像一个信息海洋
3. 以下属于 C 类 IP 地址的是（　　）。
    A. 100.78.65.3　　B. 192.0.1.1　　C. 197.234.111.123　　D. 23.24.45.56
4. 子网掩码是用来判断任意两台计算机的 IP 地址是否是属于同一子网的，正常情况下的子网掩码（　　）。
    A. 前两个字节为 1　　　　　　　　B. 主机标准位全为 0
    C. 网络标准位全为 1　　　　　　　D. 前两个字节为 0
5. 下列有关 IP 的说法正确的是（　　）。
    A. IP 地址在 Internet 上是唯一的
    B. IPv4 地址由 32 位二进制数组成
    C. IP 地址是 Internet 上主机的数字标识
    D. IP 地址指出了该计算机连接到哪个网络上
6. 下列有关电子邮件的说法正确的是（　　）。
    A. 发送电子邮件时，通信双方必须同时在线，否则邮件无法送达
    B. 在一个电子邮件中可以发送文字、图像信息
    C. Outlook Express 和 Foxmail 等软件可用于收发邮件、管理邮件，是电子邮件系统的客户端软件
    D. 可以同时向多个人发送电子邮件

7. 关于 IP 地址的分类，下列说法正确的是（　　）。
   A. IPv4 地址共分为了 A、B、C、D、E 5 类
   B. A、B、C 三类网络号分别占 8 位，16 位和 24 位二进制数
   C. A 类网络的标志位为 0，B 类为 10，C 类为 110，D 类为 1110，E 类为 1111
   D. 一个 D 类 IP 地址代表多台计算机，所以给计算机分配 IP 地址时不能分配 D 类 IP 地址
8. Internet 主要采用 C/S 模式，以下属于客户端软件的是（　　）。
   A. IE 浏览器　　　　　　　　　　　B. Outlook 电子邮件系统
   C. QQ 聊天软件　　　　　　　　　　D. Word
9. 世界上著名的卫星导航系统有（　　）。
   A. 美国的 GPS 系统　　　　B. 印度的 IRNSS 系统　　　C. 欧盟的伽利略系统
   D. 俄罗斯的 GLONASS 系统　　　E. 中国的北斗系统
10. 电子商务是由信息流、资金流、物流和商流形成的巨大的电子商务系统，它的主要运营模式包括（　　）。
    A. B2B　　　　B. B2C　　　　C. C2C　　　　D. O2O
11. 关于 IPv6，下面说法正确的是（　　）。
    A. IPv6 采用 128 位地址长度
    B. IPv6 将地址每 16 位划分为一组，采用点分十进制计法
    C. 为了书写简单，IPv6 地址允许使用一次零压缩
    D. 1B56:AF01::F345:2789 是一个合法的 IPv6 地址
12. 使用专用地址的两个校区的主机相互通信经常需要使用 VPN 技术，VPN 涉及（　　）。
    A. 加密技术　　　B. 隧道技术　　　C. 电子邮件技术　　　D. WWW 技术
13. 以下 IP 地址属于专用 IP 地址的是（　　）。
    A. 173.0.0.1　　　B. 192.168.1.1　　　C. 10.72.4.3　　　D. 168.7.4.5
14. 用户可以通过（　　）接入 Internet。
    A. 局域网　　　B. ADSL　　　C. 有线电视电缆　　　D. 蜂窝移动通信
15. 关于 WLAN，下面说法正确的是（　　）。
    A. WLAN 就是通常所说的 Wi-Fi
    B. WLAN 是一种无线的组网方式，使网络搭建更方便
    C. WLAN 传输范围有限，属于在办公室和家庭中使用的短距离无线技术
    D. WLAN 不仅组网比有线局域网方便，在安全性和信号强度上也更胜一筹

四、判断题
1. DNS 的作用是建立域名和 IP 地址之间的映射关系。（　　）
2. FTP 是 Internet 提供的一种文件传输服务，它可以将文件下载到本地计算机中。（　　）
3. 一台接入因特网的计算机可以没有域名，但不能没有 IP 地址。（　　）
4. 只知道服务器的 IP 地址，而没有该服务器的域名，则无法访问该服务器。（　　）
5. 用户使用互联网网络资源必须先输入用户名和密码登录。（　　）
6. NFS 是操作系统中提供的对共享文件访问措施，当用户通过 NFS 方式访问另一台计算机上的文件时，必须要知道远地计算机的 IP 地址或者域名。（　　）
7. 使用电子邮件服务必须要拥有一个电子邮箱，一个用户只能有一个电子邮箱。（　　）

8. 计算机一旦设置了 IP 地址，就不能再改变。（　　）

9. 在使用浏览器浏览网页的过程中，无法保存页面中的图片。（　　）

10. 在网页中，超链接是各种各样的外观形状，可以是各种颜色的文字，但不能是图形和图像。（　　）

11. TFTP 跟 FTP 类似，也是一个文件传输协议，但是它比 FTP 简单，只支持文件传输不支持交互，没有庞大的命令集，也不能对用户进行身份鉴别。（　　）

12. 登录 FTP 服务器需要输入用户名和口令，为了方便用户使用，用户可以使用 anonymous 作为用户名，以用户的电子邮件地址作为口令。（　　）

13. 电子支付是指使用安全电子手段实现货币支付或资金流转的行为，其最大特点是通过互联网及互联网终端实现。（　　）

14. 专用 IP 地址只能用于单位内部通信，当使用专用 IP 地址的主机访问 Internet 时，通常需要使用网络地址转换（NAT）技术。（　　）

15. 在 Internet 中，一台计算机可以有多个 IP 地址，也可能几台计算机具有同一个 IP 地址。（　　）

第 15 章 信息社会与安全测试题

一、填空题

1. （　　）是指各种利用计算机程序及其处理装置进行犯罪或者将计算机信息作为直接侵害目标的犯罪的总称。
2. 计算机系统的安全包括（　　）和（　　）等。
3. 信息安全的主要威胁来自（　　）的感染和（　　）的入侵。
4. Internet 面临的安全威胁可分为两种：一是对（　　）的威胁；二是对（　　）的威胁。
5. Internet 面临的最常见的攻击有 3 种：（　　）、（　　）和（　　）。
6. 鉴别是网络安全中很重要的一个问题，分为（　　）鉴别和实体鉴别。
7. （　　）是一种隐藏在计算机或网络中的、具有破坏性的计算机程序。
8. （　　）是一种寄生在 Word 文档或模板的宏中的计算机病毒。
9. （　　）将信息发送人的身份与信息传送结合起来，可以保证信息在传输过程中的完整性，以防止发送者抵赖行为的发生。
10. 目前绝大多反病毒软件都对病毒的（　　）进行识别。
11. 计算机和网络系统中，（　　）是指为了防止非法访问而设置的"屏障"。
12. （　　）是 Internet 进入内部网络的唯一通道，它在 Internet 与内部网络之间建立起一个安全网关。
13. 数据加密包括（　　）和（　　）两个元素。
14. 根据密码算法所使用的加密密钥和解密密钥是否相同，可将密码体制分为（　　）和（　　）两种。
15. 数字签名是指利用（　　），通过对信息原文的数字摘要进行加密，从而保证信息的完整性、真实性和不可否认性的一种替代手写签名的技术手段。
16. 拒绝服务攻击的手段主要有两种：缺陷利用和（　　）攻击。
17. （　　）攻击是指攻击者向网络中的某个主机不停发送大量信息，直至超出其处理能力。对于这类攻击，不是给系统打补丁就能解决的。

二、单选题

1. 一般而言，互联网防火墙建立在一个网络的（　　）。
   A. 内部网络与外部网络的交叉点　　B. 每个子网的内部
   C. 部分内部网络与外部网络的结合处　　D. 内部子网之间传送信息的中枢
2. 计算机病毒是指（　　）。
   A. 带细菌的磁盘　　B. 已损坏的磁盘
   C. 具有破坏性的特制程序　　D. 被破坏了的程序
3. 信息安全需求包括（　　）。
   A. 保密性、完整性　　B. 可用性、可控性

C. 不可否认性 D. 以上皆是

4. 计算机病毒是一种（　　）。
   A. 特殊的计算机部件　　　　　B. 特殊的生物病毒
   C. 游戏软件　　　　　　　　　D. 人为编制的特殊的计算机程序

5. 计算机病毒（　　）。
   A. 是生产计算机硬件时不注意产生的　　B. 是人为制造的
   C. 都必须清除，计算机才能使用　　　　D. 都是人们无意中制造的

6. 不属于计算机病毒特点的是（　　）。
   A. 传染性　　　B. 免疫性　　　C. 破坏性　　　D. 潜伏性

7. 下列关于计算机病毒说法错误的是（　　）。
   A. 有些病毒仅攻击某一种操作系统　　B. 病毒一般附着在其他应用程序之后
   C. 每种病毒都会给用户造成严重后果　　D. 有些病毒能损坏计算机硬件

8. 下面列出的计算机病毒传播途径，不正确的是（　　）。
   A. 使用来路不明的软件　　　　B. 通过借用他人的磁盘
   C. 机器使用时间过长　　　　　D. 通过网络传输

9. 下列措施中，（　　）不是减少病毒传染和造成损失的好办法。
   A. 重要的文件要及时、定期备份，使备份能反映出系统的最新状态
   B. 外来的文件要经过病毒检测才能使用，不要使用盗版软件
   C. 不与外界进行任何交流，所有软件都自行开发
   D. 定期用防病毒软件对系统进行查毒、杀毒

10. 以下选项中，不是有效防治病毒的是（　　）。
    A. 经常进行系统更新，给系统打补丁　　B. 安装杀毒软件
    C. 经常查看电子邮箱中的每一封邮件　　D. 对重要数据经常做备份

11. 目前使用的反病毒软件的作用是（　　）。
    A. 清除已感染的任何病毒　　　B. 查出已知名称的病毒，清除部分病毒
    C. 查出任何已感染的病毒　　　D. 查出并清除任何病毒

12. 对原来为可读的数据按某种算法进行处理，使其成为不可读的过程通常称为（　　）。
    A. 加密　　　B. 解密　　　C. 压缩　　　D. 破译

13. 下面关于防火墙的叙述正确的是（　　）。
    A. 预防计算机被火灾烧毁
    B. 企业内部网和公众网之间采取的一种安全措施
    C. 计算机机房的防火措施
    D. 解决计算机使用者的安全问题

14. 拒绝服务的后果是（　　）。
    A. 信息不可用　　B. 应用程序不可用　　C. 阻止通信　　D. 以上三项都是

15. 当收到认识的人发来的电子邮件并发现其中有意外的附件时，应该（　　）。
    A. 打开附件，然后将它保存到硬盘中
    B. 打开附件，但是如果它有病毒，立即关闭它
    C. 用防病毒软件扫描后打开附件
    D. 直接删除该邮件

16. 网上银行系统的一次转账操作过程中发生了转账金额被非法篡改的行为，这破坏了信息安全的（　　）。
    A. 机密性　　　　B. 可用性　　　　C. 完整性　　　　D. 不可否认性
17. 加密技术不仅具有（　　），而且具有数字签名、身份验证等功能。
    A. 信息加密功能　　　　　　　　B. 信息保存功能
    C. 信息维护功能　　　　　　　　D. 信息封存功能
18. 下列情况中（　　）破坏了数据的完整性。
    A. 假冒他人地址发送数据　　　　B. 不承认做过信息的递交行为
    C. 数据在传输过程中被窃听　　　D. 数据在传输过程中被篡改
19. 属于计算机犯罪的是（　　）。
    A. 非法截取信息、窃取各种情报
    B. 复制与传播计算机病毒、色情影像制品和其他非法活动
    C. 借助计算机技术伪造、篡改信息，进行诈骗及其他非法活动
    D. 以上皆是
20. 下列选项中，（　　）不是计算机犯罪的特点。
    A. 作案速度快　　B. 有跨国趋势　　C. 技术性弱　　　D. 隐蔽性大
21. 计算机病毒最本质的特点是（　　）。
    A. 传染性　　　　B. 寄生性　　　　C. 破坏性　　　　D. 潜伏性
22. 抵御电子邮箱入侵的措施中，不正确的是（　　）。
    A. 不用生日作为密码　　　　　　B. 不用纯数字作为密码
    C. 不用少于6位的密码　　　　　D. 自己做邮件服务器
23. "非对称密钥密码体制"也称为"公共密钥密码体制"，其含义是（　　）。
    A. 使两个密钥相同　　　　　　　B. 将所有密钥公开
    C. 将公钥公开、私钥保密　　　　D. 将私钥公开、公钥保密
24. 计算机蠕虫是（　　）。
    A. 一种软件，用于演示小虫的生长过程
    B. 一种生长在计算机中的小虫
    C. 一种计算机设备，外形像蠕虫
    D. 一种能够自我复制的计算机病毒程序
25. 下列选项中，（　　）属于非对称密钥密码体制。
    A. RSA　　　　　B. DES　　　　　C. IDEA　　　　　D. AES

三、多选题

1. 计算机技术带来的社会问题主要体现在（　　）方面。
    A. 对个人隐私的威胁　　　　　　B. 计算机安全与计算机犯罪
    C. 知识产权保护　　　　　　　　D. 自动化威胁传统的就业
    E. 信息时代的贫富差距
2. 常见的计算机犯罪类型有（　　）。
    A. 利用窃取密码等手段侵入计算机系统
    B. 利用计算机传播反动和色情等有害信息

C. 网上经济诈骗
D. 网上诽谤，个人隐私和权益遭受侵权
E. 故意制作和传播计算机病毒等破坏程序
3. 计算机对人类健康的影响包括（　　）。
   A. 计算机职业病　　　　　　　B. 计算机视觉综合征
   C. 计算机屏幕辐射　　　　　　D. 使用计算机引发的技术压力
   E. 以上都不是
4. 威胁计算机安全的因素主要有（　　）。
   A. 自然灾难　　B. 系统缺陷　　C. 计算机病毒
   D. 黑客攻击　　E. 以上都不是
5. 不同的系统和应用对信息安全的要求不同，一般都会有（　　）几个方面的要求。
   A. 信息的可用性　　　　　　　B. 信息的机密性
   C. 信息的完整性　　　　　　　D. 信息的不可否认性
   E. 以上都不是
6. 建立基于网络环境的信息安全体系可以采取的安全机制是（　　）。
   A. 数据加密　　B. 数字签名　　C. 身份认证
   D. 防火墙　　　E. 以上都不是
7. 计算机病毒一般有（　　）特点。
   A. 可运行　　　B. 可复制　　　C. 传染性
   D. 潜伏性　　　E. 隐蔽性
8. 为了防御黑客入侵，需要加强基础安全防范，主要包括（　　）。
   A. 授权认证　　B. 数据加密　　C. 信息传输加密
   D. 防火墙设置　E. 以上都不是
9. 在加密过程中，必须用到的3个主要元素包括（　　）。
   A. 传输信道　　B. 加密钥匙　　C. 加密算法
   D. 解密钥匙　　E. 所传输的信息（明文）
10. 在通信过程中，只采用数字签名可以解决（　　）等问题。
    A. 信息的可用性　　　　　　　B. 信息的机密性
    C. 信息的篡改　　　　　　　　D. 信息的抗抵赖性
    E. 信息的完整性

四、判断题

1. 计算机技术的发展不会对社会产生负面的影响。（　　）
2. 通过网络对他人进行诽谤和泄露他人隐私不会构成计算机犯罪。（　　）
3. 计算机技术的发展不会对环境和人类自身健康造成危害。（　　）
4. 为了数据安全，一般需要采用数据备份技术。（　　）
5. 信息安全是使信息网络的硬件、软件及其系统中的数据受到保护。（　　）
6. 拒绝服务攻击是指企图阻塞或关闭目标网络系统或者服务的攻击。（　　）
7. 系统扫描本身并不会对系统造成破坏，通常应用在进行网络入侵的准备阶段。（　　）
8. 渗透攻击通过利用软件的种种缺陷获得对系统的控制，包括非法获得或者改变系统权限、

资源及数据。( )

9. 特洛伊木马是一种计算机程序，它本身不是病毒，但它携带病毒，能够散布蠕虫病毒或其他恶意程序。( )
10. 防火墙可以通过硬件实现，也可以通过软件实现。( )
11. 计算机只要安装了防毒、杀毒软件，上网浏览就不会感染病毒。( )
12. 黑客是指利用某种技术手段，非法进入其权限以外的计算机网络空间的人。( )
13. 将密文转化为明文的过程称为解密。( )
14. 加密和解密只能使用同一个密钥。( )
15. 数字签名可以防止对电文的否认与抵赖，同时保护数据的完整性。( )
16. 通过网络防火墙技术能够保证内部网不受任何攻击。( )
17. 网络防火墙与反病毒软件一样都能够防范病毒的攻击。( )
18. 人们都应该按照相应的法律法规来约束自己的网络行为。( )
19. 数字签名现在常用的是公钥加密方法。( )
20. 安装防火墙后，就可以防止网络中所有用户的攻击。( )
21. 使用杀毒软件就可以杜绝计算机感染病毒。( )
22. 病毒和木马完全相同，没有什么区别。( )
23. 数字签名和加密是完全相同的两个过程。( )
24. 为了信息安全，在使用密码时建议使用大写字母、小写字母、数字、特殊符号组成的密码。( )
25. 只要设置了足够强壮的口令，黑客就不可能侵入计算机。( )

第16章 算法与程序设计基础测试题

一、填空题

1. 编写程序解决问题的过程一般分为五步,依次为(　　)、(　　)、(　　)、(　　)、(　　)。
2. 简单地说,算法就是(　　)。
3. 算法的3种基本结构是(　　)、(　　)、(　　)。
4. 算法的描述可以用自然语言,但用自然语言描述算法有时产生(　　)性。
5. 在使用计算机处理大量数据的过程中,往往需要对数据进行排序,所谓排序就是把杂乱无章的数据变为(　　)的数据。
6. 在程序设计和软件设计当中,人们遇到大而复杂的问题需要解决时,常常采用"自顶而下、(　　)"的模块化基本思想。
7. 面向对象的程序设计是将数据、方法通过(　　)成一个整体,供程序设计者使用。
8. 高级语言分为面向(　　)和面向(　　)两种类型。
9. 高级语言编写的程序通常称为(　　),把翻译后的机器语言程序叫作(　　)。
10. (　　)或方法是一段独立的程序代码,是语言工具开发者编写好的、被经常使用的公共代码。
11. 循环语句常用的有3种,分别是(　　)、do...while 和(　　)。通常,如果循环次数能够确定,则使用(　　)语句。

二、单选题

1. 对算法描述正确的是(　　)。
    A. 算法是解决问题的有序步骤
    B. 算法必须在计算机上用某种语言实现
    C. 一个问题对应的算法都只有一种
    D. 常见的算法描述方法只能用自然语言法或流程图法
2. (　　)特性不属于算法的特性。
    A. 输入/输出　　B. 有穷性　　　C. 可行性、确定性　　D. 连续性
3. 算法的输出是指算法在执行过程中或终止前,需要将解决问题的结果反馈给用户,关于算法输出的描述,(　　)是正确的。
    A. 算法至少有1个输出
    B. 算法可以有多个输出,所有输出必须出现在算法的结束部分
    C. 算法可以没有输出,因为该算法运行结果为"无解"
    D. 以上说法都正确
4. 为解决问题而采用的方法和(　　)就是算法。
    A. 过程　　　　B. 代码　　　　C. 语言　　　　D. 步骤

5. 算法是求解问题步骤的有序集合，它能够产生（　　）并在有限时间内结束。
   A. 显示　　　　B. 代码　　　　C. 过程　　　　D. 结果
6. 按照算法所涉及的对象，算法可分成两大类（　　）。
   A. 逻辑算法和算术算法　　　　B. 数值算法和非数值算法
   C. 递归算法和迭代算法　　　　D. 排序算法和查找算法
7. 算法可以有0～n（n为正整数）个输入，有（　　）个输出。
   A. 0～n　　　　B. 0　　　　C. 1～n　　　　D. 1
8. 可以用多种不同的方法描述算法，（　　）属于算法描述的方法。
   A. 流程图、自然语言、选择结构、伪代码
   B. 流程图、自然语言、循环结构、伪代码
   C. 计算机语言、流程图、自然语言、伪代码
   D. 计算机语言、顺序结构、自然语言、伪代码
9. 将一组数据按照大小进行顺序排列的算法叫作（　　）。
   A. 递归　　　　B. 迭代　　　　C. 排序　　　　D. 查找
10. 在一组数据中确定某一数据的位置的算法是（　　）。
    A. 递归　　　　B. 迭代　　　　C. 排序　　　　D. 查找
11. 计算 $n!$ 通常可采用的算法是（　　）。
    A. 递归　　　　B. 穷举　　　　C. 排序　　　　D. 查找
12. 在一组无序的数据中确定某一个数据的位置，只能使用（　　）算法。
    A. 递归查找　　B. 迭代查找　　C. 顺序查找　　D. 折半查找
13. 在一组已经排序的数据中确定某一数据的位置，最佳的算法是（　　）。
    A. 递归查找　　B. 迭代查找　　C. 顺序查找　　D. 折半查找
14. （　　）是算法的自我调用。
    A. 递归　　　　B. 迭代　　　　C. 排序　　　　D. 查找
15. 著名的汉诺塔问题通常用（　　）解决。
    A. 迭代法　　　B. 查找法　　　C. 穷举法　　　D. 递归法
16. 图书管理系统对图书管理是按图书编码从小到大进行管理的，若要查找一本已知编码的书，则能快速查找的算法是（　　）。
    A. 顺序查找　　B. 随机查找　　C. 二分法查找　D. 以上都不对
17. 以下问题最适用于计算机编程解决的是（　　）。
    A. 制作一个表格　　　　B. 计算已知半径的圆的周长
    C. 制作一部电影　　　　D. 求2～1 000之间的所有素数
18. 算法有3种结构，也是程序的3种逻辑结构，分别是（　　）。
    A. 顺序、条件、分支　　　　B. 顺序、分支、循环
    C. 顺序、条件、递归　　　　D. 顺序、分支、迭代
19. 结构化程序设计由3种基本结构组成，（　　）不属于这3种基本结构。
    A. 顺序结构　　B. 输入/输出结构　　C. 选择结构　　D. 循环结构
20. 程序设计的一般过程为（　　）。
    A. 设计算法、编写程序、分析问题、建立模型、调试测试程序
    B. 分析问题、建立模型、设计算法、编写程序、调试测试程序

C. 分析问题、设计算法、编写程序、调试测试程序、建立模型
D. 设计算法、分析问题、建立模型、编写程序、调试测试程序

21. 用高级语言编写的程序称为（　　）。
    A. 源程序　　　B. 编译程序　　　C. 可执行程序　　　D. 编辑程序
22. 计算机的指令集合称为（　　）。
    A. 机器语言　　B. 高级语言　　　C. 程序　　　　　　D. 软件
23. 对于汇编语言的叙述中，（　　）是不正确的。
    A. 汇编语言采用一定的助记符来代替机器语言中的指令和数据，又称符号语言
    B. 汇编语言运行速度快，适用于编制实时控制应用程序
    C. 汇编语言有解释型和编译型两种
    D. 机器语言、汇编语言和高级语言是计算机语言发展的3个阶段
24. 计算机能直接执行的程序是（　　）。
    A. 源程序　　　B. 机器语言程序　C. 高级语言程序　　D. 汇编语言程序
25. 下面（　　）编写的程序执行的速度最快。
    A. 机器语言　　　　　　　　　　　B. 高级语言
    C. 面向对象的程序设计语言　　　　D. 汇编语言
26. （　　）属于面向对象的程序设计语言。
    A. COBOL　　　B. FORTRAN　　　C. Pascal　　　　　D. Java
27. 下面叙述正确的是（　　）。
    A. 由于机器语言执行速度快，所以现在人们还是喜欢用机器语言编写程序
    B. 使用了面向对象程序设计方法就可以扔掉结构化程序设计方法
    C. GOTO语句控制程序的转向方便，所以现在人们在编程时还是喜欢使用该语句
    D. 使用了面向对象程序设计方法，在具体编写代码时仍需要使用结构化编程技术
28. 用高级语言编写的源程序必须经过（　　）才能被计算机执行。
    A. 汇编或解释　B. 编辑或连接　　C. 编译或连接　　　D. 解释或编译
29. 把用高级语言编写的源程序翻译成目标程序的系统软件称为（　　）。
    A. 解释程序　　B. 汇编程序　　　C. 翻译系统　　　　D. 编译程序
30. 面向对象程序设计是将抽象出的数据和方法封装到一个（　　）中，供程序设计者使用。
    A. 函数　　　　B. 对象　　　　　C. 类　　　　　　　D. 例程

三、多选题

1. 程序设计语言从编程思想来说，包括（　　）两类。
   A. 面向过程　　B. 面向对象　　　C. 面向需求
   D. 面向循环　　E. 面向算法
2. 算法应该具有（　　）。
   A. 确定性　　　B. 有穷性　　　　C. 可行性
   D. 输入/输出　E. 可靠性
3. 通常可以从（　　）方面来衡量算法的优劣。
   A. 正确性　　　B. 可读性　　　　C. 健壮性
   D. 高效率　　　E. 低存储量

4. 一个算法的表达可以通过多种形式，常用的形式包括（　　）。
   A. 自然语言　　　B. 传统流程图　　　C. 伪代码
   D. N-S 图　　　　E. 组织结构图
5. 程序设计语言可分为（　　）两大类。
   A. 低级语言　　　B. 机器语言　　　　C. 目标语言
   D. 汇编语言　　　E. 高级语言
6. 程序设计语言的基本元素一般包括（　　）。
   A. 语句　　　　　B. 表达式　　　　　C. 注释
   D. 数据类型　　　E. 程序控制结构
7. 下列计算机语言中，属于面向对象程序设计语言的是（　　）。
   A. Java　　　　　B. Basic　　　　　C. C#
   D. C　　　　　　E. C++
8. 下列说法不正确的是（　　）。
   A. 算法就是解决问题的一系列步骤描述
   B. 从一个无序数据列表中查找指定数据值的位置只能用折半查找
   C. 汇编语言程序可直接被计算机识别
   D. 机器语言因为是低级语言，所以现在已不再使用了
9. 从参与运算的数据特征上看，计算机算法分为两大类，分别是（　　）。
   A. 数值计算算法　B. 模拟算法　　　C. 非数值计算算法　D. 贪心计算
10. 有关算法特征的说法中，正确的是（　　）。
    A. 至少有一个输入，至少有一个输出
    B. 任何一个算法必须执行有穷个计算步骤后终止
    C. 算法的每一个步骤都必须有确切的含义
    D. 算法的每一个步骤都必须能通过有限次数完成

四、判断题

1. 算法就是程序，程序就是算法。　　　　　　　　　　　　　　　　　　（　　）
2. 问题求解的第一步工作就是设计算法。　　　　　　　　　　　　　　　（　　）
3. 简单地说，算法就是解决问题的一系列步骤。　　　　　　　　　　　　（　　）
4. 算法是程序的基础，程序是算法的实现。　　　　　　　　　　　　　　（　　）
5. 一个算法的表达可以通过多种形式，如自然语言、流程图、伪代码等。　（　　）
6. 折半查找算法必须使用在已经排序的列表中。　　　　　　　　　　　　（　　）
7. 低级语言是与机器有关的语言，包括机器语言和汇编语言。　　　　　　（　　）
8. 机器语言是计算机硬件唯一可以直接识别的语言。　　　　　　　　　　（　　）
9. 高级语言编写的程序可直接被执行。　　　　　　　　　　　　　　　　（　　）
10. 有了面向对象的程序设计思想以后，面向过程的编程思想就彻底被淘汰。（　　）

第17章 计算机发展前沿技术测试题

一、填空题

1. 简单来讲，并行计算就是同时使用多个（　　）来解决一个计算问题。并行计算可分为（　　）上的并行和（　　）上的并行。
2. 云计算首先提供了一种（　　）的业务模式。
3. 云计算按服务类型可以分为三类：（　　）、（　　）、（　　）。按部署形式可以分为三类：（　　）、（　　）、（　　）。
4. 物联网的核心和基础是（　　）。
5. 大数据需要新处理模式才能具有更强的决策力、洞察发现力和流程优化能力的海量、高增长率和多样化的信息资产。大数据有4个基本特征：（　　）、（　　）、（　　）、（　　），即所谓的4V特性。这些特性使得大数据区别于传统的数据概念。
6. 虚拟现实（Virtual Reality，VR）技术具有3个特性：（　　）、（　　）和（　　）。
7. 3D打印始于20世纪90年代，基本原理是（　　）的逆过程。
8. 人工智能是（　　）、（　　）、（　　）、（　　）、（　　）、（　　）等多种学科互相渗透而发展起来的一门综合性学科。

二、单选题

1. 计算机人脸识别是指利用（　　）对人脸表情信息进行特征提取分析，依照人类的思维方式加以理解和归类，利用人类所具有的情感信息方面的先进知识，使计算机进行思考、联想及推理，进而从人脸表情信息中去理解分析人的情绪。
   A. 计算机　　　B. 照相机　　　C. 扫描仪　　　D. 摄像机
2. 可穿戴式的交互设备具备以下特征：可在（　　）下使用；使用的同时可腾出双手或用手做其他事；这些特征也正是"人机合一，以人为本"的穿戴式产品的核心部分。
   A. 静止状态　　B. 运动状态　　C. 光照状态　　D. 黑暗状态
3. 3D打印始于20世纪90年代，基本原理是（　　），断层扫描是把某个东西"切"成无数叠加的片，3D打印则是一片一片地打印，然后叠加到一起，成为一个立体物体。3D打印机就是可以"打印"出真实3D物体的一种设备，功能上与激光成型技术一样，采用分层加工、叠加成形，即通过逐层增加材料来生成3D实体，与传统的去除材料加工技术完全不同。
   A. 复印机的静电照相技术　　　　　B. 断层扫描的逆过程
   C. 全息照相技术　　　　　　　　　D. 全息投影技术
4. 并行计算是指同时使用多种计算资源解决计算问题的过程，是提高计算机系统计算速度和处理能力的一种有效手段。它的基本思想是用（　　）来协同求解同一问题，将被求解的问题分解成若干部分，各部分均由一个独立的处理器来计算。
   A. 多个网络　　B. 多台计算机　　C. 多个处理器　　D. 多个工作站
5. 从（　　）的角度出发，人工智能是研究如何制造智能机器或智能系统来模拟人类智能活动的科学。
   A. 计算机网络 B. 设备控制资源 C. 计算思维 D. 计算机应用系统
6. 以下（   ）场景不是人工智能的应用领域。
   A. 人机大战 B. VR 体验 C. 人脸识别 D. 声控系统

三、多选题

1. （   ）和（   ）是 20 世纪物理学的两个最为重要的成就。
   A. 量子理论 B. 相对论 C. 电子计算机
   D. 信息技术 E. 计算机网络
2. 大数据的基本特征是（   ）。
   A. 数据规模大 B. 数据种类多 C. 数据要求处理速度快
   D. 数据不能有异常 E. 数据价值密度低
3. 生物计算机的优点主要表现在（   ）。
   A. 体积小 B. 功率高 C. 速度快 D. 存储容量大 E. 可靠性高
4. 虚拟现实系统具有如下（   ）特征。
   A. 实时性 B. 多感知 C. 沉浸感 D. 交互性 E. 构想性
5. 3D 打印机可支持的常用材料有（   ）。
   A. 纸张 B. 尼龙 C. 化纤 D. 塑料 E. 铝材
6. 20 世纪三大科技成就是指（   ）。
   A. 人工智能技术 B. 原子能技术 C. 空间技术
   D. 计算机科学 E. 大数据技术
7. 人工智能的应用领域包括（   ）等。
   A. 无人驾驶 B. 智能客服 C. 百度翻译
   D. 天猫精灵 E. 智能家居系统
8. 未来人工智能的发展趋势为（   ）。
   A. 模糊处理 B. 并行化 C. 神经网络 D. 大数据分析 E. 机器情感
9. 新的技术革命，是指目前已经成熟和有待于深开发的诸多信息技术，如（   ）。
   A. 计算机网络通信 B. 卫星遥感
   C. 全球定位系统 D. 地理信息系统
   E. 自动控制
10. 从逻辑层面上，物联网的总体架构，可分为（   ）。
    A. 物理层 B. 接入层 C. 处理层 D. 应用层 E. 网络层

四、判断题

1. 从计算机应用系统的角度出发，人工智能是研究如何制造智能机器或智能系统来模拟人类智能活动的科学。（   ）
2. 随着人工智能的发展，最终人工智能会代替人类完成所有工作。（   ）
3. 从理论上说，所有产业都会从大数据的发展中受益。（   ）
4. 并行计算是指同时使用多种计算资源解决计算问题的过程，是提高计算机系统计算速度和处理能力的一种有效手段。（   ）
5. 通过医学影像处理技术，可以辅助医生做出更准确的医学诊断。（   ）

附录 A 测试题参考答案

第 7 章参考答案

一、填空题

1. 并行与分布计算环境、云计算环境；2. 思考、执行；3. 关系、已知；4. 步骤、方案；5. 数据对象、基本运算和操作、控制结构；6. 求解、设计、组织；7. 抽象、自动；8. 能行性、构造性、确定性；9. 计数和存储、计算简单；10. 停机；11. 扫描；12. "组合爆炸"；13. 信息；14. 变化和特征；15. 数值、非数值

二、单选题

1. D；2. D；3. C；4. D；5. C；6. D；7. A；8. B；9. D；10. C；11. A；12. B；13. D；14. B；15. C；16. D；17. C；18. D；19. A；20. D；21. B；22. C；23. A；24. D；25. B；26. B；27. C；28. A；29. D；30. C；31. A；32. A；33. D

三、多选题

1. ACE；2. BCDE；3. BCD；4. BDE；5. AE；6. ABCE；7. ABCD；8. ABCE；9. ABCDE；10. BACD；11. BCDE；12. BCD；13. ABCDE

四、判断题

1. 对；2. 对；3. 对；4. 错；5. 对；6. 对；7. 错；8. 对；9. 对；10. 对；11. 对；12. 对；13. 对；14. 对；15. 对；16. 对；17. 对；18. 错；19. 对；20. 错；21. 对；22. 对；23. 错；24. 对；25. 对；26. 对；27. 错；28. 对

第 8 章参考答案

一、填空题

1. ① 11010101、0D5、325；② 1000101.101、45.A、105.5；③ 1111100001、993；④ 100001010、266；⑤ 2D6B；⑥ 3FC3；2. 64、8、1、0.125、0.015625；3. 基数；4. 3 位；5. 逻辑与、逻辑或、逻辑非和逻辑异或；6. 数值范围；7. 机器数；8. 定点数、浮点数；9. 补码；10. 2；11. 像素、点阵图；12. WAV；13. 越高；14. 有损压缩；15. 点阵图、矢量图

二、单选题

1. A；2. D；3. A；4. D；5. C；6. B；7. D；8. B；9. C；10. B；11. B；12. A；13. A；14. C；15. B；16. B；17. B；18. A；19. C；20. A；21. C；22. C；23. B；24. B；25. C；26. C；27. C；28. D；29. C；30. A；31. C；32. D；33. C；34. C；35. B；36. D；37. D；38. A；39. C；40. B；41. B；42. D；43. D；44. C；45. A；46. C；47. D；48. B；49. D；50. C

三、多选题

1. AB；2. AE；3. ABC；4. ABCD；5. ABCD；6. BDE；7. BCE；8. ABCD；9. BD；10. ABCE；

11. BCD；12. ACDE；13. ABC；14. ABCE；15. ABCE

四、判断题

1. 错；2. 对；3. 错；4. 对；5. 对；6. 错；7. 对；8. 错；9. 错；10. 对；11. 对；12. 对；13. 错；14. 错；15. 错；16. 对；17. 错；18. 对

第9章参考答案

一、填空题

1. 硬件系统、软件系统；2. 裸机；3. 运算器、控制器、存储器、输入设备、输出设备；4. 中央处理器；5. 运算器、控制器；6. 指令；7. 程序；8. 操作码、操作数；9. 数据流、控制流；10. 缓存

二、单选题

1. B；2. B；3. B；4. B；5. C；6. D；7. B；8. A；9. D；10. C；11. B；12. C；13. D；14. D；15. C；16. D；17. D；18. D；19. D；20. A；21. A；22. D；23. B；24. A；25. A；26. B；27. B；28. C；29. D；30. B

三、多选题

1. ABCDE；2. ABCD；3. CDE；4. ABCDE；5. ABCDE；6. BC；7. AB；8. ABCE

四、判断题

1. 对；2. 对；3. 对；4. 对；5. 对；6. 对；7. 对；8. 错；9. 错；10. 错；11. 对；12. 错

第10章参考答案

一、填空题

1. 数据和指令；2. 资源；3. 机器；4. 编译；5. 就绪队列；6. 变换、存储、传输、处理；7. 规则、算法、流程；8. 软硬件；9. 单用户多任务；10. 中断控制、直接存储访问；11. 管理、驱动；12. 低速设备、中速设备、高速设备；13. 内存或CPU；14. 文件；15. 根路径（或根目录）；16. 注册表、应用程序、regedit

二、单选题

1. D；2. B；3. D；4. A；5. D；6. D；7. C；8. C；9. A；10. B；11. B；12. B；13. C；14. B；15. B；16. C；17. B；18. D；19. B；20. B；21. D；22. C；23. C；24. B；25. A；26. A；27. D；28. D；29. D；30. B

三、多选题

1. AD；2. ABCD；3. ABCDE；4. ADE；5. BCE；6. ABC；7. ACE；8. BCDE；9. ABCDE

四、判断题

1. 对；2. 错；3. 错；4. 对；5. 对；6. 对；7. 错；8. 对；9. 对；10. 对；11. 对；12. 对；13. 对；14. 错；15. 对；16. 对；17. 错；18. 错；19. 对；20. 错；21. 错；22. 对；23. 对；24. 对

第11章参考答案

一、填空题

1. 文字处理；2. 辅助；3. 单元格；4. 组件；5. 代码；6. 功能和任务；7. 页面、对象；

8. 前期步骤；9. 实心点；10. docx 或 docm；11. 7；12. 页面；13. 导航窗格；14. 分栏、首字下沉；15. 插入表格；16. 拼写和语法；17. 下方，最后；18. 分页；19. 分隔符；20. 自动填充；21. 绝对引用、混合引用；22. 排序；23. .xlsx；24. 列标题；25. 批注；26. False；27. '053186678888；28. 15；29. 图表化分析；30. 单元格；31. 英文逗号","；32. =；33. 函数名；34. 不变；35. 不变；36. 演示文稿，幻灯片；37. 母版；38. 占位符；39. 背景与对象、对象元素；40. 超链接、动作按钮；41. 幻灯片浏览视图；42. 排练计时；43. 当前幻灯片、第一张幻灯片

二、单选题

1. D；2. C；3. D；4. C；5. C；6. B；7. C；8. D；9. D；10. B；11. C；12. B；13. A；14. D；15. C；16. A；17. C；18. C；19. C；20. C；21. B；22. A；23. D；24. A；25. D；26. C；27. A；28. A；29. D；30. D；31. A；32. A；33. B；34. D；35. B；36. D；37. B；38. D；39. C；40. B；41. C；42. C；43. C；44. B；45. A；46. C；47. C；48. C；49. C；50. A；51. D；52. B；53. A；54. B；55. D；56. C；57. C；58. C；59. B；60. B；61. A；62. A；63. D；64. D；65. A；66. D；67. A；68. A

三、多选题

1. BCD；2. ABCDE；3. BCE；4. ABCDE；5. BDE；6. AD；7. ABCDE；8. BCD；9. BCDE；10. ABE；11. ACD；12. ACD；13. ACD；14. ABE；15. ABC；16. BCDE；17. ABCE；18. ACDE；19. ABDE；20. BDE；21. ABC；22. ABE；23. ABC；24. ABCDE；25. CE；26. ABCD；27. ABCDE；28. BCDE；29. ABC；30. ABCDE；31. ABCD；32. ABCD

四、判断题

1. 对；2. 错；3. 错；4. 对；5. 错；6. 错；7. 对；8. 对；9. 对；10. 错；11. 错；12. 错；13. 错；14. 错；15. 对；16. 对；17. 对；18. 对；19. 对；20. 错；21. 对；22. 对；23. 对；24. 对；25. 对；26. 错；27. 对；28. 对；29. 对；30. 对；31. 对；32. 错；33. 错；34. 对；35. 错；36. 对；37. 对；38. 对；39. 对；40. 对；41. 对；42. 对；43. 对；44. 错；45. 对；46. 对；47. 对；48. 对；49. 对；50. 对；51. 对；52. 错；53. 对；54. 对；55. 对；56. 对；57. 对；58. 对；59. 错；60. 对；61. 错；62. 对；63. 对；64. 错

第 12 章参考答案

一、填空题

1. 属性；2. 数据库管理系统；3. 数据约束；4. 记录；5. 连接；6. 选择；7. 投影；8. 书号；9. 矩形；10. 实体完整性、用户定义的完整性；11. 逻辑；12. 属性；13. 传递函数依赖；14. 概念

二、单选题

1. C；2. A；3. B；4. A；5. A；6. B；7. D；8. C；9. C；10. B；11. D；12. D；13. A；14. A；15. C；16. D；17. C；18. B；19. B；20. B；21. C；22. D；23. A；24. A；25. D；26. B；27. D；28. C；29. B；30. C；31. C；32. D；33. C；34. A；35. D；36. C；37. C；38. A；39. A；40. B；41. B；42. A；43. D；44. A；45. A；46. A；47. C；48. A；49. D；50. B；51. D；52. C；53. A；54. C；55. D；56. C；57. D；58. C；59. D；60. B；61. A；62. B；63. D；64. B

三、多选题

1. ABC；2. ABCDE；3. BCDE；4. ABCE；5. ABCDE；6. ACDE；7. ABCD；8. ACDE；9. BCD；10. ABDE；11. ABCDE；12. ABCDE；13. ACD

四、判断题

1. 错；2. 对；3. 对；4. 对；5. 对；6. 对；7. 错；8. 对；9. 错；10. 错；11. 对；12. 对；13. 错；14. 对；15. 对；16. 对；17. 错；18. 对；19. 错；20. 错；21. 对；22. 对；23. 对；24. 错；25. 错；26. 错；27. 对；28. 对

第13章参考答案

一、填空题

1. 局域网、城域网、广域网；2. 物理层、网络层、数据链路层；3. 星状；4. 发送时延、传播时延；5. 对等模式、客户/服务器模式；6. 协议；7. TCP/IP；8. 物理层；9. 物理层、数据链路层、网络层、传输层、会话层、表示层、应用层；10. 60；11. 数字信号、模拟信号；12. 电路交换、分组交换；13. 交叉；14. 频分复用、时分复用；15. 调制、解调、调制解调器

二、单选题

1. D；2. A；3. A；4. C；5. C；6. B；7. C；8. B；9. D；10. C；11. A；12. B；13. D；14. A；15. A；16. D；17. B；18. C；19. C；20. D；21. B；22. C；23. A；24. B；25. A；26. A；27. A；28. D；29. D；30. B

三、多选题

1. ACD；2. ABCDE；3. ABDE；4. BCD；5. BCDE；6. BDE；7. ABCD；8. ACD；9. ABC；10. AC；11. ABC；12. BC；13. BC；14. ABD；15. ABD

四、判断题

1. 对；2. 错；3. 错；4. 错；5. 错；6. 错；7. 对；8. 错；9. 错；10. 对；11. 对；12. 错；13. 错；14. 对；15. 错；16. 错；17. 对；18. 对；19. 对；20. 对

第14章参考答案

一、填空题

1. FTP；2. 超文本传输协议；3. A；4. 255；5. 128；6. 网络号、主机号；7. 255.255.0.0；8. 5；9. edu；10. 域名；11. cn；12. 检查网络连通情况；13. ADSL Modem/ADSL 调制解调器；14. 主页；15. 流媒体

二、单选题

1. B；2. D；3. A；4. D；5. C；6. B；7. A；8. D；9. C；10. B；11. A；12. C；13. C；14. B；15. C；16. B；17. D；18. D；19. A；20. B；21. C；22. D；23. D；24. B；25. A；26. B；27. C；28. A；29. C；30. B；31. D；32. B；33. C；34. C；35. C；36. A；37. D；38. D；39. B；40. A

三、多选题

1. BCD；2. ABCD；3. BC；4. BC；5. ABCD；6. BCD；7. ABCD；8. ABC；9. ABCDE；10. ABCD；11. ACD；12. AB；13. ABC；14. ABCD；15. ABC

四、判断题

1. 对；2. 对；3. 对；4. 错；5. 错；6. 错；7. 错；8. 错；9. 错；10. 错；11. 对；12. 对；13. 对；14. 对；15. 错

第 15 章参考答案

一、填空题

1. 计算机犯罪；2. 实体安全、信息安全；3. 计算机病毒、黑客；4. 网络数据、网络设备；5. 系统扫描、拒绝服务、系统渗透；6. 报文；7. 病毒；8. 宏病毒；9. 数字签名；10. 特征码；11. 防火墙；12. 防火墙；13. 算法、密钥；14. 对称密钥密码体制、非对称密钥密码体制；15. 非对称加密算法；16. 洪流；17. 洪流

二、单选题

1. A；2. C；3. D；4. D；5. B；6. B；7. C；8. C；9. C；10. C；11. B；12. A；13. B；14. D；15. C；16. C；17. A；18. D；19. D；20. C；21. C；22. D；23. C；24. D；25. A

三、多选题

1. ABCDE；2. ABCDE；3. ABCD；4. ABCD；5. ABCD；6. ABCD；7. ABCDE；8. ABCD；9. BCE；10. CDE

四、判断题

1. 错；2. 错；3. 错；4. 对；5. 对；6. 对；7. 对；8. 对；9. 对；10. 对；11. 错；12. 对；13. 对；14. 错；15. 对；16. 错；17. 错；18. 对；19. 对；20. 对；21. 错；22. 对；23. 错；24. 对；25. 错

第 16 章参考答案

一、填空题

1. 分析问题、建立模型、设计算法、编写程序、调试测试；2. 解决问题的一系列步骤；3. 顺序、分支、循环；4. 歧义；5. 按照递增或递减的规律进行重新排列；6. 逐步求精；7. 封装；8. 过程、对象；9. 源程序、可执行程序；10. 函数；11. for、until、for

二、单选题

1. A；2. D；3. A；4. D；5. D；6. B；7. C；8. C；9. C；10. D；11. A；12. C；13. D；14. A；15. D；16. C；17. D；18. B；19. B；20. B；21. A；22. A；23. C；24. B；25. A；26. D；27. D；28. D；29. D；30. C

三、多选题

1. AB；2. ABCD；3. ABCDE；4. ABCD；5. AE；6. ABCDE；7. ACE；8. BCD；9. AC；10. BCD

四、判断题

1. 错；2. 错；3. 对；4. 对；5. 对；6. 对；7. 对；8. 对；9. 错；10. 错

第 17 章参考答案

一、填空题

1. 计算资源、时间、空间；2. 按需租用；3. 基础设施即服务、平台即服务、软件即服务、

公有云、私有云、混合云；4. 互联网；5. 数据规模大、数据种类多、数据处理速度快、数据价值密度低；6. 沉浸性、交互性、构想性；7. 断层扫描；8. 计算机科学、控制论、信息论、神经生理学、心理学、语言学

二、单选题

1. A；2. B；3. B；4. C；5. D；6. B

三、多选题

1. AB；2. ABCE；3. ABE；4. CDE；5. BD；6. ABC；7. ABCDE；8. ABCE；9. ABCD；10. BCD

四、判断题

1. 对；2. 错；3. 对；4. 对；5. 对

附录 B　计算机系统日常维护

B.1　计算机与环境

保持办公室的干燥和清洁，尤其是计算机系统工作台要保持干净，培养定时清理工作台的习惯。在灰尘严重的环境下，计算机系统主板、独立显卡和硬盘很容易吸附空气中的灰尘颗粒，被吸附的灰尘长期积累在主板、显卡和硬盘表面的电路、元器件上，会影响电子元器件的热量散发，使得电路板等元器件的温度上升，产生漏电而烧坏元件。另外，灰尘也可能吸收水分，腐蚀主板、显卡和硬盘表面的电子线路，造成一些莫名其妙的问题。因此，必须保持环境卫生，减少空气中的潮湿度和含尘量。长时间不使用计算机系统时，需要对主机和显示器进行遮盖以达到防尘效果。

要正常使用计算机系统，务必注意以下事项：

① 使用计算机时的环境温度需要在 10~35℃ 之间，否则会出现计算机系统无法开机的情况。

② 过分潮湿的环境也会对计算机系统造成不良影响，因而特别要注意防潮，切勿将水和其他液体泼洒到计算机系统（包括主机、显示器及外设）上，一旦不小心发生这种情况，应立即断掉计算机系统电源。

③ 不要将计算机系统放在靠近热源的地方，不要让阳光直晒计算机系统，也不要将计算机系统、外设及插座放置在有可能被淋到水的地方。直接的日光照射将造成显示器寿命大幅缩短，要将显示器摆放在日光照射较弱或者光线较暗的地方。

④ 不要把计算机系统主机和显示器直接放置在地上，以防在日常生活中被洒水、擦地浸湿、磕碰和冲撞。

⑤ 计算机系统不要与电暖气、电炉、空调等大功能电器共同使用同一个电源插座。电力污染现象，可能会损害计算机的电器元件，使系统无法运作甚至损坏。

⑥ 在使用过程中千万不要用其他物体堵塞主机、显示器等部件的散热孔。主机或显示器与墙壁之间的距离不得低于 10cm。主机风扇旁不要遮挡其他物品，以保持良好的散热通风。

⑦ 计算机系统的某些部件如显示器等对磁体比较敏感，强磁场对这些部件有很强的破坏作用，因而计算机系统要注意防磁，不要将计算机系统和硬盘放在靠近磁体（如音箱、电机、电台、手机等）的地方。

⑧ 尽量避免固体、液体异物掉进键盘夹缝里。

B.2　计算机系统的保养

① 对于工作需要，计算机系统不得不长时间连续运转的，不要连续使用液晶显示器超过 72h。如果暂时离开或者不对计算机系统进行操作时，要暂时关掉液晶显示器。每天下班时一定要彻底关闭主机和显示器，不要总让计算机系统和显示器处于待机状态。

② 计算机系统中的许多部件属于精密仪器（如硬盘、显卡等），因此移动计算机系统时要轻

拿轻放，特别注意不要在开机状态时搬动计算机系统，这种操作极易损坏机械硬盘磁头磁片。即使在关机以后也不要马上搬动计算机系统，至少等待 1min，等机械硬盘等部件完全停止工作后再移动。除 USB 设备，其他设备禁止带电插拔以防烧坏接口和设备。

③ 不要用手按压或让其他尖锐器物接触液晶显示屏，以避免对液晶屏造成不可恢复的损害。

④ 如果在开机前发现只是屏幕表面有雾气，可以用软布轻轻擦掉然后再开机。如果水分已经进入 LCD，应把 LCD 放在较温暖的地方（如台灯下），将里面的水分逐渐蒸发掉。在擦拭屏幕表面时一定要拧干软布。

⑤ 在雷雨天要谨慎使用计算机，手潮湿时请勿和电源触碰，以免发生触电危险。

B.3　常用计算机系统测试工具软件

为了了解所用计算机系统的性能特点，需要熟练使用一些测试工具软件。比较流行的测试工具软件有 EVEREST 硬件检测工具、CPU-Z、GPU-Z、BatteryMon、鲁大师、驱动人生、HD Tune 等。

1. CPU-Z 检测软件

CPU-Z 是一款 CPU 检测软件，是检测 CPU 使用程度最高的一款软件，几乎支持目前所有种类的 CPU，可以查看 CPU 的信息，如 CPU 名称、厂商、内核进程、内部和外部时钟、局部时钟监测等参数；还包括检测主板和内存的相关信息，如图 B-1 所示。

2. GPU-Z 检测软件

GPU-Z 是一款功能强大的显卡检测工具，可以检测出每一张显卡的使用情况，提供显卡和图像处理器的重要信息，如图 B-2 所示。软件自带启动向导，可以检测显卡的 GPU 核心、运行频率、带宽等参数，满足用户的各种显卡检测需求。

图 B-1　CPU-Z 检测软件

图 B-2　GPU-Z 检测软件

3. BatteryMon 电池测试软件

很多用户对笔记本计算机的电池都不太了解,通过电池测试软件 BatteryMon,可以让用户了解电池的容量、寿命时间、最长待机时间、放电率等参数,如图 B-3 所示。

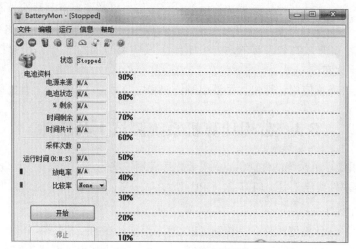

图 B-3　BatteryMon 电池测试软件

4. 鲁大师个人计算机测试工具

鲁大师是一款个人计算机测试工具,支持 Windows 2000 以上的所有 Windows 系统版本,是首款检查并尝试修复硬件的软件,能轻松辨别计算机硬件真伪,测试计算机配置,测试计算机温度、保护计算机稳定运行,清查计算机病毒隐患、优化清理系统、提升计算机运行速度,如图 B-4 所示。

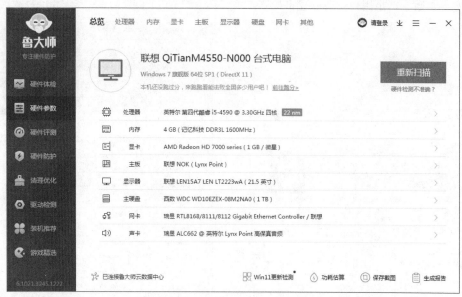

图 B-4　鲁大师个人计算机测试工具

5. 驱动人生驱动管理软件

驱动人生是一款功能强大的驱动管理软件,能够检测硬件并且自动查找安装驱动程序,如图 B-5 所示。

图 B-5 驱动人生驱动管理软件

6. HD Tune 硬盘检测工具

HD Tune 是一款小巧易用的硬盘工具软件，其主要功能有硬盘传输速率检测、健康状态检测、温度检测及磁盘表面扫描等。另外，还能检测出硬盘的固件版本、序列号、容量、缓存大小以及当前的 Ultra DMA 模式等，如图 B-6 所示。

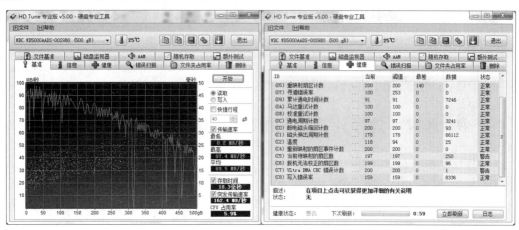

图 B-6 HD Tune 硬盘检测工具

附录 C　计算机系统常见故障与处理

C.1　识别计算机系统故障的原则

计算机系统故障尽管五花八门、千奇百怪，但由于计算机系统是由一种逻辑部件构成的电子装置，因此，识别故障也是有章可循的。

1. 了解清楚计算机系统的具体情况

使用计算机系统之前要了解计算机系统的硬件和软件基本配置情况，如使用操作系统的具体版本，内存大小和 CPU 基本参数；了解系统近期发生的变化，如移动、装、卸软件等。

2. 先假后真、先外后内、先软后硬

① 先假后真：确定操作过程是否正确，以确定系统是否真有故障。

② 先外后内：先检查机箱外部（比如电源是否松动等），然后才考虑打开机箱，尽量不盲目拆卸部件。

③ 先软后硬：先分析是否存在软件故障，再去考虑硬件故障。

3. 做好安全防护

在拆机检修时要检查电源是否切断。此外，静电的预防与绝缘也很重要，做好安全防范措施，不但保护了自己，同时也保障了计算机系统的安全。

C.2　处理计算机系统故障常用的检测方法

1. 直接观察法

直接观察法即看、听、闻、摸。

① 看：即观察系统整体情况，如插头、接口是否松动或歪斜，表面是否烧焦，是否有异物进入计算机系统的元器件之间（可能造成短路）等。

② 听：即监听电源风扇、软/硬盘电机或其他设备的工作声音是否正常。另外，系统发生短路故障时常常伴随着异常声响。

③ 闻：即辨闻主机、板卡中是否有烧焦的气味，便于发现故障和确定短路所在地。

④ 摸：即用手按压管座的活动芯片，看芯片是否松动或接触不良。另外，在系统运行时用手触摸或靠近 CPU、显示器、硬盘等设备的外壳，根据其温度可以判断设备运行是否正常。

2. 清洁法

对于机房使用环境较差，或使用较长时间的机器，首先应进行清洁。可用毛刷轻轻刷去主板、外设上的灰尘。由于板卡上一些插卡或芯片采用插脚形式，震动、灰尘等其他原因常会造成引脚氧化，接触不良。可用橡皮擦先擦去表面氧化层，再刷去灰尘，用专业的清洁剂效果更好，重新插接好后开机检查故障是否排除。

3. 最小系统法

所谓最小系统法是指保留系统能运行的最小环境。把部分适配器和输入/输出接口从系统扩展槽中临时取下来，观察最小系统能否运行。这样可以避免因外围电路故障而影响最小系统。对计算机系统来说，最小系统是由主板、扬声器及开关电源组成的系统。一般在计算机系统开机后系统没有任何反应的情况下，使用最小系统法。如果使用最小系统法没有问题，再逐步加入其他部件扩大最小系统，在逐步扩大系统配置的过程中，发现计算机系统出现故障的原因。

4．插拔法

插拔法类似最小系统法，由繁入简，关机后将元器件逐块拔出，观察机器运行状态。拔出某个元器件后，如果计算机系统运行正常，那么故障原因就是该元器件及负载电路故障。若拔出所有插件板后系统启动仍不正常，则故障很可能就在主板上。插拔法的另一含义是：一些芯片、板卡与插槽接触不良，将这些芯片、板卡拔出后再重新正确插入可以解决因安装接触不当引起的计算机系统部件故障。

5．交换法

将同型号插件板，总线方式一致、功能相同的插件板或同型号芯片相互交换，根据故障现象的变化情况判断故障所在。若交换后故障现象依旧，说明芯片无故障；若交换后故障现象变化，则说明交换的芯片中有一块是坏的，可进一步通过逐块交换而确定部位。如果能找到同型号的计算机系统部件或外设，使用交换法可以快速判定是否为元件本身的质量问题。

6．比较法

运行两台或多台相同或相类似的计算机系统，根据正常计算机系统与故障计算机系统在执行相同操作时的不同表现可以初步判断故障产生的部位。

7．振动敲击法

用手指轻轻敲击机箱外壳，有可能解决因接触不良或虚焊造成的故障问题，然后可进一步检查故障点的位置将其排除。

C.3　常见整机故障处理

1. 操作系统故障

操作系统在使用过程中经常出现的一些错误提示，如"××××模块错误""××××程序出现错误"等。这可能是系统内存、硬盘出现错误，或者原安装程序被破坏，此时可以优先考虑重新安装软件。

2. 系统运行中的死机故障

死机是令计算机系统使用者颇为烦恼的事情。死机时的表现多为"蓝屏"，无法启动系统，画面无反应，鼠标、键盘无法输入，软件运行非正常中断等。尽管造成死机的原因是多方面的，但是万变不离其宗，其原因永远也脱离不了硬件与软件两方面。

（1）由硬件原因引起的死机

① 散热不良：显示器、电源和 CPU 在工作中发热量非常大，因此保持良好的通风状况非常重要，如果显示器过热将会导致色彩、图像失真甚至缩短显示器寿命。工作时间太长也会导致电源或显示器散热不畅而造成计算机系统死机。CPU 的散热是关系到计算机系统运行稳定的重要问题，也是散热故障发生的"重灾区"。

② 移动不当：在计算机系统移动过程中受到很大振动常常会使机器内部器件松动，从而导

致接触不良,引起计算机系统死机,所以移动计算机系统时应当避免剧烈振动。

③ 灰尘杀手:机器内灰尘过多也会引起死机故障。如主板或者显卡、硬盘电路板沾染过多灰尘后,遇到潮湿空气灰尘会吸附潮气进而变成导体,会导致计算机运行错误,严重时会引起计算机系统死机或者烧毁电路板。

④ 设备不匹配:如果主板的主频和 CPU 的主频不匹配,老主板超频时将外频定得太高,可能就不能保证运行的稳定性,因而导致频繁死机。

⑤ 软硬件不兼容:三维软件和一些特殊软件,可能在有的计算机系统上不能正常启动甚至安装,其中可能就有软硬件兼容方面的问题。

⑥ 内存故障:主要是内存松动、虚焊或内存芯片本身质量所致。应根据具体情况排除内存接触故障,如果是内存质量存在问题,则需更换内存才能解决问题。

⑦ 硬盘故障:主要是机械硬盘老化或由于使用不当造成坏道、坏扇区,这样机器在运行时就很容易发生死机。可以用专用工具软件来进行故障处理,如果损坏严重只能更换硬盘。

⑧ CPU 超频:超频提高了 CPU 的工作频率,同时,也可能使其性能变得不稳定。究其原因,CPU 在内存中存取数据的速度本来就快于内存与硬盘交换数据的速度,超频使这种矛盾更加突出,加剧了在内存或虚拟内存中找不到所需数据的情况,这样就会出现"异常错误"。解决办法当然也比较简单,就是让 CPU 回到正常的工作频率。

⑨ 硬件资源冲突:由于声卡或显示卡的设置冲突,引起的异常错误。此外,若其他设备的中断、DMA 或端口出现冲突,可能导致少数驱动程序产生异常,以致死机。解决的办法是以"安全模式"启动,在"控制面板"→"系统"→"设备管理"中进行适当调整。对于在驱动程序中产生异常错误的情况,可以修改注册表。选择"运行",输入 REGEDIT,进入注册表编辑器,通过选单下的"查找"功能,找到并删除与驱动程序前缀字符串相关的所有"主键"和"键值",重新启动。

⑩ 内存容量不够:内存容量越大越好,应不小于 4GB,如果出现这方面的问题,就应该换上容量尽可能大的内存。

少数不法商人使用假冒伪劣的板卡、内存,这样的机器在运行时很不稳定,发生死机在所难免。因此,用户购机后应尽量使用有效的测试工具软件对系统进行测评,了解系统的真实状况。

(2)由软件原因引起的死机

① 病毒感染:病毒可以使计算机工作效率急剧下降,造成频繁死机。这时,需要用杀毒软件或者安全软件等进行全面查毒、杀毒,并做到定时升级防护软件。

② 系统文件的误删除:由于 Windows 启动需要有很多系统文件支持,如果这些文件遭破坏或被误删除,系统就无法正常工作。解决方法是重新导入这些系统文件。如果不确定是哪些系统文件被删除,就只能重新安装操作系统。

③ 动态链接库文件(DLL)丢失:Windows 操作系统中还有一类文件也相当重要,这就是扩展名为 DLL 的动态链接库文件,这些文件从性质上来讲属于共享类文件,一个 DLL 文件可能会有多个软件在运行时需要调用它。用户在卸载应用软件时,该软件的反安装程序会记录它曾经安装过的文件并准备将其逐一删去,这时就容易出现被删除的动态链接库文件同时被其他软件用到的情形。如果丢失的链接库文件是比较重要的核心链接文件,系统就会死机,甚至崩溃。解决方法是尽量使用工具软件对应用软件进行卸载。

④ 硬盘剩余空间太少或碎片太多:由于一些应用程序运行需要大量的内存,这样就需要虚拟内存,而虚拟内存则是由硬盘提供的,因此如果硬盘的剩余空间太少,就不能满足虚拟内存的

需求。此外，用户还要养成定期整理硬盘、清除硬盘中垃圾文件的良好习惯。

⑤ 软件升级不当：大多数人可能认为软件升级是不会有问题的，事实上，在升级过程中都会对其中共享的一些组件也进行升级，但是其他程序可能不支持升级后的组件从而导致各种问题。

⑥ 滥用测试版软件：应少用测试版的软件，因为测试版软件通常带有一些 BUG 或者在某方面不够稳定，使用后会出现数据丢失的程序错误、死机或者系统无法启动。

⑦ 使用盗版软件：因为这些软件可能隐藏着病毒，一旦执行，会对计算机系统造成不同程度的危害。

⑧ 启动的程序太多：会使系统资源消耗殆尽，使个别程序需要的数据在内存或虚拟内存中找不到，也会出现异常错误。

⑨ 非法操作：用非法格式或参数打开或释放有关程序，也会导致计算机系统死机。注意：要牢记正确格式和相关参数，不随意打开和释放不熟悉的程序。

⑩ 非正常关闭计算机：不要直接使用机箱中的电源按钮，否则会造成系统文件损坏或丢失，引起自动启动或者运行中死机，严重的话，会引起系统崩溃。

⑪ 内存冲突：有时候运行各种软件都正常，但是却忽然间莫名其妙地死机，重新启动后运行这些应用程序又十分正常，这是一种假死机现象。出现的原因多是 Windows 的内存资源冲突。

3. 开机黑屏的一般解决方法

① 检查机箱电源的接口和电源线是否完好，如果接口和电源线有破损、断裂的应当及时更换。

② 检查主板电源线插口，如果没有破损就将插口拔出再插入，按下电源开关时，轻轻搬动电源线看是否有反应来判断是否是因为电源线接触不良或焊点松脱导致电源没有接通。

③ 采用替换法，将这台电源换到其他的机器上测试，同样也可以用一个好的电源接到机器上看是否能启动以判断电源的好坏。特别注意检查电源上的开关（如果有）是否接通。

④ 将主板取下来，先用毛刷进行清洁，然后用冷风吹一吹，用气吹也可以，这样清洁后，很多因为灰尘而引起的故障自然而然就得到解决。

⑤ 将 CPU、内存条、显卡插上，看机器是否正常启动。同时可以采用替换法，将好的 CPU、内存和显卡插上测试，以判断故障所在。这时对于一些有关 CPU 的跳线（硬跳线）要特别注意是否设置正确。

⑥ 如果在最小系统下，机器仍然不能启动，又确定 CPU（跳线设置也正确）、显卡、内存都完好的情况下，基本可以确定是主板本身的故障问题，需要找更专业的人士或者机构解决，或者更换主板。

C.4 计算机系统的日常维护周期

一般情况下，计算机系统在使用半年以上后，就会积累很厚的灰尘，从而导致接触不良等故障的发生，所以半年一次的硬件维护是很有必要的。

当计算机系统在短期内使用频繁，经常有软件的安装和卸载，经常有硬件的变换，那么维护周期就应该缩短，可以缩短为以月为单位。

参 考 文 献

[1] 冯晓霞，沈睿. 计算机科学基础实验指导[M]. 北京：电子工业出版社，2012.
[2] 龚沛曾，杨志强. 大学计算机上机实验指导与测试[M]. 7版. 北京：高等教育出版社，2017.
[3] 李凤霞. 大学计算机实验[M]. 北京：高等教育出版社，2013.
[4] 董卫军，耿国华，邢为民. 大学计算机基础实践指导[M]. 2版. 北京：高等教育出版社，2013.
[5] 王移芝. 大学计算机：学习与实验指导[M]. 5版. 北京：高等教育出版社，2015.
[6] 赵宏，王恺. 大学计算机案例实验教程：紧密结合学科需要[M]. 北京：高等教育出版社，2015.
[7] 山东省教育厅. 计算机文化基础实验教程[M]. 11版. 青岛：中国石油大学出版社，2017.
[8] 贾小军，童小素. 办公软件高级应用与案例精选[M]. 北京：中国铁道出版社有限公司，2020.
[9] 孙大烈，毕建东，韩琦. 大学计算机实验[M]. 北京：高等教育出版社，2014.
[10] 林永兴. 大学计算机基础：Office 2016 [M]. 北京：电子工业出版社，2020.